クラウゼヴィッツの「正しい読み方」

『戦争論』入門

新装補訂版

Reading Clausewitz

英国グラスゴー大学教授
ベアトリス・ホイザー 著
奥山真司・中谷寛士 訳

芙蓉書房出版

まえがき——日本の読者のみなさまへ

大学教授という立場から、私は常に「教訓を得ること」は素晴らしいことであると考えている。本書はクラウゼヴィッツが生きている間に自ら経験した戦争（フランス革命戦争とナポレオン戦争）から得た教訓についての研究書であるが、ここで明らかになったのは、彼の考えが二つの段階を経ているということだ。一つ目は、これらの戦争が戦いの形を永久に変えてしまい、将来のすべての戦争はこのパターンを追従することになる、と考えたことだ。ところが後に彼はこの間違いに気づき、非常に限定的なものから全面戦争、つまり非常に抑制的なものから無制限な暴力、あるいは小さな狙いから無制限な狙いまで、戦いの種類には移り変わるスケールの上に表されるように、実に様々なタイプのものがあると考えるようになった。彼の考えをまとめたものが『戦争論』だが、この著作は彼が亡くなった時点ではまだ修正中であり、結果として矛盾だらけの内容となってしまったのである。

ところがこのような欠点に気づかず、クラウゼヴィッツのいくつかの偉大なひらめきに圧倒された多くの読者たちは、『戦争論』に書かれている内容を無批判に受け取ってしまった。彼らはまだ議論しつくされていない文章を部分的に取り出したことに気づかずに、自分たちに都合の良い教訓を引き出したのだ。端的にいえば、彼らが得た教訓は間違っていたのであり、その間違いが致命的であったともいえる。そしてこのような間違いは、互いに利益となる安定的な講和の追究というクラウゼヴィッツ自身も見逃していた考えを、「すべての戦争は軍事的勝利の追究、つまり我が意志を敵に屈服せしめるもの」という考えへと変化させてしまった。したがって、クラウゼヴィッツを読んだ多くの人々に見られる第一の特徴は、彼の本に示された教訓を無視したということではなく、むしろ誤った教訓を得たことにある。

第二の特徴は、彼らの全員（われわれも含めて）がその本（というよりもすべての本）を、自分たちの文化のレンズを通して読んだということだ。彼らは『戦争論』の中に自分たちの好みのフレーズやアイディアを見つけたのだが、これは彼らが生きていた時代やその雰囲気、それにその当時の置かれていた環境によって影響を受けていたということだ。彼らはクラウゼヴィッツがそれを書いていた時代の言葉の意味ではなく、その後に含まれるようになった意味を受け取るようになり、本来の微妙な表現や、その矛盾や限定的な議論を無視したのである。したがって、クラウゼヴィッツの解釈の歴史は、政治思想や政治文化の発展の歴史が凝縮されたものであり、そのテーマは戦争に関わるものであった。

結果として、本書はクラウゼヴィッツの著作が、人々が自らの価値観や政治・イデオロギー的な見解から論じたい議論を擁護するために、異なるイデオロギーを通じて、いかに多様かつ選択的な読まれ方をされてきたのかを論証したものだ。私自身が後に書いた戦略の発展に関する著作では、戦略を考える際の文化的な要素の重要性をさらに示すための証拠を並べている*1。この著作で、私は国際関係論における「リアリスト」たちの視点にさらなる批判を加えたことになる。なぜならその視点は、イデオロギーから中立なように振る舞いながらも、実際はとりわけ人種差別的、帝国主義的、そして不道徳な西洋の歴史の産物だからだ*2（ただしこの議論は、自らを「リアリスト」と呼ぶ学者たちが、現実的には道徳主義的な価値観を持っていることとは矛盾するものではない。たとえば私の職場の同僚であったコリン・グレイは、核戦略において人口密集地への目標選定に対して、西洋の正戦論の道徳的観点から長年にわたって非常に強く反対していた*3）。

私は日本の読者たちに対して、批判的に読むことの必要性を強調したい。日本は文化的に常に学問や学識を高く尊重してきた。日本では一九世紀半ばから、学者たちだけでなく軍人や商人たちまでが外国のことを学ぶことについて極めてオープンであり、むしろその学びが批判的なものとは言えないレベルまで行っていたとも言える。短期的には成功をもたらすように見えた知識も、実は長期的には最悪の結果をもたらすこともある。その一例が「主戦」や軍事的勝利の追究であり、これはクラウゼヴィッツや彼と同時代のアントワーヌ・ジョミニの著作によって実に多くの読者に伝えられたものである。私はこれを「ナポレオン・パラダイム」と呼んでいる。

このパラダイムは、最初はナポレオンのフランス、そして次にモルトケのプロイセンに勝利と成功をもたらしたかのように見えた。ところが両国の容赦ないエゴイズムや「リアリズム」、それに無慈悲なまでの勝利の追究、暴力を通じて他国や多民族に自国の意志を押し付けようとする傾向などは、自らを憎しみの対象に変えてしまい、世界中に反対勢力を発生させてしまったのだ。

さらにいえば、戦闘における勝利の盲目的な追究は、第一次世界大戦の塹壕《ざんごう》戦のように数百万人の命を無駄に奪うことになり、しかもそれは勝者にとっても犠牲に値《あたい》しないような、無用な目的や曖昧な狙いをめぐって争われている。ドイツと日本も第二次世界大戦で同じ過ちを犯すことになり、数百万にのぼる不必要な死や不名誉な目的のために犠牲をかけ、自国民だけでなく他国民に対しても恐ろしい結果をもたらすことになったのだ。

クラウゼヴィッツに対する重要な批判点として挙げられるのは、彼が戦争における道徳・倫理や、戦争の狙いの道徳性をほとんど考慮していなかったというものだ。プロテスタントであった彼は、ローマ・カソリック系の正戦論や、正しい目的のために正しく行うために満たすべき道徳条件などについて学ぶことがなかった（興味深いことに、これらのほとんどは、国際法や国連によって認められている国際的な規範《きはん》の土台となっている＊4）。彼はナポレオンによって負け犬的な位置まで貶《おと》められた国家の人間であったという点を考慮すれば、自制について書かなかった点を許されるかもしれない。フランスに攻撃されたプロイセンという立場を考えれば、その自衛は「正しい戦争」の条件を満たす可能性もある。よって、クラウゼヴィッツには自国の立場の正邪について考える時間は必要なかったといえる。それでもこれは、クラウゼヴィッツがこの戦争の大きな要素の一つを全く考慮しなかったことの言い訳としては不十分である。なぜなら彼と同国のプロテスタントの人間で、士官や陸軍大学における同僚であるオーグスト・ルール＝フォン・リリエンシュターンは、クラウゼヴィッツと年齢が同じであっただけでなく、全く同じ教育を受けたにもかかわらず、すでに一八一八年の時点でこの道徳問題を（といっても冷笑的ではあるが）論じているからだ。

すべての文明国が多少はもっている政治的つながりやネットワークという観点から見ると、あらゆる戦争において、その印象やその実行の仕方、そしてそれが世論に及ぼす結末や、一時的にせよ中立の立場をとっている他国の利害というのは、闘っている二国間の関係と同じくらいに重要なものだ。一時的な優位、戦争初期に敵に与える屈辱、そして征服（それがどれほど鮮やかなものであったとしても）などは、もしそれが長期的な優位や征服につながらなかったり、より大きな新たな危険を発生させるものであれば、本来なら計算され尽くした、まさに数世紀にわたって確保すべき「国家の生存」にとってはほとんど価値がないことになる*5。

ドイツのヴィルヘルム二世、ヒトラー、そして一九三〇年代から四〇年代にかけての大日本帝国の政府は、次第に形成されていった反仏同盟によるナポレオンの最終的な敗北からリリエンシュターンが得た（そしてクラウゼヴィッツが得ることに失敗した）教訓を、さらに深く考慮すべきであった。

したがって私はこのまえがきを、みなさんに注意を喚起《かんき》する形で終えたいと思う。クラウゼヴィッツの『戦争論』は、完全に書き直されなかっただけでなく、彼自身によって戦いの道徳性やその政治的狙いの正統性・非正統性といった、決定的に重要な面が論じられなかったために、大きな欠点を抱えている。クラウゼヴィッツは、「永遠の価値を持つ言葉を述べ、議論の余地のない真実を教えている、まるで神のお告げを受けた預言者」ではなく、普通の人間の著者と同様に、彼が書いたものはそれが書かれた状況と照らし合わせて理解されなければならないものであるし、彼自身の使っている歴史的な事例だけでなく、それが賢明なものであったり示唆に富むものだと言われるためには、その前後の時代や短期・長期的な影響を含めて評価されるべきなのだ。それを決して将来の最悪の状況を予測するものや、実験室において繰り返し検証できるような「科学的な真理」として捉《とら》えてはならない。『戦争論』が長年にわたって実に様々な読み方をされてきたという事実は、クラウゼヴィッツをこれから注意して読むことになる（そしてすでに読んだ）すべての読者たちに対して、一つの忠告を与えている。それは、クラウゼヴィッツの言葉は確かに非常に鋭いが、それでも一人の人間であり、多くの軍人や学者たちが行っているような「無批判な賛美」をするなということだ。

最後に、私の本の日本語版の刊行にあたってお世話になった関係者、とりわけ翻訳を実行してくれた奥山真司氏と中谷寛士氏に対して記して感謝する次第である。

二〇一六年一〇月三一日

英国レディングにて

ベアトリス・ホイザー

クラウゼヴィッツの「正しい読み方」新装補訂版　目次

序　文

クラウゼヴィッツは、私のような勉強ができない弱い頭でも、彼に従わないわけにはいかず、一歩一歩、結論から結論へと糸を引くように指示するので、右にも左にも道を間違えることはないのです。

ソフィー・シュヴェリン伯爵夫人（一七八五〜一八六三年）

本書の目的は、クラウゼヴィッツの著作を読んだときのソフィー・シュヴェリン伯爵夫人のような感想を読者に抱かせることにある。実際のところ、クラウゼヴィッツは「ひどく難解なもの」として退《しりぞ》けられることがあまりにも多かった。後述するように、彼の最も有名な著作である『戦争論』は、一八三〇年にクラウゼヴィッツが現場復帰して帰らぬ人となった軍務に就くことになったとき、彼自身の手で大きな改訂が行われていた。この改訂中の著作は重要な矛盾を含んでおり、多くの読者を困惑させ、さらに悪いことには、非常に大きな影響を及ぼすことになる、誤った解釈を引き起こしてしまった。

本書における私の目的は、クラウゼヴィッツの文章から、間違いなく最も重要な思想を抽出《ちゅうしゅつ》し、重要な矛盾を指摘して説明し、読者をクラウゼヴィッツの文章の中に導くことにある。また、私は彼の思想が後世の世界中の戦略家たちにどのような影響を与えたのかを明らかにしたい。ある者はそれを信じられないほど歪《ゆが》めたり、ある者は徹底的に誤解しており、ある者は無知から、またある者は世界観からそれらを否定し、ある者は『戦争論』の茎の芽でしかなかった考えを自分の考えに接いで、それを緑の芽に育て、それを時には豊かな実を結ぶ強い枝に成長させたが、それは結果的に毒入りの実となることもあったのだ。

第一章では、カール・フォン・クラウゼヴィッツという人物像や、彼や彼の最も有名な著書について人々がどのように語っていたかを読者に紹介することにしよう。第二章では『戦争論』の最も重要な思想と矛盾を説明し、第三章ではクラウゼヴィッツの国家や社会に関する思想を、そして第四章では指揮官の「軍事的天才」や軍隊の士気など、戦争に重要な影響を与えるものとしてクラウゼヴィッツが発見した要因に注目していく。そして、攻撃よりも防御の優位を説いたクラウゼヴィッツが、第一次、第二次世界大戦の惨禍《さんか》の責めを負わせることができるかという難問を扱い、他の戦略家たちがクラウゼヴィッツの考えを海戦、二〇世紀の「限定」戦争、非正規戦に適用して何を思い描いたのかを探り、最終的に核時代におけるクラウゼヴィッツの考えを検証している。最終章では、クラウゼヴィッツの著作に対する批判を扱い、二一世紀の戦争を理解する上でのクラウゼヴィッツの重要性を評価することにする。

本書は、クラウゼヴィッツの理解に独創的な洞察を加えることを目的としたものではない。その代わりに、既存の最も重要な出版物の要点をまとめることで、戦争に関する彼の考え方、その基本的な問題点、そしてその永続的な利点について、より包括的な概観を読者に提供できればと考えている。本書の主な対象は、二次文献をすべて読まずにクラウゼヴィッツが語ったことの本質を理解したいと考える、戦略や戦争を学ぶ人々だ。時間に余裕のある方は、巻末の原書注に記載されている各テーマに関する他の文献を参照されることを強くお勧めする。

私はクラウゼヴィッツの著作から引用した箇所を新たに翻訳することにした。そうすることで、現存する自由でしばしば優雅な翻訳よりも、彼のテーマのいくつかの連続性が強調しやすくなるからだ（『戦争論』の現存する英訳の中で最も優雅なものは一九七六年の故アンガス・マルコム、ピーター・パレット、マイケル・ハワード卿によるものである）。それでもクラウゼヴィッツが長くて複雑な文章を好み、その中でまず自分の重要な洞察を表現してから、次に自分のルールに対する例外や制限に対応するために小項目を次々と追加していったという事実は変わらない。また彼は多くの概念を自ら考案して使ったため、同じものを指していても、手探りで言葉を探し、多くの同義語を使うことがしばしばある。その理由からクラウゼヴィッツは私が「概念」と訳したものに対して、Begriff, Idee, das Wahre などの言葉を使っており、これらを他の人々は「本性」「本質」「理念」のような表現を使っている。クラウゼヴィッツは、実際には「絶対戦争」や「限定戦争」と言っているわけではなく「絶対的完成度の高い戦争」や「戦争遂行上の制限」などと言及している。マイケル・ハワード卿のように、複雑な問題を簡潔でありながら意味のある表現に還元する称賛に値する才能はクラウゼヴィッツにはなかった。『戦争論』を読みやすくするためには、さらに焦点を絞り、もっと正確にするようなかなりの編集作業が必要だったはずだが、クラウゼヴィッツの未亡人と編集者は、悲しみのあまり、あえてこの作品に手を加えなかったのである。その結果、奇妙なことに、マルコム・パレット・ハワード版の翻訳の方が、故ヴェルナー・ハールヴェグによる一九世紀初頭のドイツ語に愛情を込めて復元された原文よりも読みやすいことがある。私が翻訳のベースとしたのは、デュムラー出版社による第一九版（二〇版も変更なし。各版が出たのは一九八〇年と八九年）である。

この本を書くことを勧め、原稿の完成の遅れを我慢してくれた、ピムリコ社のウィル・サルキンとイェルク・ヘンスゲンにとても感謝している。同僚のヤン・ウィレム・ホーニッヒ、ジェームズ・ゴウ、ジョン・ストーン、ブライアン・ホールデン・リードは、私の病気休暇中に勇敢にも教職を引き受けてくれ、間接的に私自身の遅れを取り戻すことができた。クリストファー・ダンデッカーとともにこの難しい時期を支援してくれたことに心から感謝している。私のアシスタントであるマイケル・プロッツ、アナスタシア・フィリピドゥ、アンドリュー・モナハンは、とても親切で寛容《かんよう》な人物であった。特に後者には、アンドリュー・ランバートとロバート・フォーレイとともにコメントと批判をいただき感謝している。私の両親と夫は非常に協力的で寛容であった。大英図書館、ミュンヘン大学図書館、ミュンヘン現代史研究所のスタッフ、そしてローテンブルク・オプ・デア・タウバーの地元図書館のメクライン氏には、図書館間貸借について今まで望んでいた以上に詳しくなったことに感謝したい。そして最後に、本は破くためにあるのではなく、読んで大切にするためにあるのだということを早く覚えてくれたエレノアに感謝している。このおかげで、私のクラウゼヴィッツの『戦争論』は彼女からのイタズラから生き永らえることができたからだ。

第1章
クラウゼヴィッツの生涯と『戦争論』の誕生

もし私が早死してこの著作が中断されるようなことがあれば、すでにできあがった原稿はもちろん形をなさない思索の断片集と言われても仕方のないものとなり、それは不断の非難にさらされて、多くの未熟な批判に口実を与えるものとなってしまうだろう…しかしこのような不十分な形にもかかわらず、偏見なき真理と確信とに渇している読者なら…多分そこに、戦争論における従来の考え方を根底から変えてしまう幾つかの主題を見出してくれるだろう。

（一八二七年七月一〇日付けの覚書き）

❇クラウゼヴィッツの幼年期

カール・フィリップ・ゴトリブ*1・フォン・クラウゼヴィッツ（Carl Philipp Gottlieb von Clausewitz）は一七八〇年六月一日に、プロイセンが統治していたマグデブルグの中の小さなサクソニーの街、ブルグに住む大家族に生まれた。父方の祖先は北部シレジア地方（現在はポーランドのシュレジエン地方）の出身であったが、貴族の出自かどうかは疑われていた。祖父はハレ大学で神学部の教授であったが、貴族であることを示す「フォン」(von)という称号を使っていなかったからだ。ところがクラウゼヴィッツの父は称号を復活させたがったようで、プロイセン王国のフリードリヒ大王に再び「フォン」を使わせてくれるよう嘆願《たんがん》している。王はクラウゼヴィッツの父を自身の連隊に雇っており、そこで士官としてそこそこの経歴を残している。彼の父は「七年戦争」(一七五六〜六三年)の軍士官であり、自身の職に誇りを持っていた。クラウゼヴィッツは両親の家で軍の士官しか見たことがなかった(しかも彼らは最も教育の高い部類の人間ではなかったと言える)。クラウゼヴィッツ自身が記しているように、彼は「プロイセン軍の中で育った」のだ。一二歳になると彼自身も兵士となり、一七九三年から一七九四年の対フランス戦(ライン戦役)に参加している。したがって、クラウゼヴィッツは青年時代から何もわからない状態で戦争を目撃しており、その全体的な印象は心の中に一生涯残ることになった*2。

クラウゼヴィッツ家の三人の兄弟のうちのカールを含む二人は陸軍士官になっており、共に将軍の地位まで上り詰めている。二一歳になるとベルリンの陸軍士官学校(Kriegsakademie)に入学しているが、この学校はゲルハルト・ヨハン・ダーヴィト・フォン・シャルンホルスト(Gerhard Johann David Scharnhorst:一七五五〜一八一三年)将軍が校長を務めていた。シャルンホルストはクラウゼヴィッツの「生涯の師」となり、彼にフランス社会で起きた革命と新しいフランスの戦争方法とのつながりに注目するよう教え込むことになった。シャルンホルストはプロイセンの軍事体制の大改革を推進しており、多くの弟子たちと同様に、クラウゼヴィッツもまたシャルンホルストの改革精神を共有しており、このおかげで、上官や王族は彼らに反感を感じることになった。

クラウゼヴィッツが最初に戦場で対峙した「生涯の敵」は、フランスであった。そして最初の戦争の時からフランスの戦争方法を恐れており、ナポレオンの下でヨーロッパ征服に乗り出したフランスに対して、強烈な憎しみを覚えていた。一八〇三年に彼は好戦的な論文を書いているのだが、その中で、フランスと古代ローマの帝政・独裁時代を比較しているほどだ＊3。一八〇八年にはドイツ人たちがこのコルシカの改革者に対して最初に抱いていた尊敬の念が失われつつあった状況をうまくまとめて、「ある国家が他の国家から直接的な圧力を受けて憎悪と敵意をこれほど感じて反応したことはない」＊4と書いている。クラウゼヴィッツは当時のあらゆるステレオタイプを使って、フランス人に対する非難を行っている。彼はフランス人のことを、浅く、個性がなく、貧乏臭く、虚栄心が強く、政府の意向にすぐ従うために政治の手先になりやすい人々であると述べている。それに対してドイツ人は、個人主義的で、独自の考えを持ち、論理と議論に熱心で、勤勉でより高い目標を目指しているというのだ。彼によれば、フランス人はより実践的なローマ人に近く、ドイツ人はより知的かつ道徳的な意識の高いギリシャ人であるという＊5。死の直前でも彼は対仏戦について書いていたほどだ＊6。『戦争論』を完成させようとしていた一八三〇年にフランスで起こった「七月革命」に対して、クラウゼヴィッツは「フランスでは最初の革命から新たな革命が生まれ、それが平和を乱すことになる」と恐れていた＊7。

彼の「フランス恐怖症」のほとんどは、妻であるマリー・フォン・ブリュール（Marie Countess von Brühl）から来たものであり、イギリス人であった彼女の母親は「当時の英国人に見られた、ナポレオンに対する憎しみによって動かされていた」のである。この母と、娘であるマリー・ブリュール、つまりの後のフラウ・フォン・クラウゼヴィッツは、ベルリン社交界の名士の一人であるキャロライン・フォン・ロッホウ（Caroline von Rochow）によれば、「フランスへの憎しみという政治的情熱の中で生きていた」という＊8。

クラウゼヴィッツは一八〇三年、二三歳の時にマリーと出会い、すぐに相思相愛となったが、結婚まではしばらく待たなければならなかった。二人の社会的地位があまりにも違いすぎたからである。すでに述べたように、クラウゼヴィッツは低い階層の出身で、そもそも貴族かどうかも怪しいくらいであり、一八二七年になってようやくプロイセン王のフリードリヒ三世から称号を受けたほどであった。ところがブリュール家は極めて高い階層の貴族であり、そのおかげでクラウゼヴィッツは自分の愛を証明するのに七年間も待たなければならなかった。結婚以前から、そして結婚生活を通じて、教養の高いマリーはクラウゼヴィッツの考えに広く影響を与えたと考えられており、マリーの母方の家族が英国のロシア領事を務めた関係から、イギリスに対して尊敬の念を抱いており、これはクラウゼヴィッツのフランスに対する憎しみという部分で一致していた。カールとマリーは最終的に一八一〇年一二月に結婚し、二人は彼の死の瞬間まで偉大なソウルメイトでありつづけた。

クラウゼヴィッツは一八〇六年一〇月一四日の「アウエルシュタットの戦い」に参戦しており、ここで彼はナポレオン式の戦い方を初体験することになった。プロイセンは敗北し、ナポレオンはベルリンに入城して、隣国のザクセン王国と講和条約を結び、ここからロシアとの戦いへと移っていった。プロイセンのアウグストゥス親王の副官を務めていたクラウゼヴィッツは、この戦いの後にフランスまで連行され、捕虜《ほりよ》として紳士的な扱いを受けた生活を送っている。ところがこの体験は彼のフランスに対する憎しみをさらに強めてしまっただけであり、これは彼の婚約者宛の手紙の中にも見てとることができる*9。

一八〇七年二月の「アイラウの戦い」は勝敗のつかないものであったために、ナポレオンはロシアと講和条約を結び、ヨーロッパ（そしてプロイセンのホーエンツォレルン家の土地）を二つの影響圏に分割してしまった。この講和によって、アウグストゥス親王とクラウゼヴィッツは一八〇八年に本国に送還《そうかん》されることになり、クラウゼヴィッツは師であるシャルンホルストと再会できた。

一八一〇年から一一年にかけて、クラウゼヴィッツは「小規模戦争」という講義をプロイセン陸軍大学（Ailgerneine Kriegsschule）で担当することになった。ちなみにこの戦い方は、スペインがナポレオンに対する抵抗を「ゲリラ」という名前で呼んだことで後に有名になった。一八一〇年から一八一二年にかけて、彼は皇太子（後のプロイセン王フリードリヒ・ヴィルヘルム四世）に講義を授《さず》けることになり、このために戦争に関する多くの問題について考えをまとめる必要に迫られ、これが後の有名な著作を記すための基礎となった。皇太子向けの講義の内容はきわめて古典的なものだった。それは、どこに砲兵部隊を配置し、兵士の動機や防御・攻撃について具体的にどうすべきかを教えるものである。ここでクラウゼヴィッツは、今までのほとんどの前任者たちがやってきたような、単なる戦闘の原則を論じるのではなく、戦争そのものを理論化し始めている。彼の知的な才能はこの頃に目覚め始めていた。

ところが彼の反仏的な信念は、プロイセンにおいては出世の妨《さまた》げとしかならなかった。一八一二年四月にはフリードリヒ・ヴィルヘルム三世がフランスに対してあまりにも恭順《きょうじゅん》的であったことに腹を立て、プロイセン軍を辞めて過激に政治的な「建白書」を書いている。ここには芽《め》生《ば》え始めたプロイセン／ドイツの民族主義と、当時の文学の流行である「疾風怒濤《しっぷうどとう》」（Stum und Drang）の感覚をすべて含んだものが表現されていた。

私は、何よりもまず国民はその尊厳と自由を尊重すべきだと考えており、これを公言したい。そしてこれらを守るために、血の最後の一滴まで費やさなければならないし、これ以上聖なる任務はないのであり、従うべき法としてはこれ以上高いものはなく、臆病な降伏による恥は決して拭《ぬぐ》い去ることはできない……一度でも名誉を失ってしまえば、それは取り返しのつかないことになるからだ。そしてその王と政府の名誉は、そこに住む人々の名誉と同じである……＊10。

ナポレオンが新たにロシア侵攻を準備しているときに、クラウゼヴィッツはロシア語を一切話せなかったにもかかわらず、ロシア皇帝のアレクサンドル一世に対してロシア軍につくことを申し出ており、これが認められ、ロシア軍士官として働くことになった。一八一二年九月七日にはナポレオンの戦いの中でも最も凄惨《せいさん》であるとされる「ボロジノの戦い」を目撃することになり、これが後に彼にナポレオンのロシア侵攻全体についての実際の体験者として洞察した著作を記すことにつながっている。その年の一二月に、クラウゼヴィッツはハンス・ダーヴィト・ルードヴィッヒ・フォン・ヨルク（Hans David Ludwig von Yorck）将軍の下の交渉役の一人として人生で唯一の外交の舞台を経験しており、ロシアとプロイセンの和平協定である「タウロッゲン協定」につながった和平交渉に臨《のぞ》んでいる。これは後に対仏大同盟となり、いわゆる「解放戦争」（一八一三〜一四年）の基盤となった。彼はブリュッヘルの指揮下のロシア帝国軍の士官として、「グロースゲルシェンの戦い」（一八一三年五月二日）と「バウツェンの戦い」（一八一三年五月二〇〜二一日）に参加している。一八一二年から一三年にかけてのロシアの厳しい冬の経験によって赤ら顔と赤鼻になったクラウゼヴィッツは、そのおかげで「毎晩ワインを一本開けている」という、あらぬうわさを立てられている*11。

❄『戦争論』の執筆

ナポレオンは一八一四年に敗れたが、フリードリヒ・ヴィルヘルム三世は、プロイセンがフランスにあからさまに反旗をひるがえす前にプロイセンを離れ、他国の軍隊でフランスと戦ったクラウゼヴィッツのような士官たちを、疑いの目で見ていた。そのため、クラウゼヴィッツがプロイセンの参謀本部に大佐として復帰できたのは、ようやく一八一五年になってからだった。将官の地位に付いた後に、彼は陸軍大学の校長に任命され、その仕事のほとんどは事務仕事であり、教えることはたまにあるだけで、あとの時間は研究と執筆に費《つい》やされることになった。クラウゼヴィッツはこの扱いを侮辱的だと感じており、現場で任務にあたるほうが遥《はる》かにましだと感じていた。ところがこのおかげで彼には『戦争論』を執筆する時間が与えられ、この作業は一八一八年から一八三〇年まで続けられることになった。すでに見てきたように、彼は原稿を十分に見直す前に一八三〇年に戦地での勤務を命ぜられ、ロシアの占領者に対するポーランドの暴動に対処するために現地に向かっている。その理由は、プロイセンが支配している土地にこれが飛び火してくる可能性があったからだ。クラウゼヴィッツは反乱鎮圧が終わった後に、当時は東プロイセンの一部であったポーゼン（つまり現在のポーランドのポズナン）に到着し、その後にブレスラウ（現在のヴロツワフ）に第二の師であるアウグスト・フォン・グナイゼナウ（A. Neithardt von Gneisenau）と一緒に翌年まで留まっている。ところがクラウゼヴィッツとグナイゼナウの二人とも伝染病のコレラにかかってしまい、一八三一年一一月一六日にブレスラウで突然亡くなってしまった。クラウゼヴィッツの未完の原稿は、一八三二年から三四年にかけて、『戦争および戦争指導に関するカール・フォン・クラウゼヴィッツ将軍の遺稿』（*Posthumous Works About War And The Conduct Of War*）として彼の未亡人によって手を加えられない形で出版され、そのうちの第一巻から第三巻までが『戦争論』となった＊12。まるで予言をするかのように、クラウゼヴィッツは一八二七年七月一〇日付けのメモ（覚書き）の中で「早死にしてこの著作が中断されること」の恐怖について書いており、「それは不断の非難にさらされて、多くの未熟な批判に口実を与えるものとなってしまう」ことを自覚しつつ、

このような事柄に関して、すべての人はペンを握っているときに思い浮かんだものをすぐにも喋《しゃべ》ったり、印刷して発表したりできるものだと思っているようであるが、それはちょうど二掛ける二は四であることを疑いないものととっているのとまったく同じ調子なのである。そのような人がもし私と同じく長年この問題について考え、それを常に戦史と比較してみる努力を払うつもりならば、言うまで

もないことながら批判にはより慎重にならざるを得ないであろう。

と記している。それでも不十分な形のこの原稿が「戦争論における従来の考え方を根底から変えてしまう」かもしれないと記しているのは興味深いところだ*13。

同世代の人間たちは、クラウゼヴィッツに関して両極端に別れる評価をしていたようだ。ヴィルヘルム・フォン・ドロウ（Wilhelm von Dorow）は、友人に対する手紙の中で、「君もご存知のあのクラウゼヴィッツのことだが、非常に学識があって教養が高く、純粋な軍人としても知られていて、しかも最も親しみやすく、融和的で良識ある人物だよ」と書いている。ところがフォン・ヴァレンティン（von Valentin）将軍は「この男には……完全に我慢ならん」と書いていた。カロリーネ・フォン・ロッホウ（結婚前はフォン・デア・マーウィッツ）は、クラウゼヴィッツがとても洗練された人物であるとみなされながら、何人かの同僚たちには「不快な人物」として映っていたことを指摘している。ロッホウによれば、クラウゼヴィッツは、

極めて不利になりやすい性格を持っておりまして、外面的には冷淡で無関心なように見えました……素振りもなんとなく冷たく、協調性に欠けていたので、他人を馬鹿にしているように見えることもよくありました……同時に、いつも野心に燃えていて、現代風の刺激や遊びごとは求めず、古風な克己心一点張りの努力家でした。境遇のせいか、それとも彼のあまり人好きのしない性格のせいか、友人は少数でしたが、親密で堅い友情で結ばれており、みんな彼のことをずいぶんと買いかぶっておりました*14。

ベルンストルフ伯爵夫人（Countess Bernstorff）は、クラウゼヴィッツの社交面での欠点を指摘しており、「彼は自分の好き嫌いをあまりにも明確に示すために、ほぼ常にパーティーの雰囲気に影響を与えた」のであり、幾度となく「恥かしくなるような事件を起こしたことがあった」というのだ。彼は他人に対して、非常に無愛想に接したり、その反対に極めて慎重にことを行ったりすることがあったが、他人がそれと同じような扱いをしてくる場合には非常に敏感であり、反撃するのは速かった。クラウゼヴィッツをベルリンの陸軍士官学校時代から知っていたプロイセン軍士官のフォン・シャルフェノルト（von Scharfenort）は、彼に完全に好意を抱いていたのだが、それでも「痛烈な皮肉を言うことこの上ないために、多くの敵を作っていた」とコメントしている。一八一八年にクラウゼヴィッツはプロイセン王国の駐英国公使になろうとしていたが、フリードリヒ・ヴィルヘルム三世は自分の政策に何度も反対した人物を英国に送り込むつもりはなかった。英国の駐ベルリン大使のJ．A．ローズ（J. A. Rose）は、本国への手紙の中で、クラウゼヴィッツについて「冷酷で冷ややかな態度を持っている……彼のマナーは冷淡で、とても人気のあるものとは言えない。彼は癇癪《かんしゃく》持ちである」と評している。その他にも、英国王ジョージ三世の兄弟であるカンバーランド公（the Duke of Cumberland）は、クラウゼヴィッツのことを「社交的ではないという意味で、駐英国公使のような高い立場には就けないだろう」と記している＊15。ある学者の指摘によれば、クラウゼヴィッツは（一八一二年から一五年まで国外逃亡していたという事情から、一時的に出世が遅れていたのにもかかわらず）四〇歳で少将になったが、妻に対して自分が軽視されていることや無視されていること、そして他の士官たちから自分よりも年上で経験も豊かな人物たちよりも評価されていることがあったにもかかわらず、常に不満を述べていたという＊16。したがって、クラウゼヴィッツは気難しい性格を持っていたようであり、ベルリンの派手やかな社交界や仲間の士官たちと一緒にいるよりも、図書館にこもっているほうが性に合っていたようだ。

ではクラウゼヴィッツは、一体誰の思想を元にして自身の壮大な大系をつくりあげたのだろうか？　士官学校でシャルンホルストに受けた教育は広範囲にわたるもので、これは彼の著作にも反映されている。アメリカのクラウゼヴィッツ専門家であるピーター・パレット（Peter Paret）は、「クラウゼヴィッツは時代の申し子で、彼のような文化的環境にいたものなら、自然と手にする本や記事、講演などから学んだことが多かったのではないだろうか」と記している*17。そのような事情から、われわれは彼の文献の中に、ライモンド・モンテクッコリ（Raimondo Montecuccoli）、モーリス・ド・サックス（Maurice de Saxe）、フーキエール（Antoine de Pas de Feuquières）、アンドレ・デ・サンタクルズ（Andrés de Santa Cruz）、ジャック・ド・ピュイセギュール（Jacques Francois de Chastenet de Puységur）、ピエール・ジャン・フランソワ・テュルパン（Pierre Jean François Turpin）、ジャック・アントワーヌ・ギベール（Jaques Antoine Guibert）、フリードリヒ大王（Frederick the Great）、リーニュ公（Prince de Ligne）、マウリロン（Maurillon）、ヴェントゥリーニ（Venturini）、デ・シルヴァ（de Silva）、そしてロイド（Lloyd）やベルンホルスト（Berenhorst）のような、プロイセンの軍事作家の第一人者たちの名前を見つけることができる*18。クラウゼヴィッツが読み込んだ政治哲学者の著作には、ジョージ・クルーム・ロバートソン（George Croom Robertson）、ヨハネス・フォン・ミュラー（Johannes von Müller）、フリードリッヒ・フォン・アンキロン（Frederich von Ancillon）、フリードリッヒ・フォン・ゲンツ（Frederich von Gentz）、ミシェル・ド・モンテーニュ（Michel Eyquem de Montaigne）、そしてモンテスキュー（『法の精神』は『戦争論』を書く上でかなり意識していた*19）たちのものがあった。また、彼はカントを読み込んでいるが、何人かの論者が主張しているほど大きな影響を受けたとは言えない*20。クラウゼヴィッツとヘーゲルの関係については意見がわかれており、たとえばドイツのクラウゼヴィッツ専門家であるシェリング（Schering）は、その二人の思想の共通点を指摘している*21。またこれから見ていくように、ソ連の研究者たちもクラウゼヴィッツがヘーゲルに影響を受けたと確信していた。ところがクラウゼヴィッツがヘーゲルを読んだということや、彼の講義を受けたという確固たる証拠はないし、クラウゼヴィッツの「二元論的な戦争」というアイディアが本当に「弁証法」であると理解されていたかどうかや、「絶対戦争」というアイディアがヘーゲルの「絶対精神」からヒントを得たもの（レーニンはそう思い込んでいたフシがある）であったかどうかは、実は明確ではないのだ＊22。それとは反対に、われわれはクラウゼヴィッツが、マキャヴェリを単に読んだだけでなく、彼を擁護した論文を書いた哲学者のフィヒテとの手紙のやりとりの中で、マキャヴェリについて集中的に議論をしていたことまでは分かっている＊23。クラウゼヴィッツは『君主論』、『ディスコルシ』、そして『戦術論』を読んでおり、戦争を論じるにあたって、マキャヴェリの道徳観念から離れた議論を行うやり方を踏襲《とうしゅう》している。マキャヴェリは『フィレンツェ史』の第八巻の中で、「必要な戦争こそが正義なのであり、われわれの最後の望みがこれらの聖なる武器なのだ」と記している。それを受けてクラウゼヴィッツは、

マキャヴェリほど政治家必読の書はない。彼の主義主張にうんざりした素振りをするのは、人道主義者面《づら》した「キザ男」である。君主が臣民に対する政策について彼が言っていることは、政治形態が当時とかなりちがっている今日から読めば、確かに大分時代遅れの感はある。それにもかかわらず、彼は永久に役に立つと思われる、いくつかのすばらしい法則を示してくれている……とくに外交問題に関しては有益であり、もっぱら嘲笑《ちょうしょう》（これも無知蒙昧《むちもうまい》や虚栄心などから出てものだが）の的になっているのは、市民の扱いに関する彼の教えだけだ。

と書いている。そしてマキャヴェリの功績を正しく理解するためには、ルネサンス期のイタリアを考慮し

なければないとしつつ、

こうした点を頭に入れておけば、マキャヴェリが無造作に固有名詞を使うこと以外、特に非難すべきところはない……マキャヴェリの『君主論』の第二一章は、あらゆる外交の基本法則であるとともに、それを守ることのできない連中への嘆息《たんそく》でもある！＊24

『君主論』の第二一章には「君主が衆望を得るためには、どう振る舞うべきか」というタイトルがつけられているが、この章は「偉大な企図やすばらしい手本を示すことほど、君主の評価を高めるものはない」という言葉から始められている。さらに重要なのは、この章ではこの偉大なフローレンス人が、君主は紛争があった場合には中立を保つのではなく、どちらかの党派に迷うことなくつくことを強くアドバイスしている＊25。これはナポレオンに対抗する同盟を組まずに恭順《きょうじゅん》してしまったプロイセンの君主の状況を考えてみると、クラウゼヴィッツ自身の将来を予言していたようにも見える。

このような状況は、クラウゼヴィッツの政治と国家間の問題の見方を皮肉的なものへと変えてしまったのだろうか？　実は彼の生きた時代に支配的であった政治思想からすれば、これはそうとも言い切れない。彼の人生は二つの非常に異なる時代にまたがっており、その精神性においても特徴が明確に違っていた。彼は旧体制《アンシャン・レジーム》時代に生まれたのであり、そこでは兵士や芸術家やその他の職種の人々が、多くのヨーロッパの宮廷で認められて雇われようと努力しており、そこでの共通言語と政治思想はフランス製のものであった。そして人々が忠誠を誓うことを求められていた対象は君主であり、同業者組合《ギルド》であり、都市国家であった。ロシア皇帝の軍隊で職を得ようとしたプロイセン人であるクラウゼヴィッツや、スイス人のジョミニのような人間が活躍できた背景には、当時の欧州のこのようなコスモポリタニズムが存在していた。ところがクラウゼヴィッツ自身の動きそのものは、旧体制《アンシャン・レジーム》のコスモポリタニズムの香りを残した、新しい時代精神によって作り上げられたものであった。その精神とは「一君主義」の代わりにナショナリズム（民族主義）が台頭してできあがったものであった。クラウゼヴィッツにとって王制というのは、単なる民族の象徴というだけでなく、名誉と栄光が具現化《ぐげんか》したものであったが、以前の彼が考えていたように、すでに地上に遣《つか》わされた「神の代表」ではなくなっていた*26。したがって一八一二年のロシアへの出発は、クラウゼヴィッツにとって「フランスの抑圧からのドイツ人の自由」という象徴的な意味を持っており、これによって王を捨て、自身やプロイセン人の敵となって戦ってくれる人々（ロシア人）のために働くことを決意したのだ。

　すでに見たように、クラウゼヴィッツはフランス革命の平等主義的な理念を嫌悪《けんお》していた。ところが彼の生きていた時代から見れば、彼はとくに極端な反動主義者というわけではなく、むしろプロイセンには寡頭《かとう》政治体制が最適であると考えていた。その証拠に、「軍隊の代わりに、政府と本当の利害関係を共有する人々が選んだ、みんなのよく知っている代表者を集めてはいかがであろう。こうした代表者たちこそが政府の主要な支持者であり、友であり、味方である。英国議会はもう百年にもわたって英国王を支持しているではないか」と書いているほどだ*27（ここで半分イギリス人であった妻の影響を再び見ることができる）。

　クラウゼヴィッツは「国家の名誉は神聖なるものとしてみなされなければならない」と議論（これは後にナチスが好んで引用）しており、これはフィヒテやヘーゲルのような、当時の新しい哲学に近い考え方であった*28。ピーター・パレットはクラウゼヴィッツのことを、「一切のイデオロギーを排除して、一途《いちず》に国家を純粋な権力機構と見る……熱烈な愛国者」であったと指摘している*29。

　一八二〇年代初期から、クラウゼヴィッツはすでに中欧のドイツ語圏の多くの小国家を統一する望みを書き始めており、「ドイツを政治的に統一する手段はただ一つ、剣によって諸邦《しょほう》を屈服させるのみである。しかもその諸邦の中の一国が、それ以外のすべてを従えた場合だけだ」と記している。ところがクラウゼヴィッツは、その実行時期はまだ来ておらず、どのドイツの国家が他を従えることになるのかを予測できないと考えていた*30。

クラウゼヴィッツはそれ以前の戦略家たちとどう違うのだろうか？　なぜわれわれは、マキャベリ、ギベール、一八世紀のあらゆる「戦術家」たち、そして彼と同時代［一七七九〜一八六九年］を生き、しかも一九世紀前半ははるかに人気のあったアントワーヌ・アンリ・ジョミニなど、他の思想家たちがいるにもかかわらず、そこまでクラウゼヴィッツに注目するのだろうか？ほとんどの優れた本と同じように、クラウゼヴィッツの『戦争論』も、このテーマについて書かれた数々の本の中で極めて優れたものであった。この「数々の本」の中には、もう一人のプロイセン人であるアダム・ハインリッヒ・ディートリッヒ・フォン・ビューロー（Adam Heinrich Dietrich von Bülow：一七五七〜一八〇七年）の著作も含まれる。ビューローはとくに数学的な法則や幾何学的な構造などに興味を示しており、その中で特に有名な主張は、一七九九年に出版されて一八〇六年に初めて英訳された『戦争の近代システムの精神』（*Spirit of the Modern System of War*）の中の、「戦闘を避けることは常に可能である」というものだ*31。クラウゼヴィッツは一八〇五年の論文の中で、さまざまな点からビューローを痛烈に批判している。たとえばビューローは戦略を「敵の視野の外における戦争に関する動きについての科学であり、［敵の視野の中における］戦術」と定義しているが、クラウゼヴィッツはこのような定義を「あまりにも機械的である」と見なしていた。彼はビューローの「戦闘が問題を解決しない」という考えや、「戦闘を避けることができる」という考えは完全に間違っていると拒否しており、戦争の術《アート》の到達点は「最少の手段で最大の効果」を達成することにあるというビューローの考え方はいかなる状況にも当てはまるものではなく、士気に関心がなく、数学的な計算を強調している点については未熟でさえあると見なしていた。残酷《ざんこく》とも言えるが、クラウゼヴィッツはビューローを「子供のための軍事の手引書」を書いた人物と呼ぶべきだと書いている＊32。

同時代を生きた他の人間としては、カール大公（Archduke Charles of Austria：一七七一〜一八四七年）がいる。彼はナポレオンとの戦いでは最も成功をおさめた将軍であり、アスペルン・エスリンクの戦いではオーストリアに勝利をもたらしたという意味で、はるかに尊敬されるべき存在であろう。戦場での軍功に加えて、彼は一八〇六年に『戦争の高等芸術の原則』（*Principles of the Higher Art of War*）、そして一八〇一四年には『戦略の原則』（*Principles of Strategy*）を出版するなど、戦いに関する文献の充実に貢献している。カール大公はビューローの多くのアイディアを分析しており、とくにその作戦における幾何学的な面について関心を持っていた＊33。

フランス革命とナポレオン戦争と、自国のお粗末な敗北を実体験したプロイセンの軍事改革派の人々によって、戦争に関する著作はさらに多く書かれることになった。彼らはフランスの占領から自国を解放するために、そのエネルギーをプロイセン軍を戦える状態まで改革することに注いだのだ。このような改革派の人物として挙げられるのは、大抵の場合はゲオルグ・ハインリッヒ・フォン・ベルンホルスト（Georg Heinrich von Berenhorst：一七三三〜一八一四年）であるが、シャルンホルストはそれらのうちの何人かの先生であり、それにはクラウゼヴィッツや、オットー・アウグスト・リリエンシュターン（Otto August Rühle von Lilienstern：一七八〇〜一八四七年）も含まれていた。ベルンホルストは、レオポルド一世（アンハルト・デッサウ侯）の私生児であった。彼は「七年戦争」に従軍し、後に三巻物となる『戦争術の考察』（*Reflections on the Art of War*）を記している（出版されたのは一七九六、一七九八、一七九九年）。後のクラウゼヴィッツと同じように、彼は部隊の士気の重要性や、リーダーの性格、そしてチャンスやアクシデントの決定力を強調した。

シャルンホルストも自分の学生たちに、戦争における心理的・政治的な要素や、部隊における士気、そして卓越した指揮官などの重要性に注目するよう促《うなが》している。彼も多作家であり、その著作の中には士官向けの手引書もある。一七九七年にはフリードリヒ・フォン・デル・デッカー（Friedrich von der Decker）と共に『革命戦争におけるフランスの成功の一般的理由の発展』（*Development of the General Reasons for the French Success in the Wars of Revolution*）という本を出版しており、この中で彼はフランス革命の魅力と、それが知識人たちや若者、そして社会の平等に懸念を持った人々に与えた理念などを詳細に分析しており、理念が政治活動や戦争においてどのように人々にインスピレーションを与えるのかを説明している。シャルンホルストは一八〇一年から陸軍大学の学生たちに対して、モンテスキューの『法の精神』を読むように勧めている*34。その他にも彼は、過去の戦争のデータから特定の原則が導き出せるはずだと信じていた。なぜなら「ハンニバル、スキピオ、カエサル、テュレンヌ子爵、モンテクッコリ、フリードリヒ大王などのような歴史上の偉大な将軍たちは、戦争術の原則を研究していた」からだという*35。

この時代のもう一人のプロイセンの人間として挙げられるのは、フリードリッヒ・コンスタンティン・フォン・ロッサウ（Friedrich Constantin von Lossau：一七六七〜一八三三年）将軍である。ロッサウは一八一五年に『戦争』（*Der Krieg*）という本を出版している。アザー・ガット（Azar Gat）はこの本について「戦士の知的・士気的な能力について集中して書いており、戦争を愛国心や心理的なエネルギーなどによって動かされる意志の衝突として描いている」とまとめている*36。

次章から見ていくように、クラウゼヴィッツのカギとなるアイディアの多くは、これまでに述べたような人々の洞察の上に打ち立てられたものだ。ところが彼はほとんどの同僚たちとは違って、かなり高いレベルでそれらの抽象化を行っている。そしてこれは彼が詳しく（しかも細かい部分に迷いこんでしまうのではなく）研究した、一三〇例にもおよぶ歴史上の戦闘の実例から導き出した結論に由来するものなのだ。同世代の作者たちと違い、クラウゼヴィッツは歴史を通じた戦略と戦術の本質の変化を最も強調していた。彼がアレクサンダー大王、カエサル、フリードリヒ大王、そしてナポレオンなどを一緒に論じている時というのは、軍事的天才や軍における規律の重要性について示しているだけで、彼らが同じ原則（たとえば「内線」や「間接的アプローチ」など）を採用して成功したことを証明するためではない。その証拠に、クラウゼヴィッツは彼らの成功を説明する際に、原因を一つに絞《しぼ》った説明を明らかに否定している＊37。

クラウゼヴィッツが自分よりも前の世代の多くの思想家たちを批判するようになったのは、以下のような理由からである。

以前には兵学、あるいは軍事科学という名称は、物質的事柄に関連する知識や技能を総括したものという意味に理解されていた。すなわち、武器の製造・装備・使用、要塞や防禦諸工事の設置、軍隊の組織並びに軍隊諸活動の機構などは、これらの知識や技能の対象であった……つまり以前の兵学の対象は、あくまで物質的素材にのみ限定され一面化されていたのであって……このような兵学が闘争そのものと関係するところは、ちょうど刀鍛冶の技術が撃剣術に対するところと何ら変わりはない……精神力と勇気とを活動させるといったことは、ついぞ問題となることはなかったのである＊38。

クラウゼヴィッツの同時代の人間や、その前後の戦略家たちは、たしかに行動についての厳格なルールを設定するような傾向をもっていた。たとえばテクノロジーのイノベーションによって戦いに変化があると、その原則が使えなくなる場合もあったからだ。第一次世界大戦で行われた無駄な突撃などは、このような原則を厳格かつ無知なまま採用しつづけた典型的な例であり、クラウゼヴィッツがアドバイスしたであろう基本的な前提についての知的な再考とはおよそかけ離れたものであった。クラウゼヴィッツ自身は戦争の理論、つまりこのテーマについて熟考したものをつくりだそうとしており、特定の状況で従うべきドクトリンのようなものを導き出すことは想定していなかった。この理論は、制約するようなルールなどにならずに、能力（**Können**）や術（**Kunst**）に昇華《しょうか》するための、この分野の理解を深めるものを生み出すべきものだったのだ＊[39]。

一八三八年（つまり『戦争論』の後）に出版された『戦争概論』（*Précis de l'art de la guerre*）の中で、クラウゼヴィッツのフランス側のライバルとなったジョミニは、ナポレオンの下で戦い、後にクラウゼヴィッツと同じようにロシア帝国軍の下で戦っている。彼はクラウゼヴィッツについて「彼自身が、軍事科学にあまりにも懐疑的であることを示している。彼の第一巻は、実質的にあらゆる戦争の理論を否定する大熱弁以外の何物でもないし、その後の第二巻には理論的な格言が満ち満ちており、自分自身は他人のドクトリンを信じていないにもかかわらず、自分のドクトリンの有効性は信じているということを証明してしまっている」と容赦《ようしゃ》無く書いている＊[40]。

そしてまさにジョミニが断定したように、クラウゼヴィッツは自身の大作の中に、無数の教義を公開している。彼の提案が最もまとまったものは、おそらく一八二七年に書いたと思われるメモ（覚え書）の中に見ることができる＊[41]。

・防禦は消極的目的を持つが、攻撃よりはより強い形態（戦い方）であり、攻撃は積極的目的を持つが、防禦よりはより弱い形態である。
・大いなる成功は、小さい成功をも決定する。
・戦略的効果を確実な諸重点に限定してもよい。

・陽動作戦は新攻撃よりはより弱い力の利用であり、したがってこの作戦は特別に制限されねばならない。
・勝利とは単に戦場の占領にあるのではなく、敵の物理的・精神的戦闘力の破壊にあるのであって、これは多くの場合、戦勝後の追撃によって初めて達成されるものである。
・戦闘によって勝利が得られた場合にのみ最大の成功となる。それゆえある戦線、ある方面から他の戦線、他の方面への飛躍はやむを得ざるとしても、不得策《ふとくさく》としてのみみなされるべきである。
・迂回戦術の条件は一般的に味方が優越している場合、特に味方の交通線、退却線が敵のそれよりも優越している場合にのみ成り立ち得る。
・それゆえ側面陣地もまた同様の関係によって制約されている。
・あらゆる攻撃は前進することによって弱まる*42。

これらの提案によって、クラウゼヴィッツ自身も単純化されたルールを打ち立てる寸前のところまで行っている。さらにいえば、彼が『戦争論』の中で「戦争のエッセンス」として描いたものは、これから見ていくように、厳格かつ単純化されたルールの推論を促《うなが》していた。

それでもクラウゼヴィッツは、当時の他のいかなる戦略家よりも単純化した機械的なルールから逃れようとしている。彼の目的は、読者に対して「戦いのための道具」を与えるというよりも、「戦争をどのように考えればいいのか」を教えるところにあったからだ。これはとくにプロイセンの未来の主君となるフリードリヒ・ヴィルヘルム四世の存在を念頭に置いたものであり、クラウゼヴィッツはこの生徒に対して、自分が何かを決断しなければならない際にその「答え」を教えるのではなく、どのような心構えをすべきなのかを教えようとしていたのだ。

クラウゼヴィッツ自身も、『戦争論』を書く目的は「戦略や国家のリーダーたちの戦争に関する考えを正して……将来の軍の指導者の考えを教育、もしくは独学のための指針を与えるためのものであり、戦場で使える知識のためのものではなかった……これは教師が若者の精神面での成長を促すものの、彼の人生のすべての面に縛《しば》りを入れないのと同じだ」と述べている*43。したがって多くの意味から、クラウゼヴィッツは軍で実務を経験してきた人間たちがほとんど関心を持っていなかった問題を取り上げたことになる。一般的に言って、軍人たちにはさまざまな状況に使え、しかも戦闘のようなストレスのかかる状況で決断をするためのコツのように、教えやすくて学びやすい「原則」を求める傾向があるのだが、クラウゼヴィッツは主に「戦争の本質」についての哲学的考察を行っており、これは単純で覚えやすいような行動原則のようなものには移し替えづらいものだ。結果として出版から一〇〇年間の『戦争論』は、とりわけ二〇世紀後半での高い評価と比較すれば、われわれが思っているほど評価されていたとは言えない。

❇『戦争論』の評価

一八三二年から三四年にかけて『戦争論』の初版が出版されると、ドイツ語圏では議論を巻き起こすことになった。出版当初からこの本についてはクラウゼヴィッツを賞賛《しようさん》する者たちでさえ批判的な態度を示しており、その乱雑な散文の中から「金塊」を探り当てるのは難しく、表面的な研究しかなされないような体裁になっていることを認めていたほどだ。出版当初に書評を書いた人物は、「覚悟ある学者のみ」が適切な理解に達することができるかもしれないと考えていたという。同時代の軍事関連の書評では、「著者が使っている言語はとても洗練されたものだが、それ以外のほとんどの人々には理解されないような難解なものだ。したがってこの著書は読まれるべきものというだけでなく、研究されなければならないものだ」とコメントされている。「クラウゼヴィッツは、そのロジックを読者にわかりやすく示した」と評したソフィー・シュヴェリーン伯爵夫人（Sophie Countess Schwerin）の意見は、明らかに少数派に属するものであった（本書の「まえがき」に収録）。一八三八年にフランスの軍事作家であるＪ．ロカンコート（Rocquancourt）は、「この本（『戦争論』）はプロイセンで大きな話題になっているが、彼らの間でもその欠点が段々と気づかれはじめている」と書いている＊44。その同じ年に、ジョミニは渋々した様子で以下のように書いている。

何人であれ、クラウゼヴィッツ将軍の深厚な学識と、闊達な文章とを貶《けな》すことなどできるものではない。だがいくらか傲慢に見えるその筆運びは、簡潔を旨とすべき学術的討議にとって、多少行き過ぎであったようである。それはともかく、彼自身が、軍事科学にあまりにも懐疑的であることを示している……私自身に関していえば、この造形の深い迷宮の中から、わずかな数の光を放つアイディアや優れた文章を見つけることができたと確信している。クラウゼヴィッツ氏自身の疑いとは正反対に、この著書ほど優れた理論の必要性と効用を私に感じさせてくれるものはない＊45。

『戦争論』は、ヘルムート・フォン・グラーフ・モルトケ（Helmuth Graf von Moltke：大モルトケ）の影響によって、プロイセンの軍教育において確固たる地位を確立することになった。大モルトケは、自分がプロイセン軍の参謀総長になった時に、自国の士官たちに優れた教育を受けられるようにすることだけでなく、『戦争論』がカリキュラムに加えられるように軍部に強く働きかけている。彼はフランスの記者に対して、クラウゼヴィッツは聖書、ホメロス、リトロー（Littrow）、リービッヒ（Liebig）に続くほどの多大なる衝撃を自分の人生に与えたと語っている＊46。結果として『戦争論』はプロイセン軍の士官教育のための教科書となり、これによって一八六四年、一八六六年、一八七〇年から七一年（デンマーク戦争、普墺戦争、普仏戦争）の勝利は、クラウゼヴィッツのさまざまな影響によって成し遂げられたと評された＊47。

ところが『戦争論』を読んだのは、軍の士官だけではなかった。カール・マルクス（Karl Marx）とフリードリヒ・エンゲルス（Friedrich Engels）もクラウゼヴィッツを読んでおり、渋々ながらもその価値を認めていた。エンゲルスは「哲学化した奇妙なやり方だが、そのテーマを極めてよく論じている」という謎めいた書き方をしている＊48。彼はクラウゼヴィッツの著作を「非常に高い水準にある」と考えており、「ジョミニと同様に、この分野での古典的価値を持っている」と評している。それ以外の場所でも彼はクラウゼヴィッツのことを「第一級の人物だ」と呼んでいた＊49。一方でマルクスは、クラウゼヴィッツが「常識感覚にすぐれ……機知に富んでいる」と考えていた＊50。それでもエンゲルスはクラウゼヴィッツよりもジョミニのほうをはるかに多く引用しており、一八五三年の私的な手紙の中で「クラウゼヴィッツの天才的な才能を好きにはなれない」と書いている＊51。エンゲルスの書き残したことからわかるのは、自身はクラウゼヴィッツの著作にある主なアイディアから特に影響を受けたわけではないという点だ。一八五五年には『戦争論』を読んだ後に「政治的考慮に影響を受けたり、政治面での解答を意識して行動する将軍というのは、自軍を敗北に追いやってしまうだろう」と記している＊52（ただし偶然かもしれないが、エンゲルスは軍事的な装備の変化、とくに火力における革命的な変化に注目しており、これらがもたらす物理的・社会的な効果というものをよく認識していた＊53）。これから見ていくように、マルクスとエンゲルスを受け継いだ形で、レーニンもクラウゼヴィッツを大いに崇拝《すうはい》している。

フランス語圏では、クラウゼヴィッツの名が浸透するまでに相当の時間がかかっている。その理由は、言語の壁だけでなく――ロカンコートは一八四〇年にクラウゼヴィッツの文章が「時としてやや理解に苦しむ」と批判している＊54――、ナポレオンの戦い方についての最大の理解者であるとされていた、ジョミニの存在が大きかったからだ。しかも言語以外にも、ジョミニは長生きしたため、その名声を保つ上で有利であった。したがって、ジョミニはとくにプロイセン以外では一九世紀末になるまで、クラウゼヴィッツよりもはるかに大きな影響力を持っていたのであり*55、フランスやアメリカでは、ナポレオンの戦略の解説者として最も読まれた人物であり続けた。

クラウゼヴィッツがその文法の不可解さからフランスを嫌ったように、フランス語圏の人間も、クラウゼヴィッツのドイツ語の文章を理解不能であると感じた。フランス王ルイ・フィリップの長男のオルレアン公は、『戦争論』を翻訳するよう任命され、完成はしなかったが、その要約版（*Résumé des principes de Clausewitz*）をポーランド移民であるルイ・ビストルゾノフスキー（Louis de Szafraniec Bystrzonowski）につくらせており、これを一八四五年に軍事系の専門誌（*Le Spectateur Militaire*）に数ヶ月にわたって掲載し、その一年後に一冊の本としてまとめている。最初のフランス語の完訳版は、一八四九年から五一年にかけて出版され、これはヌアンという都市の指揮官であったベルギー人の手によるものであった。最初のフランス人による本格的な批評はドピック（de la Barre-Duparcq）の一八五三年のものがあるが、これは非常に批判的な内容であった。彼は『戦争論』を互いに関連性の薄い無数の軍事面の考えを集めた形而上的な論文であると説明しており、歴史的な例を元に提示していると言いながら、ほとんど何も示さないまま論じているとしている。結果として、彼は「この本の啓蒙的な研究は、士官たちにとって有益であり……戦争についての理論的なアイディアの枠組みを広げてくれるものだ。ただし私は若い士官たちのことを考えると、それ『戦争論』を読むのは控《ひか》えるべきだと言っている。彼らの頭脳を混乱させるだけだからだ」と記している*56。

フランス語訳が出たにもかかわらず、クラウゼヴィッツは一八八〇年代までほとんどまともに読まれておらず、「普仏戦争」（一八七〇〜七一年）の大敗北の後のフランスは、主にプロイセン軍をそっくり真似ることや、そこから学ぶことに意識を集中していた＊57。フランス軍では多くの改革が行われ、これにはプロイセンが開発した新しい「参謀本部（と旅団・師団・軍団）」という組織構成も含まれていた。フランスでは一八七六年から七八年にかけて士官学校が改革され、一八八〇年にはプロイセンの陸軍大学をモデルとして「高等軍事学校」（Ecole supérieure de guerre）という名称に変更されている。高等軍事学校の創設者の一人で、短期的ながら陸軍省長官も務めたジュール・ルイス・レヴァル（Jules Lewis Lewal）将軍は、一八七七年にクラウゼヴィッツを、ド・サックス、ギベール、ジョミニなどと並ぶ、偉大な軍事思想家の一人であると述べている。レヴァルはクラウゼヴィッツの戦闘の重要性、戦力の集中、そして柔軟かつ攻撃的な防御のような概念に賛同しているが、最も熱心に支持していたのは「意志」（la volonté）の役割の重要性であり、数よりも意志の力を重視していた＊58。ところが歴史家であり、一八七一年に設立した第三共和政の初代大統領にもなった、アドルフ・ティエール（Adolphe Thiers）を含んだほとんどのフランスの戦略家たちは、普仏戦争での敗北を受けてからすぐさまナポレオン戦争やジョミニの研究に取り組み直すことになり、歴史の証拠を元にして、ナポレオンの戦略をあらためて見直すことになったのだ。このような事情から、たとえばベルトー将軍は『戦略の原則』（*Stratégie de Combat*：一八八一年刊）の中で、他の思想家たち、とくにナポレオンやカール・フォン・エスターライヒ＝テシェン（Archduke Charle）、そしてジョミニなどについては豊富に触れながら、クラウゼヴィッツについては一言も触れていない＊59。

フランスの国防大学は、ドイツのものとは違って、職業訓練校的な傾向が強かった。ここでは学生に自分の頭で考えるようには教えておらず、特定の一貫したドクトリンを教えていたわけでもない＊60。それでもクラウゼヴィッツの影響はこの学校にまで広まっていった。レヴァル以外にもクラウゼヴィッツに興味を持った人材としては、カルド、メイラード、ボナル、ラングロワ、シェルフィル、そしてニオなどが挙げられる。その次の世代、つまり彼らの弟子たちには、フォッシュ、ルブロン、ランルザック、そしてリュフェなどがいた＊61。カルド少佐に至っては、一八八五年にこの学校でクラウゼヴィッツを教えている。ところがフランスの戦略家のほとんどは、クラウゼヴィッツに疑念をもったままであった。アンリ・ボナル（Henri Bonnal）は、この学校で講師を勤め、後に校長になっており、第一次世界大戦の時の戦争計画を練った人物の一人であるが、クラウゼヴィッツがナポレオンの包囲戦略（manoeuvre sur les derriéres）に十分な注意を払っておらず、またナポレオンが常に敵に対して直接的な攻撃を仕掛けていたわけではなく、間接的に動くこともあったことに注目していないと批判した。彼はプロイセン軍が戦略面で同じように荒削《あらけず》りであり、ナポレオンのほうが洗練化した戦略を使っていたと考えており、そのためにフランスは、プロイセン／ドイツ式のものよりもナポレオンの例を追及したほうが有益であると考えたのだ＊62。

『戦争論』のフランス語訳の第二版が出たのは、ようやく一八八六年から八七年にかけてであり、これは『大戦争の理論』（*Théorie de la grande guerre*）という題名で出版されている。その導入部分では、「この本は、われわれの大失敗（普仏戦争の敗北）を思い起こさせるものであると同時に、その原因をもたらした普仏戦争の勝者たちが複数の教訓を得たアイディアを含んだ有名な本である」と書かれている＊63。フランスの軍事作家であるギュロンは、「普墺戦争と普仏戦争の勝者を教育したのはクラウゼヴィッツ学派の人々である。われわれの将軍たちはジョミニ学派だったが、クラウゼヴィッツはモルトケの直接の教師であった」と記している。これ以来、クラウゼヴィッツはフランスの軍事エリートの間でかなり有名になり、ギュロンは一八九九年に出版した『われわれの軍事作家』（*Our military writers*）というタイトルの本の中で、クラウゼヴィッツを「ナポレオン以降の百年間で最も偉大な著者だ」と指摘するほどの存在となった＊64。

クラウゼヴィッツ以外にも、たとえばヴィルヘルム・フォン・ブルーメ（Wilhelm von Blume）や、とりわけコルマー・フォン・デア・ゴルツ（Colmar von der Goltz）らがフランスの軍事専門家たちに広く読まれた（ドイツ語はフランス軍学校で学ばなければならない唯一の外国語であった）。ところがフランス人のクラウゼヴィッツへの情熱は長続きせず、フランスではその現象はエリートの中だけに存在するものであり続けた*65。一九一一年にはキャモン大佐（Colonel Camon）が「今日では彼［クラウゼヴィッツ］はもはや読まれていない」と書いているほどだ*66。他の当時のトップの戦略家たちでさえクラウゼヴィッツの言葉のいくつかを間接的に知っているほどであり、しかもそれらは前後の文脈から関係なく抜き取られたものばかりであった。

たとえばフランス海軍のラウル・カステックス（Raoul Castex）提督は、記念碑的な主著である『戦略理論』（*Strategic Theories*）の四〇〇頁の中で、クラウゼヴィッツについてたった一〇回ほどしか引用しておらず、しかも「〝戦争は政策が暴力的な形をとったもの〟、もしくは〝戦争はとにかく武力によって続けられた政策以外の何者でもない〟（これはたしかクラウゼヴィッツによって言われたものであったと思う）」という驚くべきコメントを書いているほどだ。ちなみにこの本を英訳したユージニア・キースリング（Eugenia Kiesling）は、カステックスがクラウゼヴィッツの名前のつづりを間違えていると指摘している*67。ただしフランスでは外国人の名前のつづりを間違えるのは極めて一般的なことであるとも言える。とにかくこのような状態は、フランスの知識人たちにとってクラウゼヴィッツについての見解を持つことが当然視されるようになった、第二次世界大戦のかなり後になるまで変わらなかった。

英語圏でクラウゼヴィッツを最初に大々的に賞賛した公的な人物は、ジョン・ミッチェル（John Mitchell：一七八五〜一八五九年）である。彼はのちに英陸軍で少将となったが、クラウゼヴィッツの著作を何冊か読んだだけでなく（主に軍事史の部分のようだが）、一八三九年の時点ですでに模範的な形でクラウゼヴィッツの著作を解説している＊68。ミッチェルはクラウゼヴィッツが「戦争についての、極めて優れているが冗長でわかりづらい本」を書いたとコメントしており、クラウゼヴィッツの「術」や「科学」ではなく、「社会的な営《いとな》みとしての戦争」という意味付けについて考察を行っている＊69。それでもイギリスの士官学校は、ウィリアム・ネイピアー（William Napier）卿やパトリック・マクドゥーガル（Patrick MacDougall）卿、そしてエドワード・ブルース・ハムレー（Edward Bruce Hamley）卿などの軍の幹部たちの影響のおかげもあって、一九世紀の末までジョミニの伝統に染まっていた。

『戦争論』は一八七三年にイギリスで最初の英訳版が出ている。これはジェームス・ジョン・グラハム（James John Graham）大佐によって訳出されたものであるが、ほとんど売れていない＊70。実際のところ、この英訳版が二〇世紀に変わる頃までに広く読まれた形跡はない。一八九九年にはヘンダーソン（G. F. R. Henderson）中佐がイギリス陸軍の士官学校でこのような伝統を批判する講義を行っており、ドイツ学派の重要な著作の数々を紹介している＊71。一八九四年の講義でヘンダーソンはクラウゼヴィッツのことを「戦争について論じたすべての著者たちの中で最も重大な人物である」と述べつつも、「クラウゼヴィッツは天才であり、天才であるがゆえに、自分が書いていることを誰もが理解できるほど明白なものだと勘違いする傾向をもっていた」と皮肉な言葉を付け加えている＊72。

それからというもの、クラウゼヴィッツはオックスフォード大学の戦争史の教授であったスペンサー・ウィルキンソン（Spencer Wilkinson）の著作の中で興味をもって書かれたこともあって、間接的にイギリスでも有名になった。ボーア戦争の直後にはクラウゼヴィッツへの興味が盛り上がり、それが第一次世界大戦前の十年ほどの間にピークを迎えている＊73。また第六章でも見ていくが、クラウゼヴィッツは当時のイギリスの海洋戦略について書いた最も重要かつ興味深い作家であったジュリアン・コーベット（Julian Corbett）卿の思想に、とりわけ重要な影響を与えている。

ところがクラウゼヴィッツは第一次世界大戦後から、当時非常によく読まれたバジル・リデルハート（Basil Liddell Hart）卿の著作のおかげで、「忌《い》むべき人物」となってしまった。リデルハートがその戦争における無駄な戦略を生み出した張本人としてクラウゼヴィッツを非難したからだ。アメリカのクラウゼヴィッツの専門家であるクリストファー・バスフォード（Christopher Bassford）が論じているように、イギリスには「クラウゼヴィッツ叩《たた》きの伝統」が色濃くある。戦間期には、リデルハートの次に有名なイギリスの戦略について論じた人物であるフラー（J. F. C. Fuller）も、『戦争論』のことを「単なるメモを大量に集めただけで、火と煙からできた霧のようなものだ」と決めつけている＊74。ところが第二次世界大戦とその後のいくつかの戦争の後にフラーは考えを変えており、友人への手紙の中で「クラウゼヴィッツはコペルニクスやニュートン、そしてダーウィンのレベルまで達しており、世界を動転させた天文学的な天才と肩を並べるほどだ」と書いている＊75。

「クラウゼヴィッツ叩きの伝統」を受け継いだ最近の例としては、軍事作家のジョン・キーガン（John Keegan）の例が挙げられる＊76。ところがイギリスにはクラウゼヴィッツの熱心な信奉者もおり、英陸軍元帥のクロード・オーチンレック（Claude Auchinleck：一八八四〜一九八一年）や＊77、ロンドン大学のキングス・カレッジに戦争学科を創設し、オックスフォード大学ではウィルキンソンの後継者として活躍したマイケル・ハワード（Michael Howard）教授、そしてアメリカのレーガン政権で戦略をアドバイスしていた、コリン・グレイ（Colin Gray）教授などがいる。

アメリカでのクラウゼヴィッツの評価も、それと似たような状況だ。ジョミニの伝統は、最初にその著作のまとめが出版された一八一七年までさかのぼることができる。ウェストポイントの米陸軍士官学校において、ジョミニはナポレオンの戦略を教えるための最も重要な教科書となった。南北戦争では、北軍のヘンリー・ウェイジャー・ホーレック（Henry Wager Halleck）中将から南軍のロバート・リー（Robert E.

Lee）将軍まで、両軍のリーダーたちがジョミニ・ナポレオン式の「主戦」を必死で追求していた＊78。
一八七三年には前述したグラハム大佐の『戦争論』の英訳版がアメリカでも発売されたが、生粋《きっすい》の米国版は、一九四三年のジョルズ（O. J. Matthijs Jolles）によるものまで待たなければならなかった。すでに一九二八年の時点で、ロビンソン（Robinson）中佐は「少し研究しただけで、この一八三二年に出版されたクラウゼヴィッツの戦争についての本は、軍人たちにとっての聖書と同じほどの重要性をもっていることがわかる」と記している＊79。ところがアメリカの戦略家たちがクラウゼヴィッツの考えを土台にして本格的にものごとを考え始めたのは、一九五〇年代後半から一九六〇年代前半のことだ。そのうちの一人であるバーナード・ブロディ（Bernard Brodie）は、以下のように書いている。

クラウゼヴィッツの思想の魅力は限定的なものだ。なぜなら彼はジョミニよりもその主張において「非ドグマ的な弾力性」を持っており、そのアプローチとして形而上学的なスタイルをとっているからだ。現役の軍人でありながら、彼は哲学的な問題について知識の理論を論じるに十分な才能をもって書いており、軍事的なことについても当時の哲学者たちが使っていた専門用語を使っている。さらに彼の洞察は、他の偉大な思想家たちと同じように、すでに同じ問題について独自の考察をしていた読者たちだけに完全にわかるような書き方をしている。クラウゼヴィッツは自らが解説したい基本的なアイディアを説明する際に、その条件と例外について本質的な議論を行っており……その尊敬に値するルールの限界を見せるためにあえて例外を提示しており……状況の苛酷《かこく》さや、目的を明確に念頭に置くことの重要性を強調している＊80。

ところがブロディは別の場所で、クラウゼヴィッツの本を「戦争について、単に最も偉大な著作であるだけでなく、唯一の本当に素晴らしい著作だ」と主張している＊81。ハーマン・カーン（Herman Kahn）やウォールステッター夫妻やその他の人々と共に、ブロディは冷戦初期のアメリカの「新《ネオ》クラウゼヴィッツ主義者」の学派を主導している（第七章を参照のこと）。

米軍の中でクラウゼヴィッツが完全に見直されるきっかけとなったのが、ベトナム戦争であった。『戦争論』は一九七六年に海軍大学で必読文献となり、空軍大学も一九七八年、そして陸軍大学も一九八一年にそれに続いた＊82。クラウゼヴィッツの「主戦」を強調した部分はとりわけ人気となり、一九八〇年代のアメリカの戦略や、一九九〇年から九一年にかけての湾岸戦争の遂行にも影響を及ぼしている。

アメリカの「新クラウゼヴィッツ主義者」たちに触発され、冷戦期のフランスではクラウゼヴィッツへの興味が復活した。とりわけ一九六〇年代からは政治哲学者たちが議論をしはじめており、たとえば哲学者のアンドレ・グリュックスマン（André Glucksmann）、社会学者のレイモン・アロン（Raymond Aron）＊83、経済学者クリスチャン・シュミット（Christian Schmitt）＊84を始めとする知識人たち、さらには「形而上学倫理学誌」（*the Revue de Métaphysique ci de Morale*）＊85や「哲学」（*Philosophies*）＊86のような文献シリーズでも取り上げられている。ところがこれらのフランスの知識人たちによるわれわれのクラウゼヴィッツ理解は、実はそれほど進化したとはいえないのが現状だ。イスラエルの学者アザー・ガット（Azar Gat）は、レイモン・アロンが「完全に勝手な解釈でクラウゼヴィッツの著作の知的パターンやカテゴリーを読み解いており、すでに曖昧なテーマをさらに曖昧にしてしまった」と論じているほどである＊87。

ロシアで最初にクラウゼヴィッツが有名になったのは、トルストイの『戦争と平和』の中で地味な役割を演じた程度（パート一〇の第二五章に文学的な人物として登場する）だが、この中で彼はロシアの軍人たちに「戦争の目的は敵を消耗させることにあるので……戦争は国土で広く行われなければならない」ために、一般市民の犠牲は許容されなければならないとアドバイスしている＊88。ところがロシアの軍人で最初にクラウゼヴィッツを信奉したのはミハエル・イワノヴィッチ・ドラゴミロフ（Mikhail Ivanovich Dragomirov）将軍であり、『戦争論』をロシア語ではなく、フランス語に翻訳している＊89。一八九七年にはポーランド系ロシア人の経済学者イワン・スタニスラヴィヴィッチ・ブロッホ（Ivan Stanislavivich Bloch）が、「ヨーロッパ列強間の戦争は、貿易と経済発展という巨大な相互利益があるために今後は不可能である」というテーマの本を書いたことで有名だが、彼はいくつかのアイディアをクラウゼヴィッツから導きだした（彼の著作はその後の一八九九年にロシア語からドイツ語へと訳され、一九〇二年には英訳版も出た）。そして一九〇五年には、ヴォイド（Voyde）将軍が『戦争論』のロシア語訳を初めて出版している＊90。それでもクラウゼヴィッツは、レーニンが亡命先のスイスから知識として持ち帰った時まで、ロシアではほとんど広まっていない。

レーニンは共産党の幹部にクラウゼヴィッツを読むように強く勧めており＊91、「第二インターナショナルの崩壊」（レーニン全集の第二一巻に収録）という論文の中で、以下のように述べている。

> 弁証法の根本的なテーマは、「戦争（というか、正確には暴力）は他の手段による政策の継続にしかすぎない」というものだ。これこそが戦争史についての偉大な著者の一人であり、ヘーゲルによってその考えを触発された、クラウゼヴィッツの原則である。またこれは、戦争やある特定の時期における階級闘争を「敵勢力による政策の継続である」ととらえた、マルクスとエンゲルスの視点でもある＊92。

『戦争論』のロシア語訳の第二版と第三版は、一九三二年と四一年にそれぞれ出版されており、しかも第二版のまえがきでは、クラウゼヴィッツの弁証法的なアプローチが賞賛されていた。そしてソ連の偉大な戦略家であるトハチェフスキー元帥《げんすい》とジューコフ将軍たちは、両人ともクラウゼヴィッツの著作を賞賛していたことが知られている*93。ところが第七章でも見ていくように、一九四五年以降にはスターリンがクラウゼヴィッツを研究対象とすることを禁止し、ソ連の軍関係者の間ではクラウゼヴィッツに対する情熱は一時的に冷めてしまった。

『戦争論』の最初の中国語訳が出たのは一九一〇年であったが、これは原著のドイツ語版の日本語訳を、さらに中国語にしたものであった。一九三七年までには三つの中国語訳が出ているのだが、おそらく毛沢東が研究したのは一九三七年版である可能性が高い。われわれは中国の専門家（Zhang Yuan-Lin）の研究のおかげで、毛沢東がクラウゼヴィッツの『戦争論』について相当な知識をもっており、その思想にクラウゼヴィッツが影響していたことを確認できる。日本が中国大陸の大部分を占領していた一九三八年に、毛沢東は『戦争論』の中国語版を読み、政治勉強会を開催して、主に第一編を集中的に研究していた*94。『戦争論』の中国語版は、一九三八年から七六年までの間に本土と台湾で六回も版を重ねている*95。晩年の毛沢東は、中国を最初に訪問した西ドイツの首相に向かってクラウゼヴィッツは天才であると再び賞賛している*96。第六章でも見ていくが、クラウゼヴィッツは毛沢東の戦争観の土台となったのである。

第一次世界大戦が勃発する数十年前の西洋社会では、軍に対する過大評価や、戦争をロマンチックに見る傾向が広まっていた。このような雰囲気の中で軍事作家たちが活躍し、これによってクラウゼヴィッツへの関心が国際的に高まったともいえる。当然と言えば当然だが、クラウゼヴィッツはプロイセンで最も読まれて引用されており、一八七一年以降はこれが第二ドイツ帝国全土で広まった。後ほど詳しく見ていくが、軍事作家や、フリードリヒ・フォン・ベルンハルディ（Friedrich von Bernhardi：一八四九～一九三〇年）、コルマー・フォン・デア・ゴルツ（一八四三～一九一六年）、そしてヒューゴ・フォン・フライターク・ローリングホーフェン（Hugo von Freytag-Loringhoven：一八五五～一九二四年）のようなドイツ帝国軍の将軍たちは、クラウゼヴィッツをインスピレーションの源泉と見なし、その人気の拡大に貢献した。

『戦争論』は軍学校の基本書となり、また広く引用されるようになったのである。

戦間期の第三帝国では、ナチスがクラウゼヴィッツの著作に大きく触発されており、自分たちの政策の根拠としたり、プロイセンの軍事的な精神を受け継いでいることを強調するために、そこから選択的に言葉を引用して使っている。たとえばベルリン大学国防哲学教授のヴァルター・マルムステン・シェリング（Waither Malmsten Schering）は、クラウゼヴィッツを賞賛しつつ、

戦争について論じた人物の中で、クラウゼヴィッツは古典的な存在である。その価値からいえば、彼はわれわれの古典的な思想家や詩人の一人として数えられるべきであろう……クラウゼヴィッツはゲーテやシラー、カント、フィヒテ、そしてヘーゲルたちのレベルに達している……彼は古典時代のことは学んでおらず、常に独自のやり方を追求していたために、純粋なゲルマン人の人生観や運命というものがその著作には強くにじみ出ている。クラウゼヴィッツは単に兵士ではなくゲルマン人として、国防という概念について率直に語っている＊97。

クラウゼヴィッツは、ヒトラーやその取り巻きたちによって「偉大なアーリア人の巨人たちの仲間」の一人として殿堂《でんどう》入りしている。ヒトラー自身もクラウゼヴィッツに言及することが多く、演説や宣言文の中で、クラウゼヴィッツの著作の中でよく使用される断片的な言葉を引用しており、いくつかのアイディアについては明らかに理解していた＊98。ナチスの著者たちは総統《そうとう》に追従《ついじゅう》しつつ、ヨハン・ゴットリープ・フィヒテ（Johann Gottlieb Fichte）やエルンスト・アルント（Ernst Moritz Arndt）、シャルンホルスト、そしてフリードリヒ・ルートヴィヒ・ヤーン（Friedrich Ludwig Jahn：ドイツ体操の父）などと共に、クラウゼヴィッツを自分たちの運動の「偉大な仲間」に加えている＊99。他にも彼の知られた著作のいくつか

は、「ナチス・ドイツが総力戦を推進する際の青写真」と呼ばれたりしている*100。たとえばヒトラーが演説で使用したこともあるクラウゼヴィッツの反フランス的な愛国的文書である「建白書《けんぱくしょ》」は、一九四四年の大晦日《おおみそか》に、総統がドイツ国民に対して演説を行う直前に読み上げられている*101。

第三帝国が崩壊した時にあるドイツの将軍は、軍に『戦争論』を手渡すことは「子供にカミソリの刃を渡して遊ばせてしまうようなものだ」とコメントしている*102。それでもクラウゼヴィッツは、ハンス・ロスフェルスのようなヒトラーの「悪の帝国」の生存者たちから尊敬を集め続けた。たとえばロスフェルスは『戦争論』のことを、「戦争に関する最初の研究で、戦争の根本的問題と真っ向から取り組んだものであり、史実の各場面と実際の軍事活動に通用する考え方の一つの見本を提示した最初のものである」と指摘している*103。フランスの場合と同じように、西ドイツではクラウゼヴィッツの哲学的な面に対する関心が散発的に高まったことがあるが*104、基本的にどの国の軍も、彼の具体的な教義については警戒感を抱《いだ》かずに研究している*105。

同じ枢軸国《すうじくこく》の同盟国であったイタリアでは、クラウゼヴィッツに対する関心はほとんど高まっていない。『戦争論』が最初にイタリア語に全訳されたのは一九四二年である*106。ところがこの枢軸国の三番目の国、日本では、クラウゼヴィッツの著作はすでに長年にわたって知られていた。日本軍の幹部たちは一八八五年から九五年にかけて日本を訪れて軍を教育したドイツ人の士官たちを通じてクラウゼヴィッツの存在を知っており、同時期に『戦争論』は、フランス語訳から日本語に翻訳されている。ただし全文が翻訳されて出版されたのは、日露戦争直前の一九〇三年である。一九〇四年に『戦争論』を最初に出版したデユムラー社は、同年の鴨緑江《おうりよくこう》の会戦における対ロシア戦の勝者である黒木為楨《ためもと》（一八四四～一九二三年）伯爵・陸軍大将に『戦争論』を一冊献本しており、黒木はすでにこのクラウゼヴィッツの主著の内容をよく知っていたという*107。

日本語版はその後も一九〇七年、一九一三年、そして一九一四年に版を重ねている。とくに後者は「クラウゼヴィッツ・ブーム」の最中に発売され、そのおかげでクラウゼヴィッツの他の著作も次々と出版されることになった。実際のところ、日本の歴史家である浅野祐吾《ゆうご》は、日露戦争における満州作戦での日本軍側の成功は、軍の指導部が敵の部隊の殲滅《せんめつ》を求めて決戦を追求するという、第一次世界大戦前夜のヨーロッパで人気のあったクラウゼヴィッツの教義の一部からとりわけ大きな影響を受けていたことを指摘している。

日本における新たなクラウゼヴィッツへの関心の高まりは一九六〇年代半ばに訪れたが、これはおそらくアメリカの戦略文書の影響が大きい。さらに日本の作家たちは、クラウゼヴィッツの教えをビジネスのマネージメントに応用することに大きな関心を持っていた。ところが全体的にクラウゼヴィッツの影響は限定的なものとなっており、その理由は日本語でもその文章の難解さが度を越えたものであったからだ*108。

クラウゼヴィッツについての知識および関心は、二〇世紀初頭、そして、とりわけ第二次世界大戦以後から、イスラエルからオーストラリアに至る西側諸国のほとんどで広まっている。とりわけこのトレンドを推進したのは、安全保障問題について論じた民間人たちであった。クラウゼヴィッツは軍の実践的業務に関心を抱く職業軍人たちよりも、政策の専門家や国防関連の分野を論じる学者たちからの人気の方が高かった。結果として、クラウゼヴィッツは実際に読まれるよりも引用されることが多くなり、しかもそれが理解されることはほとんどなくなってしまった。

後にドイツ帝国軍の最高司令官になったフォン・ゼークト（von Seeckt）将軍は、一九一七年に妻に書いた手紙の中で、「最近はクラウゼヴィッツがあまりにも多く引用されており、その名前を聞くのさえ不愉快になるほどだ」と記している*109。ところがこれも、クラウゼヴィッツを引用する人々が実際に彼の著作や思想まで詳しく理解していたという証拠にはならない。クラウゼヴィッツが何カ国にも翻訳されて多くの国々の戦略家が影響を受けたといっても、それが『戦争論』の深い理解につながったとは限らないからだ。『『戦争論』は、ほとんどの先進国の戦略家たちにとっての最も重要なマニュアルであった」と勘違いしてしまう人もいるかもしれないが、現実はそれほど単純ではない。

『戦争論』の初版は一五〇〇部刷られ、しかもそれは売り切れたわけではなかったが、結婚後にクラウゼヴィッツの親族となったフリードリヒ・ヴィルヘルム・フォン・ブリュール(Frederick William von Brühl)伯爵は、一八五三年に第二版を出版している。この際に、彼はつづりの間違いを修正したり、いくつかの細かいところの、少なくとも一箇所で大きな手を加えている(この話については第三章で触れる)。そしてこの後にもクラウゼヴィッツ賞賛の嵐が吹き荒れたのだが、やはり同じ疑問が生じてくる。それはつまり、この本を購入した人間のうちの何人が深く読み込んだのだろうかということだ。ヴィルヘルム・フォン・リュストウ(Wilhelm von Rüstow)というプロイセン軍の士官で、後にスイス軍で働いた人物は、『戦争論』がツキュディデスと共に「永久的な価値をもった」と考えていたようだ。ところが彼は別のところで「クラウゼヴィッツはよく引用されるが、本当に読まれていることはほとんどない。われわれも多くの無条件な信奉者を見かけたが、その本が未完の書であることに気づいている人はほとんどいなかった」*110と書いている。ある軍事専門家は、普仏戦争の二〇年後になってから、クラウゼヴィッツの影響というのは「ほとんど伝説的な性質のものであり……この男の著作は……実際は考えられているほど読まれたわけではないにもかかわらず、その考え方はドイツ軍の中に普及しており、計り知れないほどの成果を挙げている」と書いている*111。その証拠に、ビスマルクやベートマン・ホルヴェークのような重要な国家のリーダーたちでさえも、クラウゼヴィッツを読んだことがないのだ*112。

一九一五年には「第一次世界大戦におけるドイツのリーダーたちは、全員がクラウゼヴィッツの弟子だった」という主張がなされているが、第二次世界大戦後にはエヴァルト・フォン・クライスト(Ewald von Kleist) 元帥がバジル・リデルハートに対して「クラウゼヴィッツの教えは、私が士官学校や参謀本部にいる時でさえ、われわれの世代の人間の間では無視されるようになっていた。彼の言葉はたしかに引用されたが、その本は詳しく読み込まれたわけではない。彼は実践的な教師というよりも軍事哲学者と見なされていた」と述べたことはつとに有名である*113。

ウルリッヒ・マルヴェデル (Ulrich Marwedel) は、『戦争論』がいかなる議論をも論証できるような引用句集になってしまったと正確に分析している*114。クラウゼヴィッツの思考の発展の順序やその背景（これについては次章で説明していく）を知らずに引用してしまうと、『戦争論』の言葉はクラウゼヴィッツ自身が最終的に戦争について到達した考えと、正反対の意味で解釈されてしまうことにもなりかねない。

その他の西洋諸国でも、クラウゼヴィッツについては間接的な知識しか広がっていなかったことは驚くに値《あたい》しない。ジェイ・ルヴァース (Jay Luvaas) は、高名なイギリスの戦略家であるフラーがクラウゼヴィッツを引用していることを指摘しているが、その引用がフランス語の文献からの孫引《まごび》きであり、そのおかげでルヴァースは、フラーが『戦争論』を一度も読んだことがないのではと疑っているほどだ*115。リデルハートは軍事における「聖書」である『戦争論』を詳細まで読んだことのある軍人の数は少ないと考えていた*116。ルヴァースはさらに、リデルハートもこの「読んだことのない軍人」の中に含むべきかもしれないと考えている*117。リデルハート自身も、「あらゆる分野における多くの預言者や思想家らの担う思想家たちよりも最も誤解を招きやすい説を述べたことは認められる」*118と記している。クラウゼヴィッツがそれまでのいかなる共通の運命は、その所説を誤解されるということである……しかしクラウゼヴィッツを大いに尊敬しているすべての者も、そしてその反対の彼のすべての敵たちも、『戦争論』がなぜここまで矛盾しているのかについてよく理解できていないことは明らかであり、わずかな数の単純な教義でさえ要約することができないのである。たとえばクラウゼヴィッツの熱心な崇拝者であるコリン・グレイ

（Colin Gray）などは、ある頁で『戦争論』は……その数や質と洞察の組み合わせを、条件付きではあるが全体的な統一性と共に実現しているという点にその特徴がある」と記しているが、その数頁後に「『戦争論』を最初から最後まで読み通すのはほぼ不可能であり、これはその知識や、その議論の進め方にまとまりがないからだ。ところがそれを拾い読みする読者たちは、どのページをめくっても宝石のような洞察を発見することができる」と書いているほどだ*119。

ところがわれわれが次章で見ていくのは、『戦争論』を乱雑に斜め読みしていくのは間違っており、クラウゼヴィッツの考えの発展をなぞっていくべきだということだ。なぜなら『戦争論』の中には別々の本が存在しており、それをある特定の順番に従って読む必要があるからだ。

第2章 観念主義者のクラウゼヴィッツ vs 現実主義者のクラウゼヴィッツ

クラウゼヴィッツ自身が『戦争論』を書いていた時代背景を知るためには、政治だけなく、戦いの面でも新しい時代の到来を告げた、彼が目撃した様々な出来事を思い描くことが必要になってくる。クラウゼヴィッツは、これらが彼の少年時代や啓蒙《けいもう》主義時代の世界、そして旧体制《アンシャン・レジーム》の世界を、非常に短期間のうちにどれほど大きく変化してしまったのかを説明している。たとえばクラウゼヴィッツは一八世紀の世界について、以下のように記している。

軍隊は国庫によって養《やしな》われていたが、君主は国庫のほとんどを自分の私有財産と見なすか、あるいは少なくとも、政府のものであって国民のものではないと見なしていた。他国との関係は、二、三の商業上の関係を除いて、多くは国庫と政府の利害に関係するだけであり、国民の利害とは何のかかわりもなかった……このようにして、戦争は、政府が民衆から離反し、自らを国家と見なすようになったのに呼応して、単に政府にのみかかわりのある仕事となり、政府は公金を支出し、自国や隣国の浮浪民を駆り集めて戦争を遂行するようになったのである。その結果、各政府の用い得る手段は大幅に限定され、交戦両国は相互に相手の手段の範囲や持久力を見通すことができるようになった。かくして、戦争はその最も危険な側面、つまり、無制限な力の発揮と、これに結び付いている種々な推測し難い可能性とを失うに至ったのである。

彼はさらに続けて、

敵の兵力の限界を見通し得たからこそ、ほぼ確実に自軍を全滅から守ることができたし、自軍の限界を感じて、穏当な目標を選ぶこともできたわけである……それ故《ゆえ》、戦争はその本質において本物の遊びそのままであった……それは少しく強硬な外交、会戦や攻囲が主役をなす一種の強談判《こわだんぱん》にすぎなかった。どんなに野心に燃えた者でも、講和締結に備えて、幾分《いくぶん》敵より優位に立つという以外の目標をたてはしなかった。

敵地の掠奪や破壊は……古代民族において、あるいは中世においてさえも極めて重要な役割を果たしていたが、(啓蒙主義の時代である)いまやその風はまったく廃《すた》れてしまった……かくて、戦争はその手段のみならず、目標の面からも、軍隊のみに依存することとなったのである……フランス革命勃発以前の状況は以上のごとくであった。オーストリアとプロイセンは例のごとく外交的兵術をもってこれに対処しようとしたが、間もなくそれが不十分であることを認めざるを得なかった……戦争は突如として再び国民の、しかも、公民をもって自認する三千万の国民の事業となった……国民が戦争に参加するようになるとともに、内閣や軍隊に代わって、全国民が勝敗の帰趨《きすう》を決定するものとなった。いまや、用いられる手段、払われ得る努力にはいかなる限界もなく、戦争そのものを遂行する際のエネルギーを抑止する何ものもなく、したがって、敵にとっての危険はこの上もなく無限大のものとなった。

ナポレオンの手でそれらの一切が完成されるに及んで、全国民の力に立脚したこの戦闘力は破壊的な力をもって着実にヨーロッパを席捲《せっけん》したのである*1。

フランスの「戦争神の化身《ナポレオン》」が及ぼした衝撃は、ヨーロッパ中の旧来の軍隊にあまねく響き渡ることになり、これこそがクラウゼヴィッツに『戦争論』の草稿を書かせる一番のきっかけとなった。

彼の戦争についての解釈は、彼自身の師匠であるシャルンホルストのような人々の考えに大きく影響されたものだ。たとえばシャルンホルストは、「フランス革命戦争における同盟軍側が被《こうむ》った不運の原因は、自らの国内的な（物理的・精神的な要因の両方の）問題や、フランス国民の内部にあるはずだ」と書いている。そして彼は、フランスの成功の最大の理由は「フランスが全国民の資源による支援……戦争の継続のために捧げられたあらゆる貢献によって戦争を遂行した」ことにあると見ている*2。クラウゼヴィッツの旧体制《アンシャン・レジーム》の戦争観の分析は、フランスの戦略家ジャック・アントワーヌ・ギベール（Francois Apoline Count de Guibert：一七四三〜九〇年）のものと似通《にかよ》ったところがある*3。よってクラウゼヴィッツが戦争と社会のつながりを見た唯一の人間だったわけではないのだが、われわれが『戦争論』を理解する際に重要なのは、彼がその二つのつながりを晩年になってから導入したことを念頭におくべきである、という点だ。

❇観念主義者のクラウゼヴィッツ

すでに見てきたように、クラウゼヴィッツはナポレオンによって欧州にもたらされた戦争の新たな時代の幕開けを、直接目撃した人物である。たしかに一八世紀の限定戦争の時代の後に登場した「戦争の神」であるナポレオンは、自らが所有する注意深い傭兵たちと同じように戦う君主たちが仕掛けていた戦いのすべての制限を取り払ってしまったように見えた＊4。フランス革命とナポレオンの狙いは「敵国の転覆」や、相手の政治体制を根こそぎ取り払うことにあった。プロイセンの哲学者で、汎《はん》ドイツ民族主義の父の一人でもあるヨハン・ゴットリブ・フィヒテ（Johann Gottlieb Fichte：一七六二〜一八一四年）が一七九七年に述べたように、

本来の戦争の目的というのは、常に国家同士の殲滅《せんめつ》にあった。それはすなわち、敵国民の服従《ふくじゅう》である。和平協定（もしくは単に休戦協定）というのはたしかに締結され得るが、これは一方、もしくは両国が、一時的に疲弊《ひへい》しているからである。実際にはお互い相手に対する不信感は残っており、相手の服従という目的も双方に残ったままである＊5。

実際のところ「絶対戦争」というのは、マキャベリについて論じたフィヒテによって最初に記されたものである。しかもクラウゼヴィッツは、この人物と直接文通をしていた。フィヒテはこの言葉を、フランス革命でも見られたような「国民の領主に対する戦い」と同じ意味で使っている＊6。これから見ていくように、クラウゼヴィッツ自身はこの言葉をやや異なる意味で使っているのだが、それでもそこに革命的な意味合いが込められている点は似ている。クラウゼヴィッツが『戦争論』を書くきっかけとなったのは、一八〇六年にプロイセンがナポレオンに惨敗《ざんぱい》したからである。プロイセン王は、一七九五年から中立の立場を貫《つらぬ》くことによって、フランス革命とナポレオン戦争に巻き込まれないように努力していたのだが、それがかえってクラウゼヴィッツの中立という政策に対する見下した態度や、中立は国家にとって有利な選

択肢とはならないと主張していたマキャベリを賞賛することにつながった。一八二三年から二四年にかけて、クラウゼヴィッツは「大敗北を喫《きっ》したプロイセン」について記しているのだが、ここで彼は、プロイセン敗北の理由をいくつも挙げている。第一の理由は、フリードリヒ・ヴィルヘルム二世（Frederick William II）やその後継者であるフリードリヒ・ヴィルヘルム三世（Frederick William III）が、軍事にあまり興味を持っておらず、軍を実際に動かす参謀本部のような軍事顧問団が老いぼれた人々によって構成されていたからだという。その中には陸軍相がいたが、唯一自由に操ることができたのは兵站《へいたん》だけであった。国王の下の最高指揮官（副官）は、才能や独創性や水平思考（戦略の階層による思考法）を持っていたような人物ではなく、エレガントな振る舞いやフランス語の知識が豊富な士官たちの中から選ばれていた。クラウゼヴィッツは、最大限の権力を発揮できる陸軍局の中の才能ある人間によって、これらの問題を解決できるはずだと考えていた。第二に、職業軍人たちは概《がい》して老齢だったことが挙げられるという。彼らは退役するまで二五年から三〇年ほどかかるのが普通だったからだ。彼らの装備は古く、受けていた訓練も同じく時代遅れのものであった。第三に、国家そのものが機能しておらず、その「統治機構」はただひたすら中立政策と平和を追求していただけで、ナポレオンの危険性を無視し、政府は国民に対して軍事的な姿勢をとるように求めなかった。「国民の精神」は「危険を直視するのを避け、平和と中立を絶えず訴えかけるばかり」であった。クラウゼヴィッツ自身は「王には状況を劇的に変えるような優秀な軍事顧問団が必要だ」と考えていたのだが、実際のところ、彼の周辺には本当に力を持った人間はいなかったのである*7。

プロイセンはそれとは正反対の、社会と資源のすべてが戦争に最大限動員されたフランスという国家と、その軍事体制に直面することになった。ナポレオンの指揮下で展開された戦争は、その規模の大きさや恐ろしさから、クラウゼヴィッツにとって「**観念上**の戦争」、つまり暴力と破壊が妨げられることのない純粋な形の戦争の、ほぼ完璧な例として映ったのだ。彼はこれを「絶対戦争」と呼んだのである。これをプラトンの「イデア」と、それが不完全形で現実世界現れたものという対比として考えるのであれば、「絶対戦争」というのはプラトンの「イデア的」な戦争ということになり、現実の世界でそれに最も近づいていたのがナポレオン戦争だった。クラウゼヴィッツはこの戦争（プロイセンが欧州の地図からほぼ排除されるところまで行き、しかも大陸全土がほとんど征服されるに至った）にあまりにも大きなショックを受けたために、当初はその考察を通じて「イデア的」、もしくは「絶対的」な形の、完全に制限のなく無限に拡大していく戦争だけを記した。ナポレオンの**政治的**な狙いには限界がなかったように、ナポレオンの**軍事的**な狙いにも限界はなかった。したがってその暴力も、無制限に見えたのだ。驚くべきことかもしれないが、クラウゼヴィッツの初期の著作、そして実際に『戦争論』の最初の草稿全体、そして彼の人生のほとんどの期間における戦争についての考えの中では、戦争を制限し、それを和《やわ》らげ、それを条件付ける要素である「政治」は、全く考慮《こうりよ》されていなかった。

その代わりに、クラウゼヴィッツはナポレオン戦争を目撃したことによって学んだ戦争のエッセンスを、以下のようにまとめて説明している。まずその目的は、彼が一八一〇年から一二年にかけて皇太子に教えた通り、「敵の武力に打ち勝ち、それを破壊すること」にあるという*8。もしくは『戦争論』の第一篇に記したように、「戦争がもし敵を屈服させてわれわれの意志を受け容れさせる暴力行為であるとするなら、常に敵を打倒（Niederwerfen）すること、すなわち敵の抵抗力を奪《うば》うことだけが唯一の目的」となるのであり、敵の抵抗力を奪うためには「戦闘力は壊滅《かいめつ》されねばならない。言い換えれば、戦闘力はもはや闘争を継続し得ないような状態へと陥《おと》しめねばならない」のであり、また「国土は占領されねばならない。というのは、国土から新たなる戦闘力が形成される恐れがあるから」である。そしてこの二つの任務が遂行されても、「敵の意志を屈服させない限り、すなわち敵の政府とその同盟国とに講和条約を調印させ、敵国民を降伏させせない限り」戦争は終結したものとは見なされないという。そしてこれが実現できない限り、敵内部での抵抗やその同盟国たちの行動によって戦争の火は再燃する可能性があるというのだ＊9。ようするに「敵の戦闘力を壊滅させるということは、常に戦闘の目的を達成するための手段である」ということだ＊10。さらにいえば、

戦争においては目標達成のための、つまり政治的目的達成のための多様な道があるのであるが、なかんずくその唯一の手段が戦闘であり、あらゆる軍事行動は放火を交えての決戦という最高法則に従っているということである……戦争が追求するあらゆる目的のうちで、敵の戦闘力の壊滅という目的が、常に最高位にあるものとして現れるということである＊11。

戦闘は闘争であり、闘争の目的は敵の壊滅と征服である……敵の征服とは何か？それは敵の戦闘力を壊滅することである。それが殺傷によるのか他の方法によるのか、また敵の全滅なのかを闘争継続を不可能ならしめる程度の破壊なのかは問うところではない……われわれは敵の全面的あるいは部分的壊滅を全戦闘の唯一の目的となすことができよう＊12。

そして彼は「敵戦闘力の壊滅とは何を意味するのか？」と問いかけ、それに対して「味方の戦闘力以上に敵の戦闘力を弱体化することである」と答えている。この敵兵力の弱体化や破壊というのは、相手の兵士の損失だけではなく、秩序、勇気、信頼、団結、そして計画の損失、さらに陣地と予備役の喪失を通じた、相手の精神力の崩壊によって達成されるものだという＊13。勝利は三つの要素によって決まるとしており、それは敵側の物理的な力の喪失《そうしつ》の大きさ、精神力の喪失の大きさ、そして相手が戦争遂行の考えを諦めたことを公式に認めることであるという＊14。クラウゼヴィッツによれば、この決断は「主戦」

ている*15。

(Hauptschlacht) によってもたらされるものであり、この概念について、彼は第四篇の中で何度か説明し

1．敵戦闘力の壊滅は戦争の主要原理であり……目標に至る主要な道程である。
2．戦闘力のこの壊滅は主として戦闘においてのみ生ずる。
3．大いなる一般的戦闘のみが大きな成果をもたらす。
4．戦闘が統一されて一大会戦となるとき、結果は最大である。
5．主戦においてのみ最高司令官はみずから指揮する。しかし、多くの場合彼が部下に指揮を委《ゆだ》ねるのは当然のことである。

大会戦の主目的は敵戦闘力の壊滅でなければならぬという法則である……大きな、積極的な……目標となっているところではどこでも、主戦が最も自然な手段として現れる……主戦を回避するならば、それ相当の報《むく》いを受けるはずである……主戦は血醒《ちなまぐさ》い解決の道である……血は常にその代償であり、虐殺は主戦の名称として応わしいとともに、主戦の正確を適切に表現しているのである。そしてまた最高司令官のうちにある人間らしさはこれに戦慄《せんりつ》するはずである。

流血なしに勝利を博した最高司令官などというものはいない。流血の会戦が恐ろしい舞台だとしても、そのことは戦争の価値を一層高める理由になるだけである。人間性に則《のっと》って己の剣を段々に鈍くし、鋭い剣をもった相手がやってきて自分の両腕を切り取るがままにしてよいわけはなかろう*16。

プロイセンは破壊を免《のが》れるためにナポレオンの側についたのだが、これは明らかに失敗であった。ここ

でクラウゼヴィッツの念頭にあったのは、一七九五年（第一次対仏大同盟からのバーゼルの講和）と一八一二年（ロシア戦役）の時の同盟関係である。なぜならこれらの同盟によっても、プロイセンは自国を守ることができなかったからだ。戦争は避けることができず、プロイセンの独立は血の代償、そしてナポレオンによる王家の被《こうむ》った恥《はじ》によってしか確保できなかった。また、クラウゼヴィッツは分割した兵力の使用や、個別の戦闘の積み重ねで勝利しようとするのは「非生産的である」として拒否している。ナポレオンが彼に手本として見せたのは、成功のためには大規模な「主戦」が不可欠である、ということであったからだ＊17。

クラウゼヴィッツが第六篇で書いているように、戦争の目的は（もちろんナポレオンの戦争の狙いの現実を思い返しながら）「自国の保持と、敵国の倒滅《とうめつ》」とにあるのだ。すでに見てきたように、結局のところ、これは相手の軍隊に対する勝利（これによって相手は守りを継続できなくなる）と領土の征服を意味していた。とりわけ彼は、前者のほうが後者より重要であると見なしており、当然ながら、彼自身が直接目にした一八一二年のナポレオンのロシア遠征では、フランスが敵国だけでなく、さらには首都まで占領したにもかかわらず、ロシア軍が打倒されなかったおかげで戦争に勝てなかったことが証明された＊18。これについては第七篇でも「敵を打倒することが戦争の目標であり、敵の戦闘力を壊滅させることがその手段である。このことは攻撃の場合にも防御の場合にも言えることである」という言葉を見つけることができる＊19。さらには「敵の戦闘力の壊滅は目標を達するための手段である」という言葉もある＊20。戦争計画では、何よりも「敵の倒滅」を目指すべきだったというのだ＊21。

したがってわれわれは『戦争論』の中に、以下のようなマントラ（真言）が何度も繰り返されることを目撃することになる。それは「戦争ではすべてが戦闘で決着されるのであり、勝利にとって最も重要なのは、大規模な主戦である」ということだ。ところがクラウゼヴィッツは、敵が**文字通り**「これ以上戦えなくなった」場合にのみ戦争に勝てることも知っていた。一八世紀の軍隊の指揮官や君主たちが小規模な小競り合いのあとで戦争終結を唱えている間に、ナポレオンは大規模な敗戦の後でも、新しい兵を雇い入れることで復活できることを証明していたからだ。クラウゼヴィッツは敵軍の殲滅の必要性を何度も繰り返しているのだが、これはナポレオンが何度か戦闘に負けているにもかかわらず、無敵の状態を誇っていたからだ。

これらをまとめると、クラウゼヴィッツは初期の理論的な著作において、基本的にナポレオン戦争だけしか分析していない。そしてこの事実は、一八〇四年や一八〇八年、一八一〇年から一二年にかけて行われた「皇太子への御進講録」、そして決定的に重要なことに、『戦争論』の第二篇から第六篇までの原稿でも一貫している*22。ここでクラウゼヴィッツが分析して論じているのは「絶対戦争」だけであり、これはいかなる政治的な制約からも解き放たれた戦争であった。一八二七年以前に書かれたとされるクラウゼヴィッツのすべての著作では、政治面の考察が欠けており、それがまるで戦争の遂行には全く影響を与えないものであるかのように描かれている*23。そして本書の第五章でも見ていくように、一九世紀後半から二〇世紀前半の軍事思想家たちに魅力的に映ったのは、これらの著作の中で何度も強調された、クラウゼヴィッツの「主戦の必要性と敵軍の打倒」という主張だったのである。

❇クラウゼヴィッツの考えはいつ変わったのか

われわれがクラウゼヴィッツの考えの発展の経緯を知ることができるのは、ハンス・デルブリュック（Hans Delbrück）とエイベルハート・ケッセル（Eberhard Kessel）という、二人の歴史家の功績《こうせき》のおかげである*24。デルブリュックは、最晩年のクラウゼヴィッツが『戦争論』を改訂中であったことを明らかにしている。ケッセルは、クラウゼヴィッツがナポレオン戦争終結後の一二年後の一八二七年に、これまでの自分の分析があまりにも「絶対戦争」に偏《かたよ》っており、その分析が**すべて**の戦争には適用できないことを悟《さと》った様子を、詳細にわたって説明している。

『戦争論』のほとんどでは「絶対戦争」しか扱われておらず、ナポレオン時代の前後にも存在していた「限定された形の戦争」が論じられていなかったからだ。彼自身も「事実を隠しておくことはできない」と述べつつ、以下のように続けている。

大多数の戦争や戦役が、生死を賭した戦闘、言い換えれば、両軍のうち少なくとも一方が真向から決戦を挑むような戦闘であるよりも、純粋監視状態（Beobachtungszustand）にずっと近いものであるということを隠すわけにゆかない。しかし一九世紀に至って初めて、戦争は主戦的性格を非常に強くもつに至ったのであって、主戦を基礎とする理論もかくて初めて実際に適用されることとなったのである。しかし将来の戦争もこのような性格をもつとは考えにくいし、むしろ大多数の戦争は再び監視戦の性格を帯びてくると予測される以上、現実に役立つ（戦争の一般）理論はこうした監視の状態をも考慮しないわけにはゆかない＊25。

ではなぜその他のほとんどの戦争は「絶対戦争」のようにならないのであろうか？　マキャベリの『君主論』を読んだ経験があり、シャルンホルストの講義を聞き、一八一七年から一八年にかけて使用されたルール・フォン・リリエンシュターン（Otto August Rühle von Lilienstern：一七八〇～一八四七年）の幹部向けの手引書を読んだことのあるクラウゼヴィッツのような人間にとって、その答えは単純なものであった＊26。クラウゼヴィッツの士官学校時代の同僚であるリリエンシュターンは、以下のような文章を残している。

あらゆる戦争と（軍事）作戦の底には、「なぜ？」そして「何のために？」という目的と原因が横たわっている。これらがあらゆる活動の性格と方向性を決定するのだ。

個別の作戦は軍事目的を持っており、戦争全体は常に最終的な政治目的を持っている。これはつまり、戦争とは国家が内的条件と外的条件を考慮しつつ定めた、政治目的の実現のために遂行されるということだ＊27。

リリエンシュターンと同じように、クラウゼヴィッツも戦争は政治のための一つの手段であり、政治が制限を設けなければ戦争は持てる力をすべて発揮してしまうことになると気づいた。したがって「制限された政治的な狙い」が「制限された戦争の狙い」になり、そしてその狙いの追求のための手段には制限がかけられることになる、というのだ。クラウゼヴィッツが（日付のついていない）「覚書」でも記しているように、「戦争を独立したものであるかのように考えるのは大きな間違いであり、それはそれ自身の法則、つまり非合理的な政治という要素とみなされることにしたがって判断されるべきものだ。したがって、戦争というのは政治以外の何ものでもない」のである＊28。

一八二七年の一二月、クラウゼヴィッツは友人に当てた手紙の中で、自分の新しい考え方を記している。その中で「軍事行動全体が目指す最終的な狙いは……戦略家が実現すべき最も重要かつ最も優先順位の高い狙いだ」と書いており、それにはクラウゼヴィッツが念頭においていたナポレオン式の無制限な形のものだけでなく、実に様々な形のものがあると述べている。

敵の防御を不可能にしてこちらの望む講和条件を押し付けるために敵の打倒（Niederwerfen）を意図するのと、わずかな領土や城塞《じょうさい》などの征服を通じて自らの優位の獲得を狙うのは、それが講和の締結か、交渉を有利に進めるためなのかという意味において、かなり話が違ってくる。ナポレオンとフランスが活躍した革命戦争以降の特異な状況のおかげで、実は最初の選択肢がいつでもどこでも可能となったからだ。したがって、ある人物にとってそのような戦闘計画とその実行を思い描くことは普通の習慣になってきた*29。ところがこのような習慣は、それ以前の戦史のすべてを無視することになってしまう。これは間違いであろう。もしわれわれが戦史から戦争のエッセンスを引き出そうとし、しかもこれが誰もが認める唯一の方法であるとすれば、戦史が教えていることを無視するわけにはいかない。したがってもしわれわれが五〇個の事例の中で四九個の例で……制限された狙いがあり、敵の打倒が目指されていないのであれば、われわれはその四九個の例も（戦争の）本質を示していることを理解しなければならないのであり、常に（このような制限的な狙いとその結果としての戦争のやり方）このような戦争を誤ったやり方やエネルギーの欠如《けつじょ》などによるものだと想定してはいけないのだ。したがってわれわれは戦争を純粋な暴力や撃滅のための行為であると勘違いしてはいけないのであり、現実の世界の現象とは合致しないこのような単純な概念から無数の論理的な推論を行ってはならない。われわれは「**戦争が政治的な行為**」であり、それ自身の法則に縛《しば》られているわけでなく、実際は「**本物の政治的な手段**」であり、それ自身だけで営《いとな》みが行われるわけではなく、「**政治によって導かれるもの**である」というアイディアに戻らなければならない。政治がより大きな利害、つまりわれわれ全般的な生死に関わるようなものに関わるものになればなるほど、それは相互の生き残りの問題（シェークスピア的に言うところの「生きるか死ぬか」）に関わるようになり、政治と憎悪《ぞうお》が近づけば近づくほど前者が後者に飲み込まれることになり、戦争もシンプルなものになっていき、軍事力と壊滅の役割との結びつきが強まり、この二つの概念から論理的に推論できるような仮定に近づくことになる……そのような戦争というのは非政治的に見えるし、実際このような理由からそれまでこのような状態が普通だと思われてきたのである……ところが政治的な原則は、それ以外の戦争でも同じにように消滅していたわけではなく、ただ単にわれわれの目に見えなくなってきた軍事力と壊滅に潜《ひそ》む政治に、はじめから完全に合致していたものなのだ。

（それとは反対に）かなり限定された狙いを持つ戦争もあり、たとえば単なる脅《おど》しや、武力を背景とした交渉、もしくはこれが同盟関係の場合は、単に象徴的なジェスチャーになる。これらの戦争が「戦争の法則」に従わないかのように考えるのは極めて非哲学的な態度だ。「戦争は合理的なものとなりえるし、敵の打倒（Niederwerfen）のような極限を目指さないものだ」ということが理解されると、われわれは戦争の理論の中にあらゆる種類のもの、つまり政治的な利害から求められるものさえ受け容れなければならなくなる。政治（Politik）との関係を教えている戦争の理論が果たすべき主な義務と権利というのは、政治家たちが戦争の本質に反したことを要求し、軍隊の及ぼす効果に無知なまま、この手段を使って失敗するのを防ぐことにある＊30。

クラウゼヴィッツは、それまで書いた『戦争論』の原稿を書き直す必要があることに気づいた。戦争は政治の働きによるものであり、それまで彼が述べていたことのほぼすべての中で、この重要な要素を考慮に入れていなかったからだ。そこでクラウゼヴィッツはすでにこの考えが反映されていた第七篇と第八篇を書き直し、その他の六篇分も書き直し始めた。ところが悲劇的なことに（本書でも見ていくように、これはあらゆる意味でその言葉通りであるが）彼は生きて全てを書き直すことはできなかったのである。クラウゼヴィッツが書き直して唯一満足していたのは第一篇だけであり、この事実は、彼にとって生前最後となる書き直しを行っていた一八二九年に友人に送った手紙の中で見て取ることができる＊31。

要するに、クラウゼヴィッツはわれわれに非常に異なる二つの教えを残した。まず一方は、一八〇四年と一八〇八年の草稿や『皇太子殿下御進講録』、それにその他の歴史分析や、『戦争論』の第二篇から第八篇までのものであり、これらはすべて一八二七年以前に書かれた「観念主義者のクラウゼヴィッツ」によるものだ。もう一方は『戦争論』の第七篇と第八篇、そして修正された第一篇であり、これらは一八二七年から最後の派兵となった一八三〇年の間に書かれた「現実主義者のクラウゼヴィッツ」によるものである。不幸なことに、この二つの考え方についての混乱は、書き直しを行おうとしていたにもかかわらず、後者の原稿の中にまだ残されており、主に敵軍の打倒の必要性を論じた、いくつもの「観念主義者的」な例を見つけることができる＊32。

以下はクラウゼヴィッツの二つの戦争観の矛盾《むじゅん》がよくあらわれている箇所である。

敵を打倒することが戦争の目標であり、敵の戦闘力を壊滅させることがその手段である。このことは攻撃の場合にも防禦の場合にも言えることである……攻撃者はそれを通じて国土の占領へと向かう。それ故《ゆえ》国土は攻撃の対象である。しかし全国土を対象にする必要はなく、その一部、つまり一地方なり一地帯なり一要塞等に限定しても差支《さしつか》えない。こうした事柄はすべて、保有を目的にするにせよ、交換を目的にするにせよ、講和（の交渉）に際して政治的圧力として十分な価値をもつことになる。

したがって戦略的攻撃の対象は、国土全体の占領から始まって、とるに足らない場所の占領に至るまで枚挙《まいきょ》にいとまのないほどの段階が考えられる＊33。

クラウゼヴィッツは「敵を打倒することが戦争の目標」であるために「敵の戦闘力を壊滅」することが

必要になるという、いかにもドグマ的な主張を行っているのだが、これは後の「政治的な目的は広範囲にわたるものになる」という気付きと整合性がとれない。政治交渉の合間にほぼ無意味とも言えるような小さな領土を占領することが必要だとしても、その際には敵の全戦闘部隊を破壊する必要がないのは確実だ。したがってこの箇所からは、彼自身の中で二つの異なる考え方が共存しつづけていたことがわかる。

＊現実主義者のクラウゼヴィッツ

政治によって戦争の狙いが決定されるという考えは、一八二七年から一八三〇年までの「現実主義者のクラウゼヴィッツ」の著作における最大のテーマとなった。以下に引用する文章の中で、クラウゼヴィッツは「二つの電極」というイメージを使いながら、相対する軍隊の姿を描き出そうとしている。

大多数の戦争をみるに、それは相互の憤激《ふんげき》の発露《はっろ》にすぎないかの観を呈《てい》している。その際両軍は自己自身を守り、敵に恐怖心を起こさせ、あわよくば、敵に一撃を加えるために武器をとるといった風である。したがってそこには、二つの破壊的な要素が激突しているのではなく、二分された要素が緊張状態にあって、ところどころで小競《こぜ》り合いが演ぜられているにすぎない。

では、このように両軍の全面的激突を妨げている副次的障壁は何か。なぜ哲学的概念による戦争が実際に起こらないのであるか＊34。

「その他の戦争」には、この二極の間に絶縁体の障壁があり、絶対戦争、つまり完璧な戦争を防いでいるという。そしてこの絶縁体の壁は、戦争にかかっている政治的な抑制から構成されている。だからこそクラウゼヴィッツは、一八二七年一二月二二日付けの手紙の中で、以下のように記したのである。

> 戦争とは独立的なものではなく、他の手段による政治の継続だ。したがって、あらゆる大規模な戦略計画の主要な概要は**その本質からして主に政治的なもの**であり、戦争と国家の存在が含まれるようになると、その度合はさらに高まることになる。戦争計画全体は、戦いを行っている双方の国、さらには第三勢力となる国の政治的な性質によって直接もたらされるものだ。会戦計画は戦争計画から由《ゆ》来《らい》するものであり、もしそれがたった一つの戦域で集中的に行われることになるのであれば、その二つはほぼ同じようなものになることが多い。ところが会戦の個別の部分にも政治的な要素が含まれてくるものであり、戦争の重要な行為となる戦闘なども、その影響から逃《のが》れられるわけではないのだ。このような視点に従えば、包括的な大戦略を**純粋に軍事的**な面や、そのための純粋に軍事的な計画を判断することは無理なのだ……。
>
> 　これまで大戦略的な計画における軍事的な要素を政治的なものから分断し、後者を無関係なものとしてみなそうとしてきた。戦争は別の手段を使った政治的な試みでしかない。私は戦略全体をこの考えを下敷きにして考えており、この必要性を拒否する人はものごとを完全に理解できていない人物であると考えている。この原則が戦争の全歴史を説明しているのであり、それがなければすべてが理に合わないものとなってしまうのだ*35。

　ではもし政治が優位であるならば、戦争の狙いは政策によって命ぜられるものなのだろうか?すでに見てきたように、戦争の狙いというのは、それほど意味のない場所の占領から、国全体の占領まで、実にその範囲が広いのだ。クラウゼヴィッツは『戦争論』の第八篇で「戦争の計画はその狙いが限定的・無制限にかかわらず可能である」という議論を展開している。ここで彼は、戦争にはたった二つの形、つまり限定的なものと無制限なものしか存在しないという、いわば「二元論的」にとらえてしまうような、新たな罠《わな》に陥《おちい》っているようにみえる。一八〇四年に書いた戦略についての著作でも、クラウゼヴィッツは「二種類」の戦争について簡単に触れており、「戦争における政治的な狙いには二つある。敵を完全に破壊して国家としての存在を抹殺《まっさつ》するか、講和（条約）の条件を決定づけるかだ」と記している。ところがそれでもまだ彼は「双方のケースでも、相手が戦争を続けられないほど敵の戦闘力を麻痺《まひ》させる、もしくは続けたら完全に敗北させられるまで追い込むことが（われわれの）意図でなければならない」と考えているのだ*36。言い換えると、一八〇四年頃のクラウゼヴィッツは、まだ戦争には政治的な狙いによる働きとして様々なものがあるとは考えていなかった。さらに『戦争論』の第一篇から第六篇まで書き直すことを宣言した一八二七年七月一〇日の覚書で、クラウゼヴィッツは再び「二種類の戦争の区分」について言及している*37。この興味深い二元論的な考えについて、ヘーゲルの弁証法から影響を受けたと解釈する人もいるが、このおかげでクラウゼヴィッツは、戦争が二つの選択肢のうちの**たった一つの形としてしか出てこない**として、ほぼ論理的な矛盾に陥《おちい》ることになった。ところが他の場所でも言及しているように*38、彼の論理の中では、戦争は一八一二年のロシア戦役に見られるような防御的だが無制限なものから、両者が外交交渉の席に戻る前の単なるジェスチャーとして威嚇《いかく》するような非常に限定的なもの、そしてナポレオン式の攻勢的な全面・無制限な戦争に至るまでのスケールの大きさによって分類されることになる。クラウゼヴィッツは芸術的な表現を使って戦争を「具体的局面に応じてその性質を変えるカメレオンのようなものである」と述べている*39。

　第七篇と第八篇、そして第一篇の書き直しを行う際に、すでに書き残した原稿に対して自分の考えに起こった突然の変化を反映させるため、クラウゼヴィッツは粗雑《そざつ》で説得力のない議論を展開しており、「われわれがこの統一をこれまで問題にしてこなかったのは、**その前に**……矛盾を明確に描き出し、種々《くさぐさ》の要素をばらばらに考察しておく必要があったからである」と書いている＊40。ただし彼自身は、このような抽象的な議論では不十分であると気づいたようで、はじめから書き直さなければならないと本気で考えたようだ。

　第八篇と第一篇では、彼自身の同じ主張が存分に発揮されている。彼は「戦争は政治的取引の一部にすぎず、したがって、決して独立のものではない」という言葉から始め、

> むろん今日誰しも、戦争が政府や国民の政治的関係によってのみ生ずるということを知っている。しかし普通、人は、戦争とともに政治的関係が中断し、独特の法則に従うまったく別の状態が発生するものと考えている。これに対して、われわれは、戦争とは他の手段をまじえて行う政治的関係の継続以外の何ものでもない、と主張する……この政治的関係は戦争そのものによって中断したり、まったく別のものになったりはしないということ、むしろ、その用《もち》いる手段こそ違え、政治的関係は本質的に不変であるということ……それ故、戦争は決して政治的関係から切り離し得ないものであり……戦争そのものがそれ自体の法則にだけ従うことはあり得ず、ある全体の一部と見なされねばならない、そしてこの全体がすなわち政治そのもの以外の何ものでもないということ……政治は戦争……を単なる手段と化してしまう。
>
> 戦争が政治に所属する場合には、政治の性格を受け入れることになる。政治が大規模かつ強力になれば、戦争もまたそのようになり、遂《つい》にはその絶対的形態に達するほどになることもある＊41。

　ここで、戦争は政治の手段である＊42ということを繰り返して言っておきたい。戦争は必然的に政治の性格を担《にな》わねばならず、その規模は政治の尺度で測られねばならない。したがって、戦争の遂行

はその大筋において政治そのものである。政治はその際ペンの代わりに剣を用いるが、それだからと言って、政治はそれ独自の法則に従って考えることを止めはしないのである*43。

一つは、いかなる状況下にあっても戦争は独立したものとして見なされるべきものではなく、あくまでも一つの政治的手段として見なされるべきものであるということである……第二に、戦争は、これを惹《ひ》き起こす動機と状況とによって非常に異なってくるということである*44。

実際のところ、あらゆる戦争の狙い、つまりそこで達成すべき政治的状況というのは、戦争の遂行の仕方そのものに影響を与えるというのだ*45。

われわれが敵に要求する犠牲が小さければ小さいほど、敵のわれわれに示す抵抗力はそれだけ小さくなる。しかも敵の抵抗力が小さければ小さいほど、われわれの方の示すべき力も小さなもので済ませられるようになるのは言うまでもない。さらにわれわれの政治目的が小さなものであればあるほど、われわれがこれに置く比重もまた小さなものとなり、必要とあらばこの政治目的を断念することもそれだけ容易なものとなる。したがってこのような理由からもわれわれの力を発揮する程度はますます小さなものとなっていくものである*46。

もしくはその数ページ後で述べているように、

戦争の動機が大きくなればなるほど、その動機が国民の全存続にかかわる度合いが高くなればなるほど、さらにまた戦争にかかわる先立つ緊張が殺気をおびてくればくるほど、戦争はそれだけその抽象的形態に近づいてくる。その結果敵を屈服させることがますますその課題となり、戦争の目標と政治的目的とはそれだけ接近し、戦争は一段と戦争らしくなって政治的色彩を弱めていく。これに反して戦争の動機と緊張が弱まれば弱まるほど……戦争は必然的にその自然的傾向からそれてゆき、政治的目的と理念的戦争の目標とは離反《りはん》してゆき、そして戦争はますます**政治的に**なってゆくもの、なのである＊47。

ところがクラウゼヴィッツが後から鋭《するど》く加えているように、その政治的目的というのは双方の国民にとって非常に異なる価値を持つこともあり、さらには同じ国民でも、歴史的な時代が違えば、その捉え方も大きく異なってくる場合がある。なぜなら様々な政治的な思惑が絡《から》むために、政治目的は人々に平和を保とうとする要因のおかげで抑制されるかもしれないし、もしくは他の動機のまとまりによって火をつけられて、国民を戦争へと突き動かす役割を果たすかもしれないからだ＊48。

一共同社会の、つまり全国民をあげての戦争、それもとくに文明国民の戦争は常に政治状態から出発し、政治的動機によってのみ勃発《ぼっぱつ》する。それゆえ戦争とは一つの政治的行動にほかならない。

このような理由から、戦争は無制限な多方面への爆発ではなく、抑制的な要因となる「摩擦」に影響を受けるのかもしれないが、それより重要なのは、政治的な統制下に置かれることになり、それを導く知性によっても左右され続けるという点だ。

さてわれわれは、戦争とは政治的目的から出発するものであると考えたわけであるが、戦争を惹き起こすこの最初の動機が同時に戦争遂行上最高に重要なものとなるのはまた当然のことである。さりとて政治的目撃が先制的立法者になり得るというわけではない。政治的目的はあくまでも手段の性質に従わねばならず、しばしばそれによって全く相貌《そうぼう》を新たにせねばならぬことさえあり得る。だがいずれにせよ、それは第一に考慮されねばならないものとであることに変わりはない。したがって政治は全軍事行動を貫徹《かんてつ》し、戦争における爆発力という性質が許す限り、この軍事行動に絶えず影響を与え続けるものである。

戦争とは他の手段をもってする政治の継続にほかならない。

かくてわれわれは次のごとき原則を了解するに至った。すなわち戦争は単に一つの政治的行動であるのみならず、実にまた一つの政治的手段でもあり、政治的交渉の継続であり、他の手段による政治的交渉の継続にほかならない、ということを。戦争がもし特異なものであるというのなら、それは戦争のもつ手段としての特異性のことにすぎないだろう。政治の方向や意図をこれらの手段と矛盾させないようにすること、それは一般に兵学が要求し得る事柄であり、また個々の場合にわたっては最高司令官が要求しなければならぬ事柄でもある。

政府にとって使用可能な特殊な「軍事的ツール」という意味での戦争は、その性質のおかげで、狙いと意志を政府に採用するよう押し付け、政府が採用した政治目的に一定の影響力を与えるのである。それでも政策は支配的な要因のまま残り、結果として出てくる軍事行動は、この要因の機能によるものであり、すべての戦争を理解するためには、政治目的と、それを実際に実現するために使われる軍事的ツールの本質の、その両方を理解する必要があるというのだ＊49。

したがって現実の戦争は、観念的な戦争よりもほぼ常にその暴力性は低いことになる。もし抽象的、つまり観念上の「絶対戦争」が敵の抵抗力の排除にあるのであれば、「観念主義者のクラウゼヴィッツ」が何度も主張していたように「必然的にすべての戦争の狙いである」ことにはならない。実際の歴史の中でも、現実の戦争においても「敵を殲滅」もしくは「国を破滅」させることなく講和に至ったケースは無数にあるからだ。すべての戦争で、相手の崩壊が狙われる必要はない。したがって、動機と緊張が非常に弱いものならば、軍事力の使用を匂《にお》わせるだけで相手から譲歩《じょうほ》を引き出すこともできるのだ。

楽観的すぎるかもしれないが、クラウゼヴィッツは「戦争は盲目的情動による行為ではない」と想定していたのかもしれない。彼が二〇世紀に二つの世界大戦を経験していたら、おそらくこのような主張は続けていなかったであろう。この主張から、彼はすべての戦争の政治目的と、その政府にとっての価値が、その目的獲得のための取り組みの規模、期間、そして強度を決定すべきであると論じたのだ。もし戦争そのもののほうが、本来貢献すべき政治的目的よりも重要度を高めてしまうと、前者を諦めて講和を結ばなければならなくなる＊50。そしてこの合理的な主張も、第一次世界大戦の高い代償を考えたらわかるように、その後の時代には普遍的に当てはまるものではないことが判明したのである。

第一篇の中で、クラウゼヴィッツは軍事力の様々な使われ方について引き続き論じている。そこでは敵の戦闘力の壊滅や、敵国の一地方の占領が「唯一の選択肢」であるとは見られていない。敵が打倒されるまで数多くの戦闘を行って勝利することも可能だが、敵の「無敵である」という自信を崩壊させるほどの、たった一度の戦場における劇的な勝利を収めることで味方が満足する場合もあるし、さらなる戦いを継続する代わりに（両者の関係を固定化するような）「勝者に対する尊敬」が片方に出る場合もある。もしくは、敵の戦闘力を壊滅させずに、たとえば敵の同盟者を離反させたり、戦力のバランスを決定的に変化させて味方の新しい同盟者を獲得し、これ以上の戦闘が必要ないほど優位であることが証明され、敵が血を流して戦うことなしに降伏するというものもある＊51。両者が戦争においてつぎ込む努力は、その規模、激しさ、時間、そして全体的な動機や政治目的の働きによっても測《はか》られるものであり、クラウゼヴィッツはこの要素のうちの一つのバランスが崩れても、他の要素によって補足できると見たのである。そしてクラウゼヴィッツは以下のように結論づけている。

戦争においては目標への道程は数多くあるということであり、すべての戦争が敵を打倒することと結びついているわけではないということである。すなわち、敵の戦闘力の壊滅、敵国諸地方の占領、あるいは単なる駐屯《ちゅうとん》、単なる侵略、直接に政治的な権謀術数、敵の攻撃の受動的待機――これらすべての手段は、場合場合に応じていずれも敵の意志を屈服させるために使用され得るものである*52。

そのすぐ後の第一篇の中に、クラウゼヴィッツは新しい文章をあっさりと加えている。ところがここにはまだ「観念主義者のクラウゼヴィッツ」の書いた文章も残っており、「戦闘におけるすべての行動は敵の打倒、言い換えるなら、敵の戦闘力の壊滅を目標としている」と書かれていることがわかる。その後に「現実主義者のクラウゼヴィッツ」は以下のように付け加えている。

もちろんこの戦闘力の目的が敵の戦闘力を壊滅させることである場合も出てくる。しかしこのような場合は決して必然的なものではなく、戦闘の目的がそれとはまったく別のものである場合も当然あり得るわけである……敵を完全に打倒するということが必ずしも政治的目的達成の唯一の手段ではなかったし、また他のものが戦争の目標となり得ることも考えられた。

そしてこの目的の追求においては、敵の戦闘力の殲滅の代わりとなるものが出てくるのである。

クラウゼヴィッツが軍事的な狙いとして引用したのは、山地や橋梁から敵を掃討する場合だ。このような場合における敵部隊の殲滅は、その戦略的拠点を占拠している敵兵を単に追い出すことと同じ効果を持つことになる。さらに彼は双方の部隊の戦力のバランスが不釣合《ふつりあ》いになればなるほど戦闘は必要のないものになることとさえ認めている。弱い側が味方の戦力の弱さを認めて諦めるかもしれないからだ。ところがここでわれわれは、二つの互いに矛盾する主張が交じり合っていることを発見することになる。それはつまり、あらゆる紛争の土台には戦闘があり、それが実際の戦闘、もしくは戦力の比較における仮想的な戦闘につながるというものだ。たとえ戦闘が開始直前に止められ、弱い側が戦場で負けることなしに敗北を受け容れたとしても、その効果はその戦闘の脅しによって確実なものとして発揮されなければならないのだ。そこでクラウゼヴィッツは一八〇四年にも表明した、「軍事力という強制力による勝敗の決定というのは、その規模の大小にかかわらず、現金払いの為替取引と似ている」＊53という有名な主張を行う。外交交渉における脅しは、それがどのようなものであれ、軍事的な行動についての信ぴょう性と可能性の高さを背景としたものでなければならないし、これは手形が銀行の信用によって担保《たんぽ》されていなければならないのと同じだ。もし軍事力の行使に信ぴょう性がなければ、そのブラフ（虚勢）は見ぬかれてしまうだけだからだ。

クラウゼヴィッツは、第八篇で自らの知的な面での考えの移り変わりの経緯をわれわれに披露《ひろう》しており、これはむしろ『戦争論』冒頭で行うべきであったと言える、戦いの歴史的な流れの概観《がいかん》を示しているのだ。これについては本章の冒頭でそのほとんどが引用されたが、ここでは念の為にもう一度クラウゼヴィッツのまとめを示してみよう。

半ば開明化したタタール人、古代世界の共和国、中世の領主や商業都市、一八世紀の諸王、最後に一九世紀の君主や国民——これらはすべて独自の方法で戦争を遂行し、それぞれ異なった手段をもって異なった目的を追究してきた＊54。

したがって彼は、この全体像を示したと説明している。

それ故《ゆえ》、各時代の出来事は常にその独自性を顧慮《こりょ》しつつ判断されねばならず、一切の小事情の綿密な研究による者よりも、大事情の適切な洞察を通じて時代を把握《はあく》する者にして初めて、その時代の最高司令官を理解し評価することができるのである。

しかし、国家や戦闘力の独自の諸関係に制約された用兵法のうちにも、いくらか一般的なもの、あるいはむしろ徹頭徹尾一般的なものがあるはずであり、理論はとりわけそれをこそ対象とすべきである。

戦争が（ナポレオン戦争のおかげで）その絶対権を獲得するに至った最近においては、普遍妥当的かつ必然的なものがかなり多く存在している。しかし、将来の戦争がすべてこうした大規模な性格を有するかどうかは、かつての狭隘《きょうあい》な限界内に再びそれが完全に閉じ込められるかどうかと同様、必然性に乏《とぼ》しいものである。したがって、理論をこのような絶対的戦争のみにかかずらわっていれば、外的影響によって戦争の性格が変質した場合に、すべて排除されるか誤謬《ごびゅう》として非難されるかしてしまうことになるだろう……つまり理論は、諸対象を検討し、区別し、秩序づけつつ、常に戦争の原因たり得る様々の関係の多様性に留意《りゅうい》すべきであり、時代やその時期の要求を考慮しつつ、戦争の大要を指し示すよう努めるべきものとなる。

ここにおいてわれわれは、戦争計画者の立てる目標、その用いる手段は、その時々の状勢下におけるまったく個別な特質に従って決定されるものであること、したがってそれゆえにこそ、それらはまさに時代の特質や一般的事情の特質といった刻印を押されているものであること、しかもなおかつ、それらは根本的には戦争の本質から導き出されるべき一般的性格によって規定されていること、ということを結論として述べておかなければならない＊55。

クラウゼヴィッツが第八篇で行っている歴史分析では、多くの限定戦争の例が使われているが、このために彼は「戦争の絶対的本質に関する我々の考え方が現実的であるのかどうか、疑われても仕方がないと思われたほどである。フランス革命という短い序奏《じょそう》の後、粗暴《そぼう》なナポレオンが出るに及んで、戦争はその概念を絶対完全に具現《ぐげん》するものとなった」＊56と書かざるを得なくなったと感じたのである。そしてすでに見たように「戦争がその絶対権を獲得するに至った最近においては……」＊57と述べるのだ。これらの戦争の現象は「自然的かつ必然的」に、戦争の理想形とは反対の、戦争の「真相」（ursprüngliche Begriff）に向かわせることになる。ところがその理論について書いている時に、クラウゼヴィッツは「戦争はナポレオン戦争のようなものだけに限定されるのか、もしくはそれとは異なるものなのか」という問題に直面した。そして歴史の中には後者の例が豊富にあることに気づいたクラウゼヴィッツは、それまでの自分の著作を支配していた簡単な選択肢、つまりナポレオン戦争だけに当てはまり、それ以外の多くの戦争を説明するには不向きな「明確で単純な理論を発見する」というアプローチをやめたのである。その代わりに、彼が確立しようとした理論は、様々な歴史的な証拠に当てはまるものになる必要が出てきたのだ。

したがって、われわれは戦争の真相を単にその概念から構成するのではなく、そこに混入してくる一切の異質物、例えば、諸部分の本来の不活発性や軋轢《あつれき》、人間精神の矛盾、不確実さ、怯懦性《きょうだせい》などをも考慮に入れることに同意しなければなるまい。そして、戦争……がその時に支配的な理念や感情や状況から生ずることを認め、さらに、真理に従うつもりならば、戦争が絶対的形態をとる場合においてさえ、つまりナポレオンのもとにおいてさえ、なおかつそうであったということを承認しなければならないはずである。

理論はこれらのすべてのことを承認しなければならないとはいえ、戦争の絶対的形態を頭上高く掲《かか》げ、それを普遍的な指標として用いることは、他面理論の義務でもある。そうすれば、理論から何ものかを学ばんとする者はこれを見失うことなく、一切の希望や恐怖の本来の尺度《しゃくど》となし、可能な場合や必要な場合には、何時でもこれに接近することができるはずである＊58。

将来の戦争を推測しながら、クラウゼヴィッツは以下のように考えを練《ね》りあげている。

いつまでもこのような状態が続くものか、つまり、ヨーロッパにおける将来の全戦争は常に国力の限りを尽くして戦われるものであるのか、したがって、国民に関係の深い大利害によって戦われるものであるのか、あるいは、次第に政府と国民との分離が再び立ち現われてくるものであるのか、について断言することは困難であるし、われわれはそのようなことを断定するつもりもない＊59。

したがってここから見えてくるのは、「国民に関係の深い大利害」（これは後に「死活的な国益」と呼ばれるようになるものだが）がかかってくると、それは「絶対戦争」になり、政府が国民からの支持を得ることなく戦争を戦うと、それは限定された狙いをめぐっての戦争（限定戦争）となるというものだ。この区別が、極めて重要になってくるのである（実際のところ、フランスの国民皆兵のような全国民の動員がかかった

「絶対戦争」が、クラウゼヴィッツの没後から五〇年以上発生しなかったのは驚くべきことである）。

❄二人のクラウゼヴィッツ

一八二七年の大覚醒の後でも、クラウゼヴィッツは「絶対戦争」を戦争の本質に近いものであると考えていたが（彼は真相：Begriff という言葉を使っている）、政治、摩擦、そして状況などにより、特定の戦争は「絶対戦争」にはならないと考えていた＊60。

結論として、クラウゼヴィッツが自身の著作の書き直しを終えられなかったことだけでなく、書き直しができたものの中でも、第一篇だけを完成した満足のいくものであると感じていたということを指摘しておきたい＊61。繰り返しになるが、クラウゼヴィッツは初期の著作——第一篇の初稿と第二篇から第六篇まで——の中で主に「絶対戦争」、つまり大規模な決戦において敵を完全に打倒して、国家を崩壊させ、領土を占領し、抵抗する意志をくじくような戦争を想定しながら書いていたのである。クラウゼヴィッツは第八篇で「絶対戦争」を、自分が生きている時代に経験した戦争、つまりナポレオンが「絶対的な完璧性」でもたらした戦争をモデルとして描いている。第一篇の初稿では「絶対戦争」を理論的な概念である「真相」（Begriff）という言葉を使いながら、一種の理想的な状態として記している。現実の戦争がこの理想に近づくことはあるにしても、それはあくまでも抽象的なものであり、いわば戦争の究極の姿を描き出したものだ。一八二七年以降の書き換えられた第七篇、第八篇、そして第一篇の改訂版では、クラウゼヴィッツは自身の戦争の理論を「絶対戦争」だけでなく、歴史の中に発見した、多くの限定された形での現象をも含んだものとして拡大したのである。「戦争は政治目的のためのツールである」とする彼の有名な主張が導き出されたのは、まさにこの部分からなのだ。したがって、クラウゼヴィッツが自分の理論を有名にした「政治」という変数を自身の著作の中に導入したのは、ようやく最期の四年間に入ってからである。

クラウゼヴィッツの『戦争論』は、そもそも未完であり、最悪の結果を招くほど誤解を受けやすいものであるが、それでもその力量や、さらにはその混乱した内容でさえ、傑出《けつしゅつ》したものだ。当初は戦争における政治の重要性に気づいていなかったにもかかわらず、クラウゼヴィッツはすでに極めて重要なことを理解していた。それは、無限に拡大していく戦争の恐ろしさであり、政治目的が明確に決定されていて軍隊に規律が徹底されていたとしても、その暴力的な性質によって人間の意志を離れて「爆発」する可能性がある点などだ。彼が気づいていた「絶対戦争」と「限定戦争」との間の緊張関係は、人間の残忍性の爆発と自己規律との間や、人間社会の法律（その中の主なものの一つは「汝殺すなかれ」である）の崩壊と、混乱と虐殺の後の抑制の押し付けの間の矛盾そのものである。そのような矛盾の中でも、クラウゼヴィッツは偉大な知恵を示している。すでに見てきたように、彼は何度も「戦争の狙いの本当の達成のためには敵の全滅が必要」であることや、「国土から新たな戦闘力が形成される恐れがある」ために敵国の占領が必要であると主張している。ところがその一方で、彼は「政治が戦いを支配しているように、戦争でも政治が支配しなければならず、講和が成立した戦争は確実に終わるものである」としている*62。ところが実例を見てみると、第一次世界大戦における連合国側のドイツに対する勝利の後にドイツで占領が行われなかった事例や、九〇年から九一年にかけての湾岸戦争においてイラクが占領されなかった事例があり、クラウゼヴィッツは矛盾しながらもその二つの例に当てはまることを述べていたことがわかる。彼の未完の書にある緊張と矛盾は、主に現実の世界に存在する、「現実」と「あるべき姿」の衝突にその原因があるのだ。

したがって、バジル・リデルハート英陸軍退役大尉によるクラウゼヴィッツの批判は、ある程度のところまでは正しいことになる。リデルハートはクラウゼヴィッツの記述に矛盾があることを見ぬいたのだが、その理由を分析していない。もちろん彼は、政治的な狙いが影響することによって戦争が極限状態に至ることを指摘したクラウゼヴィッツの文章の存在に気づいていたが、それでも以下のような文章を記している。

不幸なことに彼のこの制限条項《せいげんじようこう》は、その著書の後の方の頁に書かれており、また本質的に一徹で無骨な軍人たちを煙にまくような哲学的用語で記載されている。そうした読者たちは、その主要な含蓄《がんちく》のある国の表面的な意味は把握したが、迂遠《うえん》さと曖昧さのためにその奥にあるものを見ることができなかった。

クラウゼヴィッツを公正に批判しようとするならば、読者は彼が制限したことに注意しなければならないが、歴史の真実を知るためには彼の抽象的概念を凝視することを要する。それは、ヨーロッパの歴史の方向を左右したものは、実にこの抽象的概念の影響であったからである……彼は現実というものが抽象的観念に諸制限を加えることを認めながらも、抽象的観念を実際の戦闘実施上の理想像としようとしていたからである……百人中一人として、彼のこの難解な論理におそらくついていけなかったであろうし、またこうした哲学的奇術の中で、真の手口をよくよく見抜くことはできなかったであろう。しかし、誰の耳にも次のような耳朶《じだ》を打つ言い回しが強烈に入っていった。曰く、「我々は戦争においては唯一つの手段を有する。それは戦闘である」「個々の戦闘は戦争における単一の軍事行動である」……「流血による危機の解決、敵兵力撃滅のため努力は、戦争の長子である」「野戦における大規模戦闘のみが偉大な成果を生む」「流血なしに征服する将帥たちの話に耳をかすな」といったような調子のものである*63。

クラウゼヴィッツの研究者たちのほとんどは、リデルハートが一般の読者に欠けていると指摘したようなことを理解できていないだろう。そのため、われわれはクラウゼヴィッツについてのごく一面的な読み方しかできず、意識的・無意識的かにかかわらず、「クラウゼヴィッツの戦争の理論のモデルはたった一つしかない」という主張をしてしまいがちなのだ。ところが実際には少なくとも二つの大きなモデルとして「観念主義者のクラウゼヴィッツ」と、「現実主義者のクラウゼヴィッツ」が存在しているのである。

さらに、この二つの戦争のモデルを相互排他的《そうごはいたてき》なものとして見るのも間違っている。これは物理学者が、光というものを「波」と「物質」のどちらとして見るのが正しいのかを議論している状態に近い。科学者たちがすべての自然現象を説明できるようなたった一つの公式を永遠に探求しつづけているように、戦略家たちはあらゆる戦略的な知識をまとめてくれるような、シンプルな原則のまとまりを求めている。その原則とは、たとえば兵士にとっての忠告である「敵の最も嫌がる部分に対して最も予測不能のタイミングで、最大限のダメージを最速のスピードで与えよ」というものに近い。ところがさらに象徴的なレベルでは「現実主義者のクラウゼヴィッツ」の言う「戦争は〝政治〟の一つのツールである」というような公式はまだ見つかっていない。あらゆる戦争にはエスカレーションの可能性が潜んでいるのであり、それは政治的な考慮によって抑制されたり、その反対に同じく政治的な考慮によって増加されるものなのだ。「絶対」戦争を説く「観念主義者のクラウゼヴィッツ」の教訓や、戦争は政治の一つのツールであるとする「現実主義者のクラウゼヴィッツ」の教えは、その両方とも、戦争という現象には当てはまるものだ。ところがそれらは、様々な変数が関わってくる中で、取捨選択的《しゅしゃせんたくてき》に適用されるべきものなのだ。

もちろん「観念主義者のクラウゼヴィッツ」と「現実主義者のクラウゼヴィッツ」の双方の戦争観は、クラウゼヴィッツのすべての考え方を表しているわけではない。次章では戦争における政治の役割についてのクラウゼヴィッツの説明や、戦争と社会の関係性について触れたいと思う。その次の第４章では、クラウゼヴィッツを有名にした細かな分析についてさらに踏《ふ》み込み、後世の著者たちの著作の中に見てとることができる彼の影響について探っていく。

第3章
政治、三位一体、政軍関係

事実から言えば、クラウゼヴィッツは戦いにおける政治の重要性に気づいた初めての人間ではなかったし、数多くの戦争の要素の中で政治的な面に気づいた最初の人間でもない。本章ではクラウゼヴィッツがどこまで他人の考えを受け継ぎ、そして後継者たちにどのような影響を与えたのかを見ていくことにしよう。ここではまず戦争を「政治のツールの一つ」としてみなすことから始め、次にクラウゼヴィッツの世界観や社会観、それに国家間の関係をどのように見ていたのかに注目していく。そして最後に、クラウゼヴィッツが今日では「政治の意思決定者」と呼ばれる人間（これをクラウゼヴィッツはポリティーク **Politik** という言葉でまとめているが）と軍の「最高司令官」(**der Feldherr**) との関係についてのどのように見ていたのかについて明らかにしていく。読み進めていくとわかるように、このトピックは歴史的にも激しい議論を巻き起こしてきたのであり、クラウゼヴィッツの考えを誤《あやま》って解釈したことによって、重大な結果にもつながっている。

❋政治の一つの「ツール」としての戦争

マキャベリは「戦争が政治の一つのツールである」という考えを議論の前提としており、ナポレオン自身も残した格言の中の一つで「政治的な理由がすべてのものに優先する」と述べている*1。フランス革命の政治的な狙いと、フランスの新たな戦い方の明確なつながりに感銘《かんめい》をうけたクラウゼヴィッツをはじめとする同時代の人々も、これと似たような分析を行っている。たとえばコンスタンティン・ロッサウ(**F. Constantin von Lossau**)は、クラウゼヴィッツと同じくプロイセン軍の士官であり、ナポレオンに対抗するための戦いにも参加し、クラウゼヴィッツよりも先に政治と戦争の関係性について考察を行っていた。一八一五年に発表した『戦争』(***Der Krieg***)という本の中で、ロッサウは戦争を「国家が使用する最も過激なツールである」と指摘している。

政治は国家の安全と繁栄《はんえい》を確保するためのものであり、それは(国家の)個別の国益に左右されるものである。(政治は)基本的な考えや、国家が追究すべき方向性と狙いを示すものだ。その(政治の)影響がなくなったところから、戦争は始まるのである。

さらにロッサウは、政治が国家の目的を与え、戦争はその目的の追究のための唯一の手段であると主張している*2。したがって彼もクラウゼヴィッツと同じように戦争と政治の結びつきに注目したのだが、政治は戦争とは独立して作用するものであると分析したところに違いがある。

オットー・アウグスト・ルール・フォン・リリエンシュターンはクラウゼヴィッツと同年齢であり、同じくシャルンホルストの授業を受けて陸軍大学で教えたが、任務にあたる軍の士官の教育に関してはクラウゼヴィッツとは意見を異にしている。リリエンシュターンは、士官に対して様々な科目を受けさせて広範囲の一般的な知識を与えるべきだと考えていたが、クラウゼヴィッツはその反対に、彼らには任務に直接的に関係のある軍事作戦だけを集中的に学ばせるべきだと考えていた。これは彼が『戦争論』において政治や戦争の政治的な目的について何も論じなかったことと同じ態度だ*3。一八一七年から一八年にかけてリリエンシュターンは「R. von L」という匿名《とくめい》で『士官のための教範』(*Handbuch für den Offizier*)を出版したが、この中で「戦争における個別の作戦行動には軍事的な目的があるが、戦争の最終的な目的は、常にその本質からして政治的なものである」と書いている。戦争は国政術《ステートクラフト》のためのツールであり、政治的な目的を達成するために使われるものである、というのだ。

戦争は……国家が正邪《せいじゃ》を主張するため、つまり互いの利益の相剋《そうこく》を解消するための、唯一の手段だ。戦争の最終的な目的は、これらの政治的な目的を実現することにあり、勝利や講和、もしくは征服というのは、その政治的な意図に合致しないかぎり無意味なこととなる*4。

したがってクラウゼヴィッツは、戦争と政治の関係性に注目した唯一の人間というわけではなく、実際のところ、彼の考え方はこのリリエンシュターンの考えに非常に近い。ところが次第にロッサウやリリエンシュターンたちの考えは忘れられ、代わりにクラウゼヴィッツの著作がその考えを伝えて、後の世代に影響を与えることになったのである。

❇クラウゼヴィッツの後継者たちにとっての政治の重要性

奇妙なことだが、クラウゼヴィッツを読んだ人々は、その当初は彼が説明した政治と戦争の結びつきについて、それほど注目していない。たとえばフリードリヒ・エンゲルス（Friedrich Engels）はマルクスに書いた手紙の中で、クラウゼヴィッツの『戦争論』の中の「戦争は社会的な営《いとな》みである」と記された箇所に言及している。「僕はいま他の本と共にクラウゼヴィッツの本を読んでいるのだが……われわれが戦術、もしくは戦争科学をどのように論ずるべきかという問題について結論が出たように思う。それは交戦が商業活動における売買の取引と似ているということだ。もちろん現実にはそのような事態になるのは稀《まれ》だが、それでも戦闘が中心に行われ、それが発生して、しかも戦争を決するものでなければならないのだ」＊5。

レーニンは『戦争論』をスイス亡命中に読み込んだ。彼はわざわざ文章を抜粋《ばっすい》してそこにコメントを加えており、とりわけ第一篇と第八篇に関心を寄せていたことがわかっている。レーニンはクラウゼヴィッツが、戦争とは社会的な現象であり、社会全体を動員して実行可能なものであり、もし「野心や個人の利益、それに政府の人間たちの虚栄心《きょえいしん》」のために行われてしまえば失敗につながると見ていたことに感心している。彼は政治と戦争の関係について論じたクラウゼヴィッツの考えに興味をそそられており、自らも「戦争……は憎悪だけによって行われるものではない」と記しているほどだ。彼は戦争が政治の働きの一つであるという考えに同意しているが、クラウゼヴィッツの「戦争が政治的になればなるほど非暴力的になる」という考えには納得しておらず、「見かけは実態そのものを表しておらず、戦争はより〝好戦的〟になるにつれて政治的な度合いは深まり、より〝政治的〟になるにつれて政治的度合いそのものは浅くなる」と記している。彼はクラウゼヴィッツの考えをさらに発展させ、戦争を支配していた政治は平時にまで継続し、ある国（例えば革命時代のフランス）の特定の性格が、その国の戦争のやり方に影響を与えるだけでなく、その周辺国に脅威となるのかどうかというところまで決定するとしている。したがって、講和が締結されても紛争は必ず終わるとは限らず、そもそもその戦争を発生させた政治・社会的な構造がそのまま残っていることにもなる。レーニンは、クラウゼヴィッツの「負けた側も復活する権利を持っている」という考えを強調している。

レーニンはクラウゼヴィッツの「それぞれの時代には独自の戦争の形があった」という分析に大きな感銘を受けており*6、一九一七年四月には「マルクス主義者は、戦争の中に特定の階級を代表する政府によって遂行《すいこう》される政治の継続を見ている」という**断定的な意見**を書いている。レーニンはプレチャノフに対する包括的な反論の中でこの言葉を記したのだが、さらに続けて「戦争は政治の継続である……戦争と政治は特定の階級の利益と結びついており……どの階級が戦争をどのような理由によって遂行しているのかを検証すべきである」と述べている。その直後のペトログラードにおける演説で、彼は有名になった以下のような格言を発表している。

戦争は、ある階級による政治の継続であり、戦争の様相を変えることは、権力を持つ階級を変えることに他ならない……戦争は暴力による（押し付けられた）講和ではなく、民主的な手段によってのみ根絶《こんぜつ》できるという真実を、わが党は人民に対して根気よく説明しつづけなければならない。もし国家の権力全体を人民の手に渡すことができれば、資本家の手による抑圧を本当に根絶できるからだ*7。

そして一九一七年五月のモスクワでの演説（「戦争と革命」）で、レーニンは以下のような説明を行っている。

戦争は絶え間なく続く。われわれ個別の戦争が発生してきた歴史的な背景や、どの階級がどのような狙いを持っていたのかを考慮しなければならない。それができなければ、われわれの戦争についての討議は単なるホラ話としかなりえない……戦争と革命との関係というテーマに関していえば、戦争の哲学と歴史について書いた最も有名な著者であるクラウゼヴィッツの格言がよく知られている。それは、〝戦争は他の手段による政治の継続である〟というものだ。彼の基本的な考えは、今日のあらゆる知識人の間で無条件に共有されているほどだが、今からたった八〇年ほど前には「戦争はそれを行っている政府や階級の政治から切り離して考えることができる」、「戦争は平和に対する攻撃でしかなく、その平和はのちに回復される」と単に見なしうると考えるような、無教養で無知な人々の偏見と戦っていたほどである。なんという誤りだ！　これは数十年前から誤っていることが判明していた無知に基づく未熟な考えであり、あらゆる時代の戦争についての半分ほどの妥当な分析と矛盾するおそれがある。

戦争は他の手段による政治の継続である。あらゆる戦争は、それを発生させた政治的な秩序と不即不離《ふそくふり》の状態でつながっているのだ*8。

レーニンの精神を引き継いだソ連の戦略家A・A・スヴェーチン（A. A. Svetchin）は、一九二七年からクラウゼヴィッツが戦略思想への貢献を褒《ほ》め称《たた》え始めており、ビューローやロイドたちのような戦略思想家と比較して、クラウゼヴィッツのそれを「コペルニクス的革命」だと呼んでいる*9。

同じような知的伝統を受け継いだ毛沢東《もうたくとう》も、クラウゼヴィッツの考えを熱心に取り上げている。「〝戦争は他の手段による政治の継続である〟という言葉で示されているのは、戦争が政治であり、戦争そのものが政治的な様相を帯《お》びた行動であるということだ。人類の歴史が始まって以来、政治的な性格を持たない戦争はなかった」のである。それでも毛沢東にとって、戦争は特別なものであり、「政治全般とそのまま同等視できるものではなかった」という。そこから彼は「政治は血の流れない戦争であり、戦争は血の流れる政治である」と結論づけている。これはつまり「戦争には特定の力学の働くシステムとでも言うべきものがあり、戦争の遂行には特定の手法のまとまりがあり、戦争には特定のプロセスがある」ということになる。そして彼はこの分析を、第二次世界大戦中の対日戦争との文脈の中で発展させたのだ。

もし政治が今までのやり方では続けられないような段階に至ると、戦争が勃発《ぼっぱつ》し、政治面での障害は無視されることになる。したがって中国の半独立的な立場は、日本の帝国主義の発展にとって障害だったのであり、日本はその障害を取り除くために、侵略的な戦争をしかけてきたのだ。では中国の場合はどうであろうか？帝国主義者たちの束縛《そくばく》は長年にわたって資本階級による民主革命にとっての障害となっていたのであり、だからこそ中国ではその障害を排除することを狙った解放戦争が多く発生してきたのだ。日本が中国を迫害するため、そして中国の革命の進行を止めようとして戦争という手段に訴えている今、われわれは日本に対抗するための戦争に追い込まれたのであり、この障害を取り除くための決意を固めなければならなくなったのである。障害物が取り除かれ、政治的な狙いが獲得されれば、戦争は終わることになる。ところがその障害が完全に取り除かれなければ、戦争はその狙いが完全に達成されるまで継続するのだ*10。

毛沢東はクラウゼヴィッツから「戦争を政治から片時も切り離して考えてはならない」という教訓を得たのである*11。

似たようなアイディアが、その正反対の極端な政治的な立場からも聞こえてくる。ファシストであり、国家社会主義ドイツ労働者党（ナチス）に親近感を持っていた哲学者で、法律家でもあったカール・シュミット（Carl Schmitt：一八八八～一九八五年）は、クラウゼヴィッツの考えを似たような形で採用している。彼は政治の中に永続的な紛争の可能性、つまり戦争を見たのであり、それによって政治を関連づけて考えた。クラウゼヴィッツの政治と戦争の関係についての考え方についてコメントする際に、シュミットは「政治（これには国内政治も含まれる）が軍事紛争の潜在性によって支配されており、これが政治の議論を先鋭化《せんえいか》させ、それらを抑制《よくせい》するものである」とした。シュミットは後の冷戦時代に入ってから、クラウゼヴィッツや、とりわけ国際法が、国家間の戦争に注目しすぎていることを批判している。彼はそれを「本物の戦争」と比較した形で「従来のゲーム」（conventional game）と呼んでいる。そもそも「本物の戦争」とは強烈な憎悪から触発されたものであり、この時代になると内戦や反植民地戦争という二つタイプの戦争の中にしか見ることができず、国際法ではあまり注目されていないと考えたのだ。晩年のクラウゼヴィッツは敵軍の最後の一兵卒まで物理的に打倒する必要はないとしており、その代わりに敵の考えを変えることの重要性を主張した。それに対してカール・シュミットは、自身の「本物の戦争」の定義には「敵を殲滅《せんめつ》したい」という欲望が込められているとしたのである*12。

フランスの哲学者ミシェル・フーコー（Michel Foucault）は、レーニンと同じように「戦争が政治の継続である」と主張しており、「人間は互いに対して永遠に戦争状態にあり、この戦いは社会全体のあらゆるところで繰り広げられている……したがってこの戦いはわれわれ個人を必ずどちらかの勢力の中に追い込んでいる。よって、中立な立場の人間は存在せず、誰かは必然的に誰かの敵対勢力となる」と述べている*13。ところが同じくフランスの知識人であるエマニュエル・テレイ（Emmanuel Terray）は、以下のようなコメントをしている。

クラウゼヴィッツは政治と戦争の間には継続性と類似性があると述べているが、彼の「政治」という言葉は、結局のところ「外交」という意味である。もし国内政治が戦争状態に似ているとすれば、それはただ単に（社会の）悲惨な失敗によるものであろう。この考えに従えば、クラウゼヴィッツは戦争と社会の間には明確な区別があると認めてもいいはずだ。ところが、紛争は政治――国内と国家間において――と不可欠であると考える人々は、このような区別を否定したり過小評価するような傾向がある。したがって彼らはクラウゼヴィッツの考え方から離れることになるという議論も成立する。ところがそのような議論に門戸《もんこ》を開いたのは、皮肉なことにクラウゼヴィッツ自身なのだ＊14。

❇クラウゼヴィッツの世界観

『戦争論』は極めて独特な世界観を打ち出している。それは「国家が最も重要な役割を持っている」というものだ。ところがクラウゼヴィッツ自身は自らの戦史の分析において、国家は時代ごとに異なるまとまりの度合いを持っていたことや、さらには同じ時代でさえも、共和国同士はいくつかの独裁国家と比べて戦争ができなかったことや、戦争を実行しにくかったことを認識している＊15。たとえば『戦争論』の第六篇（第六章の第五節）で、クラウゼヴィッツはヨーロッパの国家間のシステムに関する見解を披露《ひろう》している。彼は国家間のパワーや利害による均衡的なメカニズムの存在を否定しながらも、システムの存在そのものは認めており、それを「衝突する利害の網目《あみめ》」のようなものとして描いている。そこではすべての結び目が国家同士の国益の衝突する焦点としてシンボル化されており、国家が異なる方向へ利害の糸をそれぞれ引っ張るため、この網目には多方向へ牽制《けんせい》するバランスがあるというのだ。ある国がこの力の配分を変えようとすると、それはその他すべての国々からの抵抗に合うことになる。つまりシステム全体は変化を拒否しようとする傾向をもっており、そのシステム全体の利益に貢献しようとするという。クラウゼヴィッツは、このシステムが時としてヨーロッパ全体を支配しようとする一国の力に負けてしまうことを認めている。それでも全体の集合的な利益のために作用しようとするこのシステムの傾向が、その中で常に復活するはずだと主張している。「列国全体の総利害が時として個々の利益を保障し得なかったことがないわけではないが、これは列国全体の生存における一種の変調期にすぎず、そのために列国全体の生存が脅かされるようなことはなく、かえって列国全体の生存によってそれが克服《こくふく》されて終わるのを常としてきたのである」*16。

よって、クラウゼヴィッツにとって戦争というのは、国家間の関係において普通に存在するものであった。ところが彼はホッブスやルソーのように、無政府状態《アナーキー》にある国家間関係の「常態《じょうたい》」であるとまでは見なしていない。クラウゼヴィッツにとって、戦争はヨーロッパの国家同士のライバル関係や利害の不一致によって起こる可能性を持ったものであり、実際のその通りだったのであるが、それでもそれは唯一可能な結果ではなかったし、すべての戦争は、どちらか一方の国の殲滅を狙って戦われたということでもなかったのだ。「観念主義者のクラウゼヴィッツ」は、フランス革命とナポレオンに関する戦争、つまり一七九三年の「総動員令」によって国民を総動員して敵の攻撃から国家を防衛しようとしていたことを知っていて、これについて書いていただけだ。三十年戦争で住民が虐殺されたマグデバーグ近郊のブルクという町で生まれたクラウゼヴィッツは（この虐殺については彼自身の戦史研究でも触れられている）、民間人を犠牲者にする戦争を個人的にも知っていた。後備軍（**Landwehr**）の必要性や、フランスの占領からプロイセンやその他のドイツ語圏の土地を解放するための「人民戦争」を唱《とな》えていたにもかかわらず、クラウゼヴィッツ自身は敵国の国民を狙った攻撃を決して正統性《レジティマシー》のあるものとしては見なさなかったのである（この点については第5章で再び論じる）。

クラウゼヴィッツの戦争についての非倫理的な議論は、彼の生きていた時代の政治的な現実だけでなく、当時の国際法の立場も反映されていた。つまり国家の主権の基盤は、宣戦布告や講和を行える軍事力行使の権限にあり、第一次世界大戦までは「国家の政治的利益を推し進める手段としての戦争」を禁じる国際的な協定は存在しなかったのだ。「キリスト教の君主間における平和は望ましいもの」であり、「正当な理由がなければ違法化されるべきである」とする中世キリスト教の考えは長年忘れられており、「国家間の正統なツールとしての戦争は解消すべきだ」という合意が復活するには、一九二八年のケロッグ協定まで待たなければならなかったのである*17。

❊クラウゼヴィッツの社会像

したがって、クラウゼヴィッツは戦争を通常の社会的な営みとして見たのだが*18、これは彼の望ましい社会像が一体どのようなものであったのかという疑問にもつながる。ところが彼の著作の中にこの答えを探そうとしても難しく、たとえば戦いを徹底的に非政治的な形で説明しようとした『戦争論』には、クラウゼヴィッツ自身の「政治的な理想」というものがほとんど描かれていない。これについてピーター・パレットは「クラウゼヴィッツの理論の応用性の高さは、それが特定の政治イデオロギーを超越したものであるからだ」と正しく指摘している*19。ところが『戦争論』で完全に欠如《けつじょ》しているのが、倫理や道徳などについての考えだ*20。マキャベリの信奉者であるクラウゼヴィッツは、「国家は攻撃的なものであり、もしいくつかの国家が攻撃的であるならば、その他の国々は自らの身を守るしかない」と認めているだけだ。クラウゼヴィッツにとって戦争は、外交や貿易のように、国際政治において日常的に発生するものだった。彼の場合、倫理や道徳のような人間の精神的な面について書いたことといえば、軍隊や戦争に関わっている国民の「士気」についてである。実際、彼にとって問題だったのは、国民がどれほど戦争に関わり、戦争を支援できるのかという「度合い」の方であった。民間人を「後備軍」へと動員することがフランスの猛攻撃に対する唯一の対処法であったため、クラウゼヴィッツはこれこそが無制限な戦争の狙いを持っていた敵を退けるための唯一の方法だと見なした。もし相手が国民を総動員して無制限な軍事力の行使を行ってくるのであれば、その対抗策は同じようなことを行うことだけだ。実際にオーストリアとプロイセンはそのようなことを実行したし、スペインの場合はゲリラ戦のように、通常とは違った手段を使って国民を動員したのである*21。したがって、クラウゼヴィッツはフランスの戦争方法に対して苦々《にがにが》しい思いを抱きつつも、畏敬《いけい》の念を込めて書いており、それを「観念上の戦争」という、いわば戦争の究極の「モデル」として考えるようになったのだ。

もちろん『戦争論』の中では、不必要な流血を避けたいと考える人々に対するわずかな同情は散見されるが、それでもクラウゼヴィッツは厳しい現実の世界において、そのような態度をとることは、必要悪というよりもむしろ危険なことであると感じている*22。堕落《だらく》した文明国家が強固な野蛮人と対決した際に明らかになる「脆弱性《ぜいじゃくせい》」は、エドワード・ギボンが『ローマ帝国衰亡史』を出版してから広く知られていたものであり、同じような考えは『戦争論』にも見てとることができる。それでもクラウゼヴィッツは「文明的な行動」と呼べるものをいくつかの箇所で説明しており、しかもそれを評価している。

文明国民は捕虜を殺害したり、都市や田園をむやみに破壊したりはしない。しかしそれは理性が戦争遂行に介入してきて、むき出しの本能的暴力よりさらに効果的な暴力行使手段のあることが見出されたからにほかならない*23。

その他に、クラウゼヴィッツは「軍事的天才はどのような国で出てくる可能性が高いのか」という問いを提起している。ある野蛮な民族が好戦的であれば、その軍事的な精神がその民族に広く浸透しているということになる。ところが彼らは本物の「軍事的天才」をそれほど生み出していない。したがってクラウゼヴィッツは、民族が文明化されていて、しかも好戦的な場合に「軍事的天才」が生み出される可能性が高まるとしている。その例として、彼は古代ローマと、自分の生きていた当時のフランスを挙げている*24。よって、クラウゼヴィッツにとって「最も成功した国家」というのは、**文明化していると同時に好戦的な**国家であるということになる。しかもクラウゼヴィッツ自身は、好戦的な精神自体を好ましいものとして見ていたのだ。ここで我々が忘れてはならないのは、クラウゼヴィッツが属していたプロイセンは、ナポレオンと対峙していたにもかかわらず好戦的ではなかった、という事実だ。プロイセンは一八世紀の慎重なルールに従う形で戦っていただけであり、徴兵された兵士ではなくプロの軍人だけで戦い、そしてフランスによって明確に打ち負かされたのである。クラウゼヴィッツはこれらの事実を踏まえながら、苦々しい思いを持って以下のように書いている。

現代においては、国民を大胆にする手段としては、ほとんど戦争以外に、しかも大胆な指導のもので の戦争以外にはない。つまり、福祉の増進と交通の活発化のうちにあって国民を堕落させる柔弱な心情、快感の欲求などを阻止するには、大胆な指導によるほかはないということである。

国民の性格と戦争に対する習熟とが相互作用を保ちえている場合にのみ、国民は国際的政治世界で確固たる位置を占めることができるのである*25。

ドイツにおける民族主義の台頭は、とりわけ一九世紀に目立ってくるようになったが、このような背景を踏まえれば、この文章は当然ながら「ダーウィン主義」的な解釈を導き出すものであり、それは国家の軍国主義の正当化や、戦争の美化、そして軍の神格化につながる。ところがクラウゼヴィッツはそれらを、自国の苦い敗北と屈辱《くつじょく》から生み出された自分の世界観から論理的に導き出されるものであると見なしていたのかは疑問だ。

フランス打倒のためにクラウゼヴィッツは「後備軍」という国民による鎮守《ちんじゅ》軍の創設を提唱し、これを記す際に、国民の大規模な動員によって社会革命の可能性が出てくることを認識していた。ところが彼の筆致《ひっち》からは、このような大衆の熱狂を愛国的なものに変えて、自らが属する軍のエリート層を含んだ社会と立憲君主体制を維持できる、と考えていたことがよくわかる。クラウゼヴィッツは、もし国民が君主に対して社会における自らの立場を従順に受け入れる、いわゆる「市民の服従」に慣れていれば、国防目的での動員はかなり効果的であると考えていた＊26。彼はプロイセン王国の政府を、フランス共和国のような直接選挙で選ばれた代議士のような人々ではなく、当時のイギリス議会のような、寡頭政治的な形で選ばれた人々によって構成したいと思っていた。このような体制ができれば、プロイセン政府は国内の傲慢《ごうまん》な反乱勢力から自らを守り、彼らの存在を気にせずに敵と戦えるようになるからだ＊27。自身も反革命派であったクラウゼヴィッツは、一七八九年から一九世紀半ばまで革命が盛んに行われていた欧州では「大改革に本気で取り組み、それをリードできる君主だけが生き残ることができる」と記すほど、現実的な見方をしていたのである＊28。

❊三位一体 ―― 暴力／チャンス／政治目的

ナポレオンは（全体的には陳腐《ちんぷ》なものが多い）自著の中の一つ「格言」の中で、「歴史が証明しているように、軍隊は常に国家を守ることはできない。ところが国民によって守られている国家は無敵である」と記している＊29。

クラウゼヴィッツ自身もこの事実を最初に体験した戦争で目の当たりにしており、伝統的な旧体制《アンシャン・レジーム》の軍隊と、イデオロギー面でもやる気に満ち溢《あふ》れた民間人によって構成された、全く異質なフランスの軍隊との衝突を見たのである。一八世紀を通じて、民間人は戦争の影響をほとんど受けておらず、しかもこの傾向は、それ以前やその後の時代と比べても強かった。ただしクラウゼヴィッツが気づいていないと思われる例外もあった。それは例えばアメリカの独立戦争であり、この戦いでは多数の民間人が戦闘員として戦っていた。また「カロデンの戦い」の後に引き続いて起こったジャコバイト派の反乱（一七四五〜四六年）の鎮圧でも、民間人への影響は大きかった＊30。ところが全般的にいえば、フリードリヒ大王時代のプロイセンの軍事行動は一般の民間人にほとんど害を与えていない。

シャルンホルストの最初の授業で、クラウゼヴィッツは一七九〇年代の戦争が大きく変化していたことを説明された。クラウゼヴィッツ自身の言葉によれば、「フランス革命が対外的に莫大《ばくだい》な影響を及ぼしたのは、明らかにその用兵が新しい見解のもとに新しい手段によっておこなわれたからというより、むしろ政治技術や行政技術が一変し、政府の性格、国民の状態が変化した」からである＊31。

ここから彼はよく引用される「奇妙な三位一体」の理論を作り上げ、戦争は以下のような要素に支配されていると説くのだ。

・盲目的自然衝動と見なし得る憎悪・敵愾心といった本来的激烈性《げきれつせい》
・戦争を自由な精神活動たらしめる蓋然性《がいぜんせい》・偶然性といった賭《かけ》の要素
・戦争を完全な悟性《ごせい》の所産たらしめる政治的道具としての第二次的性質

これら三側面のうち、第一のものは主として国民に、第二のものは主として最高司令官とその軍隊に、第三のものは主として政府にそれぞれ属している。戦争に際して燃え上がるべき激情は、戦争に先立ってすでに国民の中で醸成《じょうせい》されていなければならない。偶然という蓋然性の領域において、勇気と才能とがどれほど活動し得るかは最高司令官とその軍隊の特性に依存している。そして政治目的は政府にのみ所属するものである。

結果としてクラウゼヴィッツは、戦争の理論はこの三つの要素の相互作用を考慮《こうりょ》にいれなければならないと結論づけたのである*32。

レイモン・アロンによれば、クラウゼヴィッツはこの三位一体的な分析を「絶対戦争」だけに適用したのであり、国民が関与していない戦争については(彼自身の文章には暗黙の前提となっているにもかかわらず)*33深い分析を行っておらず、さらには国民と戦闘員の境目《さかいめ》がほとんどない「人民戦争」における「三位一体」の役割についても十分な考察を行っていないという。それでも「クラウゼヴィッツの戦争の理論の中の最大の概念」と賞賛されることも多いこの一次的な「奇妙な三位一体」――「盲目的自然衝動と見なし得る憎悪・敵愾心といった本来的激烈性」「戦争を自由な精神活動たらしめる蓋然性・偶然性といった賭の要素」「戦争を完全な悟性の所産たらしめる政治的道具としての第二次的性質」――は、後世の多くの戦略家たちにインスピレーションを与えたのだ*34。

ところがそれよりも注目されたのは、クラウゼヴィッツの「二次的な三位一体」と呼ばれる「国民」「軍隊」「政府」という要素の方であった。毛沢東はこの考え方に感銘《かんめい》を受けて、戦闘員と国民全般との間の流動的な関係性について研究するようになっている。毛沢東の「偉大な人民戦争」という概念にとって、人民を革命という目的のために動員するのは不可欠なことであった。人民は「敵を溺《おぼ》れさせるための巨大な海」にしなければならないというのだ。そしてそのためには「政治的動員と戦争の流れ、そして兵士の生活と大衆を関連付けて、長期的な運動とする」必要があるという*35。これによって毛沢東は、クラウゼヴィッツに欠けていた大衆の動員についての考えを補《おぎな》っている。クラウゼヴィッツはフランス人やフランス革命の民主共和制への嫌悪感《けんおかん》から、その革命的イデオロギーの力を指摘することを常に避けており、「政治技術や行政技術が一変し、政府の性格、国民の状態が変化した」と慎重な分析をしているだけだ*36。その反対に、毛沢東は「イデオロギーこそが動員されるべき大衆の主な動機となる」と考えた。

クラウゼヴィッツの「**二次的**三位一体」である「国民」「軍隊」「政府」は、それがあまりにも広く知れ渡ったために、むしろ「**一次的**な三位一体」を忘れさせてしまうところまで行っている。この典型が、アメリカのベトナム戦争での失敗をクラウゼヴィッツの観点から分析したハリー・サマーズ（Harry G. Summers Jr.）の著作である。とりわけサマーズは「民主制国家では、国民や政府全体が戦争の狙いを（明確に定義した形で）認識し、それを戦地に送られる軍隊と共有していないと、長期的な戦争は不可能である」と強調しているほどだ*37。

国民、軍、政府を区別するということは、そこにはすでに「国民と軍隊を持った国家」を前提としていることになり、その軍隊は「武装した国民」とは異なることになる。マーチン・ファン・クレフェルト（Martin van Creveld）とジョン・キーガンは、この部分こそ内戦をはじめとする国家レベル以下の紛争における分析アプローチに欠けているものであることに気づいた。さらにいえば、国民・軍・政府という考えは、徴兵制がなくてプロの軍人のいる国家（よって国民と軍隊は同一ではない）を想定したものだった。そうなるとこれは、一六四八年のウェストファリア条約の国家主権の事実上の認定の、いわゆる「近代世界」の始まりよりも前に存在した、たとえばギリシャやイタリアの都市国家からローマ帝国や神聖ローマ帝国までの、多くのタイプの社会には当てはまらないことになる。またこれは、歴史的にも常に存在し、とりわけ一九四五年以降も最も犠牲者を出してきた、正規軍が非正規軍と戦うような「非正規戦」や、部族間やギャング同士の争いにも当てはまらない。そもそも欧州以外の文化圏では、一九世紀の欧州列強の植民地化や二〇世紀の元植民地の政治的独立が始まるまで、「国家」という概念そのものが全く馴染《なじ》みのないものであった。だからこそクレフェルトは、クラウゼヴィッツの「三位一体」は、歴史のほとんどの時代やそこで行われた戦争に当てはまらないと論じたのだ。そしてクレフェルトとキーガンは、「三位一体」戦争は、数ある戦いのうちの一つの形でしかなく、しかもそれがきわめて特殊なものであると論じたのである＊38。

「非三位一体」戦争は、大抵の場合が「低強度戦」（Low Intensity Warfare）という大きな枠組《わくぐみ》の中で論じられるが、その中の多くのケース——たとえば一九九〇年代半ばのルワンダの民族虐殺のように——では、「高強度戦」（High Intensity Warfare）と同じくらいの数の犠牲者を、とりわけ一般国民の間で生み出している。このような紛争は、国家がまだ未発達の地域、つまり「第三世界」の国々や、国家が挑戦を受けている北アイルランドやトルコのような場所で発生することが多い。したがって、クラウゼヴィッツの原則から想定される「軍事行動を完全に統制している国家」の存在というのは、時代や場所においても限定された現象なのである。そしてこのような「国家」は、たしかに二一世紀になっても多くの西側諸国で存続していくことになる可能性は高いが、それでもクレフェルトの予測にあるように、彼らが自国内のテロリストからその外で戦争を起こすような存在まで、準国家的な敵、もしくは単なる非国家的な敵に直面することは多くなりそうだ。二〇〇一年九月一一日のテロ攻撃は、このようなクレフェルトの予言的著作の正しさを証明したといえよう。

したがって、クレフェルトはクラウゼヴィッツの著作の重要な弱点を指摘したことになる。より具体的に言えば、それはクラウゼヴィッツの戦争における国民の関与についての指摘の少なさの部分だ。クラウゼヴィッツは、国民がフランス革命やその後の戦争の主な力になっており、戦闘員の支持者であったと見なしているが、彼らが犠牲者になるという点については考慮していない。ところが空爆の時代が始まると、戦闘員と非戦闘員の区別が困難となり、「戦争は戦場で決せられる」というクラウゼヴィッツの世界は、国全体が戦場になるようなものに変化してしまったのだ。クレフェルトが指摘しているように、「戦争目的のために戦闘を使う術」というクラウゼヴィッツ式の戦略の定義は、そもそも武器が誰にでも入手可能ではなく、戦場も特定の場所に存在し、会戦や小競り合いと呼べるようなもの、そして基地、軍事目標、特定の兵站線など、過去や将来における「非三位一体戦争」にはすべて欠けているものの存在が大前提とされていた。またクレフェルトは、戦争におけるその他多くの面を構成する、捕虜や占領地における市民の扱いなどは、歴史の中で何度も変化してきたことを指摘している。したがってクラウゼヴィッツが戦争における特定の制限（たとえば捕虜や当時の市民の扱いについての規定など）を前提としていることは、戦争全般に存在する問題への解決法に目が向けられていないということにもなる＊39。

もちろんクレフェルトはクラウゼヴィッツの多くのアイディアを認めており、とりわけ摩擦《まさつ》の概念から、戦争準備と戦争の実行を刀鍛冶《かたなかじ》と剣術家との関係に比較する点などが優れていることを指摘している。ところが彼は、それぞれの戦争においてその狙いが明確に定義できるものであるかどうかについては否定的な姿勢を崩していない＊40。クレフェルトから見れば、クラウゼヴィッツは暴力によって引き起こされる人間の情動について（それを強調しているにもかかわらず）過小評価しており、複雑な政府の意思決定プロセスによって規律を受ける文化のない国では戦争が目的そのものになっている、と指摘している＊41。クレフェルトによれば、三位一体戦争（制度の整った国同士の政府、軍隊、国民を巻き込んだ戦争）の消滅によって、古典的な戦略も消滅するというのだ。したがって、すべての戦争が明確な戦争目的を持つことはなくなるのだが、これは「戦争をしたい」と**願う**人々にとって、戦争目的は単なる言い訳にすぎないということになるのではないだろうか？＊42。

まとめると、クラウゼヴィッツの「二次的三位一体」を使えば、旧体制《アンシャン・レジーム》の戦争や、アメリカのベトナム戦争において、なぜ広範な国民からの支持が欠けていたのかを説明することができるし、その概念をさらに発展させれば、政府と国民の関係性の力学や、政府と軍の関係性などを説明・分析するのに使えそうだ（これについてはこれから本章でも論じる）。ところが見方によれば、このモデルはあまりにも融通《ゆうずう》が利かない、極めて限定的なものであると言える。それでもエドワード・ヴィラクレス（Edward Villacres）やクリストファー・バスフォード（Christopher Bassford）が挑発的な記事の中で論じているように、本当にわれわれが注目すべきなのは、「二次的」ではなく「一次的」な三位一体の方であり、「二次的な三位一体」があらゆる形の戦争に当てはまらないからと言って、クラウゼヴィッツを時代遅れであるとしてしまうのは、やはり無理があるのだ＊43。

❇最高指揮官と戦時内閣 —— 優先するのは政治か軍事戦略か

クラウゼヴィッツは政軍関係について、さらに優れた知恵を示している。たとえば『戦争論』の中で、以下のような説明をしている。

兵術は、最も高い立場に立ってこれをみるとき、政治となる。ただし、外交文書を交す代わりに会戦を交すところの政治となるということである。

この見解からすれば、大軍事事件やそれに対する作戦については純粋に軍事的な判断が可能である、といった主張は許されないばかりでなく、有害でさえあると言えよう。実際、戦争計画立案の際に軍人に諮問《しもん》し、内閣の行うべきことについて純粋軍事的に批評を求めようとするのは、不合理なやり方である。しかも、既存の戦争手段を最高司令官に委託《いたく》し、この手段に応じて戦争あるいは戦役《せんえき》の作戦が純粋軍事的にたてられるべきであるとする理論家は諸氏の要求に至ってはその不合理さを評すべき言葉がない。一般の経験からしても明らかなごとく、今日のごとく複雑にして発展した戦争にあっても、戦争の基本線は常に内閣によって、専門的に言うなら、軍事当局ではなく、政務当局によって決定されるべきものである……。

戦争のための主要な作戦計画のどれ一つとして、政治的関係の洞察《どうさつ》なしに立案され得るようなものはありはしないからである。したがって、政治が戦争の遂行に有害な影響を及ぼすなどという非難はその言い方を誤っている。もし非難されるべき事態があるとすれば、それは政治そのものなのである。政治が正しくその目標にかなっていれば、それは必ずや戦争に有益な影響を及ぼさずにはいられない。この影響が目標から外れていれば、その原因は政治の不正のうちにこそ求められるべきなのである。

ただ、政治がある軍事的手段および処置に対して、誤った、その性質に合致しない効果を期待する場合だけは、この規定づけによって戦争に有害な影響を及ぼし得る。外国語に習熟していない者は時に正しい考え方を抱いていながら、それをうまく表現できないことがあるが、それと同様に、政治もしばしばその本来の意図に合致しない処置をとることもあるのである……。

戦争は政治の意図に完全に合致すべきであり、政治はその手段たる戦争に無理な要求を押し付けるようなことがあってはならないとすれば、政治家と軍人とが同一人のうちに体現されていない限り、とるべき手段はただ一つしかない。すなわち、最高司令官を内閣の一員として加え、それによって軍の重要な行動の決断の際に内閣を参加させることだ＊44。

よってクラウゼヴィッツ自身は、文民政府が軍の最高指揮官のやり方を決定すべきであると考えていたことになる。ところが一八五三年に出版された『戦争論』の第二版では、ブリュール伯爵がその他の修正と共に、この最後の部分を以下のように書きなおしている。

最高司令官を内閣の一員として、主要な評議や決議に参加させることである*45。

ところがこれはクラウゼヴィッツの意図した意味とは明らかに違うものであり、一八二七年一二月二二日の手紙にもそれを読み取ることができる。

政策に関する兵術の任務と権利とは、政治家たちが自分たちの使用する手段が及ぼす効果について無知であることから、戦争の本質に反することを要求したり、それによって兵術の使用を誤るのを防止することに主な役割がある*46。

クラウゼヴィッツはすでに一八一五年の時点でも、「文民政府は軍事作戦をうまく遂行できないという考えは誤りである」と書いており、その例として革命後のフランス政府を挙げている*47。また、初版の第八篇の第六章Bには「政治はそれだけでは意味のないものであり、これら一切の利害の代弁者として他の国家に相対するものにすぎないものだからである」というコメントもある*48。

ブリュール伯爵による修正は、プロイセンをはじめとするドイツ諸侯で当時盛り上がりつつあった軍国主義的な文化が反映されていた。プロイセンではすでに「戦士の王」と称されるフリードリヒ二世（大王）が軍を強化していたのだが、一九世紀半ばから後半には、ドイツ社会の中で軍の地位がさらに高まっていた。クラウゼヴィッツ自身でさえも、軍の士官である自らの立場を貴族と同じくらい高いものであると誇りを持っていた。また、当時は下士官でさえも、たとえば市長や閣僚たちを含むあらゆる市民よりも優先的な地位を与えられていた。プロイセン社会は、ハンス・ウルリッヒ・ヴェーラー（Hans-Ulrich Wehler）が述べた「社会軍事化」の道を突き進んでいたのであり、軍の指揮官はさらに大きな尊敬を集め、文民のリーダーたちは軍に比べて社会的信用を失っていた。プロイセン軍の成功は、プロイセンとドイツ国家（軍人が民間人よりも高い地位を多く占めた）の台頭との結びつきを作り出し、男子として公の場には軍服で出るようになったプロイセンの王や、後のドイツ皇帝の一族でさえ軍への関与が禁止されている。第二帝政の最初の首相であるビスマルクでさえ、軍服を着ていなければ多くの場所で無視されるようになったほどだ＊49。これと同じような傾向がヨーロッパ大陸内で広く見られるようになったことは明記しておくべきであろう。フランスの学者であるラウル・ギラード（Raoul Girardet）も、フランスのことをヴェーラーにならう形で「軍事社会」と呼んでいる＊50。

フォン・マントイフェル大佐（von Manteuffel：後に元帥）は、当時の「時代精神」を忠実に反映しながら、プロイセンのフリードリヒ・カール皇太子（Prince Frederic Charles）が一八五六年から五七年にかけての対スイス戦争を計画したことに対して、以下のようなコメントを残している。

殿下は政治が主な狙いであり、戦争はその狙いを達成するための手段だと仮定されております。たしかに戦争で決着をつける前に政治が決着をつけなければなりません。それを終わらせるべきか、そしていつ終わらせるべきか、それとも継続するのかという問題においては、政治も発言力を持つわけです。ところが剣が振り下ろされると、戦争……は最重要の位置を占めるようになり、完全に独立的な立場を得て、政治はその下僕《げぼく》となるのです。ある政治目標に到達するための単なる「手段」としての戦争は、決して本物の戦争ではなく、いわば重要な示威《じい》行動でしかないのです。このような戦争は、決して何かしらの結果を導き出すものではありません。目的を達成するにはわざわざ戦争に訴えかける必要がなく、相手国を本物の抵抗なしに占領したいだけの状況、つまりどちらかが軍事的に圧倒的に有利かどうかを示すような示威行動に出ればいいだけの政治状況であるからです。もし戦争が最も重要なものであれば、その本質を完全に把握《はあく》しなければなりません。そしてその唯一の狙いは敵の殲滅であり、この目的のためにすべての努力を注がなければならないのです*51。

すでに指摘したような『戦争論』の第二版の書き換えが行われていたことが判明したのは第二次世界大戦後のことであり、それを発見したのは、クラウゼヴィッツ研究の第一人者であるヴェルナー・ハールウェグ（Werner Hahlweg）である。ところが軍の最高指揮官と文民政府との関係に関する議論は、百年間にわたってドイツ国内の政治の議論で活発に取り上げられていた。

❇文民・軍による指揮 —— ビスマルクとモルトケの衝突

この問題についての最も有名な実例の一つが、プロイセン、そしてのちのドイツの首相となったビスマルクと、軍の参謀長を務めた大モルトケとの関係である。皮肉なことに、ビスマルクは「クラウゼヴィッツを一度も読んだことがなく、優れた軍人であったこと以外はほとんど何も知らなかったことを恥じていた」という*52。ところがモルトケは、クラウゼヴィッツが校長を務めていた時代にプロイセンの陸軍大学で学んでおり、彼を最も尊敬していると口外《こうがい》していたくらいだ。ところがモルトケが読んでいたのは『戦争論』の第二版だけであり、クラウゼヴィッツの本来の意図とは正反対の意味の政軍関係を学んでいたのだ。彼はすでに抽象的な戦いの理論よりも、実際的な問題の方が常に重要であると見なしていた。

プロイセン王（一八七一年以降はドイツ皇帝）の圧倒的な権威の下で戦争省長官を排除《はいじょ》したモルトケとビスマルクは、不安定なリーダーシップの三角形のうちの二つの頂点を、強い個性を持った性格を衝突させるような形で構成していた*53。モルトケは対デンマーク戦争（一八六四年）用の最初の作戦計画を立てた際に、「外交交渉や政治面での考慮は、軍事作戦の進行を妨げてならない」と記している*54。さらに一八七一年一月二九日にヴィルヘルム国王に対して書いた覚書の中で、モルトケは以下のように書いている。

私は首相（ビスマルク）と私との関係を明確に決めていただいたほうが良いと考えております。私はこれまで、参謀本部長（とりわけ戦時）と首相というのは、陛下の直接の指揮下にあって、互いに平等な立場で情報を交換する、独立した機関としての役割を保証されていると考えておりました*55。

モルトケの態度は、一方の手を後ろに縛《しば》られた状態で戦いたくないという気持ちと、同時に「限定的な軍事目標でさえもその追究の際には十分な手段を与えてほしい」とする、当時の軍が組織的に持っていた懸念を反映したものである。クラウゼヴィッツの限定的・非限定的な政治目標と、これらを追究する上で使われる限定的・非限定的な軍事手段という区分けは、軍のリーダーたちにとってはあまり喜ばしいものではなかった。なぜなら彼らは、もしそれが最も容易な方法であり、しかも味方の犠牲を最小限に押さえることができそうであれば、喜んで金槌《かなづち》でハエを叩くことも厭《いと》わない人々だからだ。たしかにモルトケは、クラウゼヴィッツの「戦争の二重の本質」を完全に否定したわけではないが、それでもそれを「有限な手段の量と質が軍事目標を決定すべきだ」という言葉として単純化したのである*56。

したがって、実際のモルトケの考え方は「理想主義者のクラウゼヴィッツ」のものに近かった。普仏戦争直後に記した戦略についてのエッセイの中で、彼は以下のように書いている。

政策はその目的のために戦争を使うものだが、それは戦争の最初と最後だけに決定的な影響力を持つものであり、いわば戦争の流れの中で、要求を増加させたり成功をつぶすことを可能にするという特権を保持し続けていることになる。この不確実性を踏まえて考えれば、戦略というのは、持てる手段によって獲得できる最高の目標を目指すための努力を常に導くことしかできないのである。そういう意味から、戦略は政策の目的の達成のために最も役立つものであるが、それが実行されている時は、政策から完全に独立しているものだ＊57。

普墺《ふおう》戦争の開始（一八六六年の六月二日）からのプロイセン王の指示は「参謀本部が直接部隊に命令を与えよ」というものであり、「陸軍省の認可は得なくてもよい」というものであった。この命令は、戦争の合間にも継続された＊58。普墺戦争中にビスマルクは、軍が「自分たちの問題だ」とみなしている案件に対して何度も介入を行っており、手続き的な問題を理由に彼らの計画に異論を挟《さしはさ》んでいた。「ケーニヒグラーツの戦い」の後にビスマルクは軍の会議にも参加するようになり、これはプロイセンのヴィルヘルム王に大きな尊敬を受けていたモルトケにとっては非常に目障《めざわ》りな状態であった。実際のところ、参謀本部は将来の軍事関係の問題について「政治指導者にここまでの権利を与えるべきではない」というところまで合意している＊59。そのため、ビスマルクは普仏《ふふつ》戦争（一八七〇～七一年）の時には王と軍の指揮官たちの間の会合には呼ばれなくなってしまった。「セダンの戦い」のあとにビスマルクは、自分が重要な情報を与えられていないことに気づき、モルトケに対して「軍事関連の情勢の進捗《しんちょく》状況について継続的に情報を受け取れるようにしていただきたく、もしこれが不可能であるようであればベルリンの報道機関向けの電信（わたしはこの新しい情報を五日後に新聞で読んでいるほどだ）を受け取れるようにしていただきたい」と要求している＊60。ビスマルクはナポレオン三世（Napoleon III）のフランス皇帝としての地位を奪うつもりはなかったし、アルザス地方のドイツ語圏とロレーヌ地方の要塞都市メッツについて、限定的な領土の割譲《かつじょう》しか求めていなかった。ところがナポレオン三世はこの要求に応じることは不可能であると感じており、交渉は頓挫《とんざ》してしまった。その後も戦争は続いたが、一八七〇年の九月から一二月にかけて、議論の焦点はパリについての対応に移ってきた。モルトケはパリ包囲を進めたがっていたが、それを実力行使する際に味方に多くの犠牲が出るのはまずいと考えていた。なぜならフランス側は次第に民族主義に刺激を受けた「国民戦争」の色を強めており、そのために兵力を温存《おんぞん》する必要があったからだ。それに対してビスマルクは、パリを軍事力で奪取したいと考えており、これは一八七一年一月に実際に実現することになった。ただし彼はモルトケがフランスの抵抗意志を破壊するために必要であると考えていた「プロイセン軍によるパリ占領」には反対していた。この二つの方針については結果的にビスマルク側の要求が通ったのだが、モルトケはその代わりに、アルザス地方だけでなく、戦略的にも重要なロレーヌのフランス語圏の大部分の領土（これにはメッツも含む）の割譲《かつじょう》をフランス側に受け容れさせることができたのだ。これによってドイツ帝国は、フランス国民から長期的な恨《うら》みを買うことになってしまったのである＊61。

　歴史家のゴードン・クレイグ（Gordon Craig）は、以下のようなことを述べている。

> ビスマルクはドイツ統一に至る三つの戦争の期間において、戦時における政治の優位を貫《つらぬ》くことに成功している。ところがこの優位の維持は彼にとって次第に困難になってきた。そしてさらに重要なのは、彼の勝利が軍人たちにとって、彼の正しさを納得させることにはつながらなかったということだ……モルトケ率《ひき》いる参謀本部で訓練を受けた世代の士官たちは、政治と戦略の間に境界線を敷くべき

であるとする（モルトケの）要求に賛同していたのであり、戦略家たちの案件に政治家を介入させるべきではない、という考えを持っていた。そしてこれが実際に第一次世界大戦で実行されたことにより、破滅的な結果を生み出したのである＊62。

その証拠に、モルトケの影響力は時を経て増すことになり、それが戦争の遂行において敵国の社会まで狙った、より包括的なものへと変化してきたのだ。モルトケは、自身の「戦争と政治」というエッセイの中で「政治と戦略の間の相互的な影響」について、以下のように記している。

戦争は、国家の政策を実現して維持する目的のための、国民的な強制行動である。それは戦争を実行するという意志を示す極端な手段であり、それが続く間は、対戦国同士の間での国際的な会議が延期されるという状況を発生させる＊63。

そしてモルトケは「軍には実質的に実行不可能な任務を拒否する権利がある」と論じたクラウゼヴィッツの手紙（本章注46）を引用しつつ、以下のように論じている。

戦争の流れというのは、主に軍事的な観点から決定されるものであり、政治問題というのは軍事的に不可能なものを要求しない限り有益《ゆうえき》なものである。国家のリーダーは**政治のみ**に影響された軍事作戦を行ってはならない。それとは反対に、リーダーは軍事的成功に集中しなければならない。リーダーは、自身の得た勝利や敗北を政治的にどのように利用できるかということを考えてはいけないのであり、それらを利用するのは政治の役割だったのである。国家元首が軍事作戦を進める場合は、われわれのケースにも当てはまるように、政治と軍事面での要求をたった一人の個人によって調和させられるべきものなのだ＊64。

モルトケと彼の後継者たちにとって、民間人のリーダーが軍の最高司令官に対して戦争のやり方に口出ししてくるよりも、軍の最高司令官自身が戦争の戦い方の性格を決めることの方が好ましかったのである。

❇軍事計画の作成と民間人による指導の不足

欧州では、第一次世界大戦の直前まで「戦争と平和に関する意思決定は文官のリーダーの手中にある」ということを疑う人々はおらず、軍にはこの分野に関して発言権はないと信じられていた。ところが実際のところ、詳細な戦争計画はすべて軍によって描かれていたのであり、政治的な考慮は計画の範囲外のことであった。ドイツでは、軍事史家のイェファダ・ヴァラック（Jehuda Wallach）が「純粋な軍事計画」と呼んだものをシュリーフェンが作成し、これをいかなる政治機関に相談なく進めたために、破滅的な結果を生み出している＊65。ヴァラックが指摘するように、「奇妙に思えるかもしれないが、有名なシュリーフェン計画というのは、すべての要素――政治・経済・そして軍事――を含んだ包括的な戦争計画であるとは言えず、戦時におけるドイツ陸軍の計画でしかなかった」のである。この計画は「フランスとの関係悪化がロシアとの関係悪化につながる」という前提で作成されていたのだが、一九一四年に実際に起こったのはその逆の流れであった＊66。政治指導の欠如はドイツだけに限った話ではなく、たとえばヴァラックが正しく指摘しているように、「第一次世界大戦では、どの参戦国にも戦略的なアイディアというものはなかった」のだ＊67。ウルリッヒ・マーヴェデル（Ulrich Marwedel）は、普仏戦争から第一時世界大戦までの時期について、とりわけドイツにおいて「政治のリーダーシップを犠牲にして軍のリーダーシップの能力を拡大する傾向があった」と分析している。奇妙なことに、「戦争は他の手段による政治の継続である」というクラウゼヴィッツの戦争についての教えは、むしろこの二つの領域を**分断するための**議論として使われたのであり、戦争という手段の**独自性**を強調している。軍の指導層は、この議論を任務の再配分や政府の中で軍が果たすべき役割を要求するために使ったのである＊68。したがって、一八七一年から一九一四年までの時期において、ドイツ軍は自分たちの活動を統制しようとしてくる議会の動きを阻止することができた。士官たちは引き続き貴族階級を中心に採用され、ゴードン・クレイグが「王に対する封建的な関係」と呼ぶような状態を維持できたのである＊69。

このような状態は、当時の戦略文書にも反映されていた。『戦争論』の一八八〇年の改訂版のまえがきを書いたヴィルヘルム・フォン・シェルフ大佐（Wilhelm von Scherff）は「戦争の遂行において政策が介入してくると常に破滅的な結果をもたらすことになる。政策は家を**どのように**建てるべきかを決定するものだが、その建築作業に干渉《かんしょう》してはならない」と記している＊70。当時人気だった軍事専門家であるコルマー・フォン・デア・ゴルツ（Colmar von der Goltz）も、一八八三年に「したがって我々は、戦略・戦術面での決定に対する政治面からの干渉に対して厳しい目を注いでおかなければならない」と書いている＊71。彼は他の場所でも「最高指揮官と国家主導者が、戦争の政治目的の実現は敵の完全な打倒にあると同意すれば、戦争の重要度が落ちることはないし、その独立性を制限されてはならないことがわかる。またこれによって、国家は最高指揮官と国家指導者が偉大な王である場合に最高の状態にあるという、すでに表明された確信に戻ることになる」と述べている＊72。ところがルドルフ・フォン・カーメラー将軍（Rudolph von Caemmerer）は、モルトケに反してクラウゼヴィッツ側の意見を支持している。彼は「あらゆる点においてクラウゼヴィッツの考えの正しさを確信している」と主張しているが、このようなクラウゼヴィッツ（ブリュールの改竄《かいざん》版）に対する絶対的な支持は、当時としては珍しいものであった。最も典型的なのはジュリウス・フォン・ヴェルディ・デュ・ヴェルノア（Julius von Verdy du Vernois）のものであり、自身の『戦争の研究』（*Studien über den Krieg*）ではクラウゼヴィッツとモルトケのどちらも極端すぎると捉え、この両者の中間の立場をとっている＊73。

同じような軍の能力についての疑問は、イギリス人にも悩みのタネであった。一九〇八年のイギリスの士官学校では、参謀本部長のネヴィル・リトルトン将軍（Sir Neville Littleton）、ダグラス・ヘイグ少将（Douglas Haig）、そしてヘンリー・ローリンソン准将（Henry Rawlinson）を含む論者たちによってこのテーマが議論されていた。士官学校校長のヘンリー・ウィルソン（Sir Henry Wilson）は、学生たちに任務外である政治問題を積極的に議論させたことについて非難されている。それでもウィルソンは自らの教育方法を変更しなかった＊74。

フランスの軍事思想家たちも、ドイツでクラウゼヴィッツの教えについて議論が行われていることに気づいていた。とりわけユング将軍は、一八九〇年にプロイセンの政軍関係について触れながら、プロイセンの勝利のために必要なのは、政治家たちが戦争目標を設定し、その実行については完全に軍の指揮官たちに任せるべきだという意見に賛意を示す主張を行っている。政治、つまり政府は、軍の指揮官たちに対して「戦略の開始点」を示すべきであり、それは「戦術や戦略から発生するあらゆる出来事を想定するものだが、政治は最終目標を選択するという、たった一度の干渉しか許されない」というのだ＊75。

「欧州では限定戦争の発生は不可能となった」とする立場を持ち、のちに将軍となったコリン大佐（クラウゼヴィッツのフランス人の信奉者である）は、「政府が将軍に対して与えなければならない戦争の政治目的に関する指示というのは、非常に少ないものに限られてくる」と簡潔に述べている。これをさらに正確にいえば「決定的な戦闘による決定的な勝利の達成」となる。彼は一九一一年に以下のように書いている。

いざ戦争開始が決定されれば、その実行において、やる気や能力を見せることができずに解雇《かいこ》される場合を除けば、政府は将軍に自分の望む通りの形でものごとを実行させることが絶対的に必要だ。

実際のところ、コリンは「作戦計画は将軍の個人的な作業であり……これまで政府が作戦に干渉して幸運な結果をもたらしたことは一度もない」とまで論じている*76。

大きな被害をもたらした第一次世界大戦の直前に、ドイツ帝国参謀本部の戦史研究部門のトップを務めていたフリードリヒ・フォン・ベルンハルディ（Friedrich von Bernhardi）は以下のような文を記している。

戦争というのは、それが扱う範疇《はんちゅう》の外の目的に到達するための、唯一の手段である。したがって戦争というのは、軍事的な狙いそのものを定義することからその目的を定義することはできない。もし戦争にこのような特権を与えてしまえば、そのすべての制約から解き放たれた戦争は、それ自身のために実行されることになってしまうし、それによって達成される成果は、政治的な必要性による狙いに達しないことになる……。

もし戦争の目的が政治によって決定されるべきものであり、国家にとって使用可能な力のツールを考慮に入れ、しかも戦時には軍事的狙いを軍の最高指揮官と共同して決定するものであるとすれば、**政治を戦争の遂行には決して関与させてはならない**し、軍事的な狙いを達成する際の**手段について口出しさせてはならない**。戦争は他の手段による政治の継続なのであって、それが政治手段を使用し始めたとたんに、そのエッセンスに対する裏切りとなってしまうからだ。

もし政治家が軍事行動を政治的なメッセージに変えたいと思い、しかも戦争を政治と独立したツールではなく政治的ツールそのものとして使いたいと思うのであれば、軍事面での成功はおぼつかないであろう。軍事行動に対して政治的な配慮《はいりょ》を通じて影響を与えようとする試みさえ、これまで最悪の結果を繰り返し生み出すことになったことを忘れてはならない。

ベルンハルディにとって軍の最高指揮官とは、政治指導層からくる要求に耐え、軍事的な観点からそれらを拒否できるだけの強い性格を持った人間でなければならなかった＊77。

❊第一次世界大戦 ―― 将軍たちの戦争

フランス首相のジョルジュ・クレマンソー（Georges Clemenceau）は、一九一八年に「戦争は将軍たちに任しておくにはあまりにも重大なビジネスだ」という有名な言葉を残している。ところが政治のリーダーたちは実際にこのビジネスを軍人に任せてしまったのであり、とりわけドイツではその傾向が顕著《けんちょ》であった。そしてクラウゼヴィッツは、この逸脱行為の咎《とが》めを、誤った形で受けてしまうことになった。たとえば第一次世界大戦の後に、パウル・フォン・ヒンデンブルク元帥（Paul von Hindenburg）が自身の回顧録の中で以下のように書いている。

『戦争論』という本がある。これは決して色あせない名作だ。著者はクラウゼヴィッツである。彼は戦争と人間を熟知していた。われわれは彼の言葉に耳を傾けなければならず、その言葉はわれわれにとても役に立つものだ。それに耳を塞《ふさ》いでしまえば破滅（Unheil）が待ち受けているだけである。

彼は戦争の遂行に対する政治の侵入を警告したのだ＊78。

第一次世界大戦の後に開かれた帝国議会諮問委員会での証言によれば、「ルーデンドルフ（将軍）は戦争の遂行と政治を二つの別々のものととらえており、互いに敵対的な関係にあった」と考えていたという＊79。イェファダ・ヴァラックは、ドイツ首相ベートマン・ホルヴェーク（Bethmann Hollweg）の回顧録に「国家主導者としての地位を無条件に明け渡し、あえて参謀本部にその指揮権を渡した」という記述があることを指摘している＊80。実際にホルヴェーク首相は以下のような主張をしている。

戦争開始の時と同様に、政治手段は作戦計画に沿った――変更不可能と宣言されるべき――ものであるべきであり、また戦時中は、軍事面における技術的可能性と戦略効果も、偉大な軍事作戦を決定すべきであることになる。政治指導者たちは、作戦計画の作成段階や、戦争勃発前のシュリーフェン計画の修正段階、さらには実際の実行段階における変更の際にも参加しなかった。私が政権を担当していた時期は、全般的に言って政策が軍側の行動に干渉する可能性のある「戦争会議」のようなものが、ただの一度も開催されなかったのである。

唯一の例外は、無制限潜水艦作戦の開始決定であろう。なぜならこれによってアメリカを敵として参戦させてしまう可能性が高まると見られたからだ。しかし当然ながら、この政治側からの反対は無視された。ホルヴェーク自身も以下のように書いている。

軍事の素人《しろうと》でも、軍事面での可能性や、さらには軍事面での必要性まで決定する権利を持つことができた。ただし私の記憶では、戦争の遂行を形成したのは、やはり軍事面での必要性であった。それでも参謀本部の進めた最も優れた計画でさえ大きな制約を受けていた。これらの制約にどう対処すべきかを決定できたのは、たとえ軍と政治の双方からの要求があったような場合でも、あくまでも軍だけだった＊81。

第一次世界大戦の後にフリードリヒ・フォン・ベルンハルディは『将来の戦争』の中で、第二次世界大戦後のイェファダ・ヴァラックやバーナード・ブローディのような戦略家たちとは正反対の教訓を提示している。ベルンハルディは政治の役割をさらに低くすることを推奨《すいしょう》しており、以下のような提案をしている。

外交に課せられた任務というのは、実際に戦争が開始してからは極めて異なるものとなる。たとえば他の国々が参戦してくるのを防ぐ任務などがそれだ。ところがこれも、軍の最高指揮官との同意がなければならない。全般的に見ても、外交の唯一の任務は、そのすべての力を使って軍を支えることだ。彼らは軍の要求に完全に沿えるようにしなければならないし、軍に相談することなしに行動するのは慎《つつし》まなければならない。もちろん平時に戦争につながりそうな事態が発生した場合にも、これは必須のものとなる。なぜなら国家のリーダーと将軍たちの間には、常に適切な関係があるべきだからだ。ただしこのルールに反する事態が起こっても、そのインパクトは戦時のものとは比べ物にならない。軍事面での間違いは、政治面での間違いのすぐ後に続くことになるからだ。したがって外交は軍の勝利の道筋をつけ、それらを利用すべきものであるが、それは**軍の指導層から与えられた指示に合うものである場合に限る**のである。このルールが見えてこない場合は軍と政治の狙いが全く同じであることが考えられるが、それでも二つは完全に異なる考えから行動しているのであり、これによって互いに完全に矛盾した結果を生み出すことにもつながりやすい。結論として言えるのは、軍と政治の方向性というのは、できる限りたった一人の個人の中でまとまっているほうが良いということだ……。

このような立場を実現できた人物としては、フリードリヒ大王をおいて他にはいないであろう。彼こそが、政治のトップは何も口を出さずに、軍の指導層に何をすべきかを決定させることの重要性を教えてくれた人物である。政治と軍事の行動の調和が最重要事項であり、軍事面での要求が政治的なことを決定すべきであるという事情から、政治家は兵士の意志に無条件に従わなければならない。軍の最高指揮官はそのような観点から選出されるべきであり、もしこれが不可能であるならば、兵士と国家指導者が互いに敵対的な態度をとって仕事をするよりも、政治にそれほど詳しくない人間が外交の大枠《おおわく》を決めるほうがはるかにましであろう。

戦争がまだ継続中であり、講和がまだ見えてこない状況であるときには、あくまでも軍事的な勝利だけを追究すべきであり、それ以外のすべてのエネルギーは軍事的勝利のために向けられるべきだ。その反対に、もし講和が見えてきた場合でも、軍事面での動きをさらに活発化させるか、それとも外交的な手段（たとえば譲歩《じょうほ》など）を採用すべきかどうかを判断するのは、やはり軍人の役割である。つまり判断を行うべき立場にあるのは軍人だけなのだ。ドイツの（第一次世界大戦の）敗戦の時にこの単純なルールが見えてこなかったのは、とりわけ特筆すべき事実である*82。

第一次世界大戦の終盤に、実質的に政治と軍の両方のリーダーシップを担うことになったエーリヒ・ルーデンドルフ（Erich Ludendorff：一八六五〜一九三七年）も、以下のように書いている。

政治家が軍のトップに向かって「戦争に勝て、そして後は我々に任せろ」と言えた時代はすでに終わった。軍と政治のリーダーシップが一つに統合されたからだ。国家の総合的な政策は戦争への奉仕に捧げられ、その必要性を満たすべきものであることに疑いはなくなった……陸軍最高司令部の視点からすれば、平和の問題は政治家の能力に左右されることになる。これによって陸軍最高司令部は、いよいよクラウゼヴィッツの土台に立つことになった。ただしこの土台は、講和の締結や戦争の長期化につなげることなく、（ドイツ帝国首相の）講和政策は戦争の遂行を妨げてはならず、戦争の結果として生み出された国境（これは軍事的・経済的にも次の戦争際に有利な条件をもたらすことになる）の確定に邁進《まいしん》しなければならない。さらに、全戦線での戦闘が落ち着く前に講和が締結された場合でも、交渉や戦況が戦争遂行をすぐさま不利な状態にすることも防がねばならない＊83。

ルーデンドルフは一九三五年に出版された『総力戦』（*Total War*）の中で、国家は平時においても戦争に備えるために優れた軍人を統治者として選ばなければならず、しかもいざという時には、戦争に必要となる要件を理解しているのは軍のリーダーだけであるために、平時から適切な準備をはじめなければならない、と主張している。よって彼はここでクラウゼヴィッツの考え方から完全に背を向けることになり、「すべての政治は戦争によって支配されなければならない」と主張したのである＊84。

戦争を再開させ、全体主義国家をつくりあげることを夢見ていたドイツ人は、もちろんルーデンドルフ一人だけではない。当然ながら彼はヒトラーと共に「国家社会主義ドイツ労働者党」（ナチス）を創設した仲間であったが、さらには社会学者のハンス・フレイヤー（**Hans Freyer**）、作家のエルンスト・ユンゲル（**Ernst Junger**）、そして法律家のエルンスト・フォルストホフ（**Ernst Forsthoff** ）をはじめとする多くの人々も、ルーデンドルフたちと同じように「戦争こそが国家の社会支配を固めるための最高の手段であり、ここに国家の絶頂がある」と見ていた。したがってドイツの大学教授であるフレイヤーや、ソ連の軍事作家であるシャポシュニコフ（Shaposhnikov）の二人が、政治と平和を「他の手段による戦争の継続である」と説明していたことは、何も驚くべき偶然一致ではない＊85。フレイヤーにとって国家は、戦時に最大限の力を発揮できるものであり、ユンゲルも戦時の全国民の総動員は望ましいものであり、実際にそれは可能であると考えていた。フォルストホフに至っては、国家は内部のあらゆる有害な要因を破壊することによって人種的に浄化しなければならないと説いており、その有害な要因として、とりわけユダヤ人の存在を指摘していた＊86。

ワイマール共和国の共和国軍の創設者であるハンス・フォン・ゼークト将軍（Hans von Seeckt：一八六六～一九三六年）は、軍事作戦の遂行よりも政治的考慮に優先順位があるとしたクラウゼヴィッツの言葉に賛意を表する意味で引用していたが、それでも「戦争の狙いを達成しようとするならば、その手段の選択については（政治的な考慮のもとに干渉されることがあるかもしれないが）軍の最高指揮官に任せられるべきである」と考えていた。彼によれば、クラウゼヴィッツは「多くの力や手段を使用し、それに属するあらゆる人々を使用する国家という概念によって、戦争の遂行を徹底させること」を要求していたという。つまり、政治的な目的と戦争の狙いを合致《がっち》させる役割は国家にあるというのだ＊87。これを言い換えれば、ゼークトにとって「戦争というのは政治の破綻《はたん》」であった＊88。ところが一九三三年以前の共和国軍は、実際には軍事計画に政治側を引き込む努力をほとんど行っていない。この理由は、ゼークトが「全ての政党に対して私は、軍に手をだすな、と訴えている。軍は国家に奉仕しており、その奉仕先は国家しかなく、国家のためだからこそ奉仕しているだ」という、ワイマール共和国軍を非常に嫌う内容の発言をしていることからも明らかだ＊89。ところが彼は、政治と戦争の関係について以下のようにも書いている。

開始当初の基本的な状況は、政治的な状況と関連付けられなければならない。もし戦争の遂行そのものや、戦争の実行能力が偉大な国家の政治において最重要な要素であるというのであれば、政治は戦争の遂行に引き続き影響を与えるものとなる。政治および政軍、さらには戦略面でのドクトリンにおいて「戦争の遂行は政治の真空状態で行われ、将来どこかの時点で戦争を排除して純粋な政治の舞台を設定することができる」と主張するのは、大きな間違いである。一方で外交文書の交換や経済面での圧力、そして最後通牒《つうちょう》、さらにもう一方としての実際の戦争という結果の違いはあまりにも強調されすぎているが、現実では政治と戦争というのは同じ本質を持っており、最終的には敵の殲滅につながる支配に向かうものだ。あらゆる健全な政策は、健全な戦略のために唯一正しいものとして認められている殲滅を選択するものだ。私はもしそれらがその本質、つまり生存競争（たとえば支配のための戦い）の土台に沿ったものであるならば、その両方とも健全であると考えている。そして戦闘では敵の殲滅が狙われるのであり、平和は力によって短期的に得られる恵みである＊90。

ゼークトにとって「敵対的な勢力の全滅」は当然狙われるべきものであり、その任務の実行のためには軍の最高司令官には「完全な自由」が必要であると考えていた＊91。

それよりやや抑《おさ》えめながら、ヴィルヘルム・フォン・ブルーメ将軍（Wilhelm von Blume）は、第一次世界大戦の直前に行われた国防大学での講義用の文の中で以下のように書いている。

戦争と政治、とりわけ対外政策というのは、互いに近い関係にあり、その両者の目的とエッセンスから直接生み出されるものである。対外政策で求められているのは、国家の外部にある国益を維持・拡大することである。戦争というのは国家の最終的な断固とした手段であり、その唯一の原則は「王の最後の議論」(the ultima ratio regis)である。ここから導き出されるのは、対外政策というのは国家の軍事力によって(条件づけられるとは言わないまでも)大いに影響を受ける、ということだ。

戦争は政治の一つの手段、もしくはクラウゼヴィッツが正確にその関係を説明したように「他の手段による政治の継続」であり、これは戦争と平和の決断における決定的な言葉であったはずだ。ところが政治は軍事的判断なしでは戦争を実行することはできない。軍事的状況についての知識とその正しい応用というのは、戦争開始の決断や、戦争によって追究されるべき政治的な狙い、講和のための交渉に入るタイミングの決定、そしてその交渉そのものなどを判断する際の最重要の土台となる。しかしながら、政治的状況やそれが提供している優位の認識についての判断を欠いたまま政治的な洞察の無い状態でそれを最大限発揮しようとするのは不可能なのだ*92。

第一次世界大戦終盤にルーデンドルフから軍の最高指揮官としての立場を引き継いだヴィルヘルム・グローナー将軍(Wilhelm Groener)は、この前任者よりも抑えめな意見を持っていた。彼は一九三〇年に以下のように書いている。

「国家のリーダーには軍事作戦について口出しする権利はなく、軍の最高指揮官が勝利か敗北、もしくはその両方でもない状態を報告するまで待つべきだ」という繰り返し主張される考え方は、第一次世界大戦を経た後には時代遅れになったように思えるかもしれない。ところが国家のリーダーとなる政治家が、いわば戦略面で最高指揮官としての役割を求めるのは、やはり完全に不適切なのだ。それでも政治家には、ある作戦において想定された結果が政策の意図と狙いを調和させているかどうかを判断する権利、もしくは義務があることを認めるべきである*93。

すでに見てきたように、ブルーメは軍と政治家の間の立場をかなり平等なものとして想定したためにクラウゼヴィッツの考えからかなり離れているのだが、このブルーメの考え方は、ヒトラーの最初の参謀総長となったルードヴィッヒ・ベック将軍（Ludwig Beck）にも共有されていた。たとえば彼は、「戦争の政治目的というのは明白でなければならず、それにはあらゆる戦争で最後に行われる行動、つまり講和の締結についての計算も考慮に入れなければならない。政治目標というのは、それが明確に定義された場合にだけ有用になるものであり、使用可能な手段から作戦目標が明確になる」と書いている＊94。ベックはブルーメと同じように「軍の指揮官と政治指導者は平等の立場であるべきだ」と要求しており＊95、「軍の最高指揮官が国内の政権運営、公共の食糧の供給の組織化、戦時経済（これには財政も含まれる）を指揮統制することや、国家全体の士気についての統制・維持に参加する権利」を求めたのだ＊96。ベックはクラウゼヴィッツの教えに強く反発し、軍の指揮権の優位を主張したルーデンドルフの意見に大々的に賛意を表明しており、同時に彼は、第一次世界大戦における連合国側の最高指揮官であったフランスのフォッシュ元帥が、終戦後に行われたパリ講和会議での討議に参加しなかったことを批判している＊97。

その後の世代の軍事専門家たちは、それまでのものと極めて異なる教訓を両大戦から導き出している。たとえばバーナード・ブローディ（Bernard Brodie）は、第一次世界大戦のすべての参戦国のリーダーたちが軍事的勝利を目指しながらも、そのような勝利の政治的狙いを考えておらず、全般的にも政治指導者たちのことをそのような勝利の必要条件に無知であり、次の選挙の当選しか考えていない人間として見下していたと指摘している。ところが実際のところは、非軍人の政治家たちも、軍の指導者たちと同様に軍事的勝利を目指して必死になっていた＊98。イェファダ・ヴァラック《ヴェアマハト》が論じているように、ヒトラーでさえも軍事と政治の問題を厳格にわけている＊99。ところが後に「ドイツ国防軍」と名を変えたドイツ軍とナチス政権の関係を見てみると、第一次世界大戦の時と比べて、軍はヒトラーやその部下たちに対してあまりにも従順すぎた。

ブローディが論じたように、第二次世界大戦における軍事指導者に対する政治家の優位でさえ、軍の狙いである「戦いの勝利」に対する政治目的の優位を保証したわけではない。ブローディが記したように、「非軍人である政治家の優位は、政治目的が戦略を支配する確率を高めただけであり、それを確実に保証したわけではない」のだ。政治指導者たちは、いわゆる「戦争という緊急事態」によって軍の主導者たちからの軍事最優先の要請《ようせい》に納得してしまうことが多かったからだ。しかも軍の主導者たちは、敵に対する優位を大きく保ちたいという考えを持つものであり、そこでは明白な、つまり「絶対的」な勝利が狙いになりがちだ。ブローディはこれこそが、第二次世界大戦の終盤にルーズベルトによる敵の「無条件降伏」という戦争目的の支持につながったと説明している＊100。

主著となる『戦争と政治』（*War and Politics*）の中で、ブローディは第一次世界大戦からベトナム戦争までの欧米の軍事政策についての分析の際に、クラウゼヴィッツの「政治と戦略の密接かつあまねく広がる関係性」という思考の枠組みを土台にしており、とりわけ非軍人の政治家の政府と、軍の指導者たちの関係性を強調している。彼は戦争計画の作成段階における軍事アドバイスの必要性というクラウゼヴィッツの考え方や、軍が政権を担う政治家たち対する働きかけについての理解の必要性が示されている語句を何度も引用しているが、それに「軍事的な見方を政治的な見方に従わせるべきだ」というクラウゼヴィッツの**警告**を加えている＊101。ブローディやヴァラックが示した軍事的な戦争目的に対する懐疑的《かいぎてき》な態度と同じように、毛沢東も「防御的な戦争において軍が政治を見下し、戦争の遂行の方を絶対的なものとみなす傾向があるが、これは間違っており、是正《ぜせい》されるべきものだ」と注意を促《うなが》している＊102。

❇まとめ

こうして、クラウゼヴィッツの政軍関係や意思決定に関する考え方――初版・改訂版にかかわらず――は、ほぼ終わりのない議論を巻き起こすことになった。一九世紀後半の欧州における軍国主義的な世界では、非軍人の政治家が軍を支配すべきであるという考え方は受け容れられなかった。結果として、第一次世界大戦は明確な政治的狙いではなく、勝利そのものを追究するために戦われることになったのであり、クラウゼヴィッツの暗い想像をはるかに越えた虐殺劇と化したのである。二〇世紀後半、とりわけ「アメリカ流の戦争方法」において、われわれはそれとはほぼ正反対の到達点として、ベトナムのような政治による戦争のマイクロ・マネージメントの例を目撃することになる（第七章の議論を参照のこと）。軍事作戦について、軍の指導者たちが成功のために「必須である」と感じるものと、それに対して政治家が許可を与えてもよいと感じる条件との間には、常に緊張関係があった。この問題、つまり政治家が戦争における政治的狙いを決定し、それから軍事的な戦争の狙いへと転換するときの、軍の最高指揮官のプレゼンスに対するクラウゼヴィッツの解決法は、いわば「知的な妥協案《だきょうあん》」であった。そしてこれが第一次世界大戦のすべての参戦国に採用されれば、欧州が初めて経験した最も無意味な軍隊による虐殺を避けることができたかもしれなかったのである。ところが軍の指導者たちは、クラウゼヴィッツ式の妥協案を拒否したり曲解したおかげで、ソンムやヴェルダンの戦いのような、クラウゼヴィッツ自身にとっても信じがたいほど大虐殺へとつながってしまったのだ。

その正反対のものとして、すでにクラウゼヴィッツが生きていた時代から政治の意思決定者たちが軍事的ツールの適切な使用を失敗した戦争や、軍の指導者側が政治的狙いと軍事力の間の矛盾を正しく指摘できたはずの戦争もあった。そしてクラウゼヴィッツは後者を分析する際に必要となる、さらに重要なことを発見したのだが、これについては次章で詳しく触れていこう。

第4章
数字の先にあるもの
——天才、精神力、戦力の集中、意志、そして摩擦

クラウゼヴィッツが現在にも名を残している最大の理由は、なんといっても戦争の政治的な面についての考察《こうさつ》を行ったからだ。ところが彼が最初に軍事専門家たちの間で有名になったのは、戦争についての著作の中で、戦争の運命についての説明を可能にするような、単なる数値の話を越えた要素を導入し、さらにそれを実践するための議論を行ったからである。本章ではクラウゼヴィッツの概念の中でも、とりわけ後において文献で繰り返し引用されたものについてそれぞれ見ていくことにする。一つ目は「軍事的天才」であり、二つ目は「決定点」や「主戦」における軍事力の集中、そして三つ目は「意志の力」と「精神力（士気）」である。四つ目は「戦力の経済性」、五つ目は戦争を実際に体験した人々に賞賛された「摩《ま》擦《さつ》」や「チャンス」である。何度も言うが、クラウゼヴィッツはこれらの概念をナポレオン戦争を間近《まぢか》で体験することによって考えついたのであり、彼自身が「発明」したものではなかったが、それでも彼が指摘したそれらの概念は、結果として他の多くの著者たちにインスピレーションを与え、間接的に世界中の軍事ドクトリンの作成に影響を与えたのである。

❄軍事的天才 —— 指揮官の性格

もちろんクラウゼヴィッツは軍の最高指揮官の重要性について注目するよう指摘した最初の人物ではないが、それでも軍事的天才を構成する要素は何かについて深い理解を得ようと求めた人物であることは間違いない。飛び抜けた才能を持った軍の指揮官が持つ特殊な才能を明確化しようとする中で、クラウゼヴィッツはイマニュエル・カントの概念を借用《しやくよう》して論じている。実際カントは、「天才とは技術のルールを理解できる能力（天賦《てんぷ》のもの）であり……一定の法則が当てはまらない才能を生み出すものである」と述べている*1。ところがトーマス・オッテ（Thomas Otte）が正しく指摘しているように、クラウゼヴィッツは軍事的天才の定義を試みる中で、直感というよりも優れた知性の働きの方を暗示しているようなのだ*2。

すでに見てきたように、クラウゼヴィッツは統計的に古代ローマ人やフランス人のような、高い文化と戦闘的な精神の組み合わせの中に多くの軍事的天才の例が発見できると見込んでいた。ところがクラウゼヴィッツは、そのような環境の中で出現しやすい天才を体系的に育てることはできないと強調している。結局のところ、天才の証《あかし》というのは「ルールを越える」というところにあることが多いからだ。さらにいえば、戦争中には「一瞥《いちべつ》」（coup d'oeil）という複雑な状況を一瞬にして見抜く直観を使って、意思決定を極めて素早く行わなければならないことが多い。クラウゼヴィッツは「最高指揮官が直面する決断には、ニュートンやオイラーほどのレベルの天才的な才能が必要になる」というナポレオンの考えに賛同している。そうなるとこれに唯一対抗できるのは、軍事的天才の直観による反応だけであることは明らかだ。ところがクラウゼヴィッツによれば、それは直観だけでは不十分であり、優れた最高指揮官は動じることなく、勇気があり、エネルギッシュで、自己規律的でもなければならないという*3。

軍事的天才を大雑把《おおざっぱ》に言えば「天賦の才能」であるとするクラウゼヴィッツの考え方は、プロイセンの改革派の間では広く共有されていたものだ。たとえばベレンホルストは「優れた軍の指揮官（Feldherr）というのは、天から授《さず》かった宿命的な才能に恵まれた人物のことだ……優れた軍の指揮官としての名声は生まれた時から備わっている」と記している*4。コンスタンティン・フォン・ロッサウ（F. Constantin von Lossau）も「戦略を研究するということは、軍隊を指揮するために必要な特徴をもった人物を可能な限り適切な場所に当てはめていくことを考えることに他ならない。なぜなら天才や才能を持った人物というのは、そもそもこのような研究を通じて生み出すことはできないからだ」と考えている*5。ロッサウは別の文献でも以下のように書いている。

圧倒的に優れた天才というのは、度重《たびかさ》なる逆境でも最終的に逆転して知性の劣る敵を倒すことができるものだが、このような才能は、教育に必要となる科学の公式などに当てはめることはできない。そしてこの天才こそが、戦争の神として国家の命運を決する最高の力なのだ*6。

やや無理があるとも言えるが、現代の政治学者のスティーブン・シンバラ（Stephen Cimbala）は、クラウゼヴィッツが「軍事的天才」という概念を十分に発展させなかったことを批判している。彼によれば「クラウゼヴィッツは、個別の指揮官の天才と軍の集団的な能力の間の違いについて、納得の行く説明をしていない」というのだ*7。ところがクラウゼヴィッツ自身は、軍事的リーダーの天才というのは戦闘部隊の士気のように、戦争の結果を左右する無形の要因であると明確に述べている。

クラウゼヴィッツの軍事的天才についての議論は、他のプロイセンの論者たちにもインスピレーションを与えており、その一例としてはフリードリヒ・フォン・ベルンハルディ、アルフレート・フォン・シュリーフェン（Alfred von Schlieffen）伯爵、そしてヒューゴ・フォン・フライタ―グ＝ローリンホーヴェン（Hugo von Freytag-Loringhoven）などがいる＊8。そして今日においても指揮官の個人的な才能という無形な要因を理解しようとする軍の熱心なリーダーたちは、相変わらずクラウゼヴィッツの議論を引用しているのだ。

＊重心

これから説明するクラウゼヴィッツの二つ目の概念は、一見すると非常に明確で、成功のための技術的な解決法に見える。ナポレオンの戦いを分析していく中で、「観念論者としてのクラウゼヴィッツ」は、敵軍の重心に対する攻撃による打倒と殲滅こそが勝利のための方法であると見ていた＊9。彼はすでに『皇太子御進講録』の中で以下のように書いている。

われわれは攻撃に際して、敵のある一点（例：相手の部隊、師団、軍団のある部分）を選択しなければならず、その攻撃も相手に対して圧倒的なもので、それによって残りの相手の部隊を惑《まど》わせつつ集中できないような状態にしておくべきなのだ。これこそが、相手と同等、もしくは小規模な軍でも戦いを有利に進めて成功率を上げるやり方だ。弱ければ弱いほど少ない数の部隊で敵を重要ではない地点に釘付《くぎづ》けにしておかなければならず、これは決定点で最大限の強さを発揮するためである……

たとえ自分たちの側が強くても、われわれは主要な攻撃部隊をただ一点に集中する必要がある。こうすることによってこの点におけるわれわれの強みがさらに高まるからだ。敵軍を完全に包囲できるような状況は極めて稀《まれ》であるし、そのためには物理的・精神的にも相手よりもはるかに圧倒した状態が必要だ。ところが敵の退路《たいろ》をその側面のある地点で寸断《すんだん》することによって大きな成功を確保しておくことも可能だ＊10。

クラウゼヴィッツは『戦争論』の第六篇で重心のことを、ほとんどの部隊が集められるべき最もレバレッジの効く点という、いわば機械的な言葉で定義している。ここでは、軍隊は互いに矛盾する二つの原則に従うべきであると主張している。つまり敵の領土を占領するには部隊を広域に分散させなければならないわけだが、敵の軍隊を打ち負かすには、集中して重心を叩く必要があるという。「観念主義者のクラウゼヴィッツ」は主戦において勝利をおさめるという目的のためには後者のほうが重要だと見ていた。彼は特別な場合を除いて部隊を分散化させることには強く反対していたのだが、これはすべての部隊を敵の重心に集中して攻撃させることが勝利のカギになるとみなしていたからだ＊11。したがって、敵の重心を見極めることは、戦争計画の作成における最初の任務であり、次の任務はそこを攻撃するために必要となる部隊を集中させることになる＊12。

重心という概念は、クラウゼヴィッツがナポレオンの戦い方を研究していく中で思いついたものだ。そしてこの概念は、クラウゼヴィッツのナポレオンの戦い方の解釈を通じて、軍の教育機関の課程や、最終的には軍の計画作成者のトップたちにまで広まっていった。たとえばモルトケは「あらゆる戦略的効果は特定の重心にまでさかのぼることができる」というクラウゼヴィッツの考えに賛同している＊13。イギリスでも重心という概念は受け容れられており、ジャーナリストのチャールズ・コート・レピントン中佐（Charles A Court Repington）は、第一次世界大戦中に書いた記事の中で、クラウゼヴィッツの絶対戦争と数的優位とともに、重心という概念の重要性を強調している＊14。さらにフレデリック・モーリス陸軍少将（Frederick Maurice）は一九二九年に、英国陸軍の野戦教範《やせんきょうはん》とクラウゼヴィッツの『戦争論』の第三篇の各章のタイトルには共通性があることを指摘している。ここで指摘されていた原則は「集中」、「経済性」、「奇襲」、「機動」、「攻勢行動」、「協力」、そして「保全《ほぜん》」であった。彼はこれらの中でクラウゼヴィッツ――「近代の戦略研究の父」と呼んでいた――が五つの要素を強調したと考えており、その中には当然ながら「集中」が入っていた*15。

重心という概念は、アメリカで劇的な復活を遂げることになった。軍の計画者たちがベトナム戦争での敗北を反省する中で取り上げたからだ。この時にアメリカは戦略の中で敵の重心を攻撃することを考えておらず、戦闘の場を素早く動かすことも考慮しておらず、非常に限定的な攻撃だけしか行わなかったおかげでベトコン側の士気を低下させることができなかったのであり、北ベトナムが援軍を補充することができる「聖域」のほとんどに手を付けなかったというのだ。

結果として、一九七〇年代のアメリカはクラウゼヴィッツを念頭において「エアランド・バトル」という新たなドクトリンを考え出し、次々と接近してくる敵軍の波を阻止して破壊することを狙った。敵軍への縦深攻撃（これは核攻撃ではないという意味で限界があるのかもしれないが）や、機動の最大限の発揮、前方展開、包囲機動などは、すべてクラウゼヴィッツに触発されたものだとみなすことができる。

アメリカの戦略家であるマイケル・ハンデル（Michael Handel）は、一九九〇年から九一年にかけて行われた湾岸戦争における多国籍軍の活躍について、「この戦争が煮え切らないまま終結したのは、その重心を（従来の軍事的な考えにしたがって）イラク軍であると勘違《かんちが》いしてしまったからだ。ところがイラク軍の打倒というのは、実際は本物の政治的な重心であるサダム・フセインを攻撃するための予備的な条件でしかなかったのである」と述べている*16。ここで「ハンデルはクラウゼヴィッツの定義を拡大解釈しているのではないか」という疑問が出てくる。ところがクラウゼヴィッツ自身も、最初に論じた定義を越えるような使い方をしている。たとえば「現実主義者のクラウゼヴィッツ」は、政治的要素の重要性を考察した第八篇の中で、戦闘において敵軍を打倒しても、敵国民の支持が高ければ士気をわずかに下げることくらいしかできない、と論じている。もし三〇〇万人を誇る敵国を相手にした場合、一個方面隊を打倒したとしても、それが本物の重心を攻撃したことにはならないかもしれないのだ。またクラウゼヴィッツによれば、重心は敵国の首都となるかもしれない（たとえばナポレオンによる一八〇五年のウルムの戦いの後のウィーン占領や、一八〇六年のイエナ・アウエルシュテットの戦いのあとのベルリン占領など）。さらにいえば、ナポレオンの（つまりクラウゼヴィッツの理想的な）戦争において重要なことは、それが国民を戦いに巻き込んだことだ。したがってクラウゼヴィッツは戦争において決定的に重要なこととして、国内世論を味方につける必要があることも認識していた。クラウゼヴィッツによれば、戦争と軍隊の関係についてナポレオン戦争が示したのは、国家の軍隊を生み出す際に国民の精神がいかに大きな要《かなめ》となるかということだ。

もちろん政府というのはこれらの補助的な手段を熟知《じゅくち》しているわけで、将来の戦争でも政府の存続が危険にさらされたり強い野心に動かされている場合には、それらが使われなくなることは考えられない＊17。ところが彼自身は「イデオロギーによる魅力や説得を通じて国民の心情をつかむために努力せよ」とは提唱していない。彼の成功達成のための方法は、やはり兵力という実力――大きな劇的な勝利――や、敵の首都の占領を通じたものだったのだ＊18。このような状況から、クラウゼヴィッツは国民戦争（Volkskrieg）を提唱したのであり、健康な身体を持つ男子の国民たちを、富と権力の再分配という約束ではなく、愛国主義と君主制のために動員して武装化できると自信を持っていたと言える。

『戦争論』の**初期の段階**においては、敵軍を狙って攻撃するのではなく、敵全体の意志を変更させることを狙った一つの概念にある多様な要素を見てとることもできるのだ。

したがって「現実主義のクラウゼヴィッツ」の記述においては、重心が実に多くの意味――敵軍、首都、そして世論など――を示していることになる。少数の軍隊と多数の軍隊が戦っていても、その重心は少数の軍隊ではなく、むしろそれと同盟関係にある、より大規模な軍隊かもしれない。それはもしかすると、抵抗運動のリーダーかもしれないし、世論かもしれないのだ*19。実際のところ、クラウゼヴィッツは晩年に至って、人気のあるリーダーのような、反抗集団の中心的リーダーを攻撃すべきだとも主張しており、これも敵の重心を構成しているとしている*20。よって、クラウゼヴィッツは「精神力・士気」のような無形の要素の役割を重要視していくにしたがって、戦争を単なる物理的な要素や軍事バランスという機能面から分析することから離れていったのである。

❇兵力の集中

もし重心が敵軍を意味するものであれば、そのためには自軍をこの敏感な点に対していかに努力を集中させるのかを考慮せねばならなくなる。ここでもまた、クラウゼヴィッツの洞察はナポレオンにまでさかのぼることができる。たとえばナポレオン自身は、以下のように述べている。

スウェーデン王のグスタフ＝アドルフ（Gustavus Adolphus）、テュレンヌ（Turenne）元帥、そしてフリードリヒ大王、アレクサンダー大王、ハンニバル、そしてカエサルなどは、すべて同じ原則に則《のっと》って動いていた。それは軍をまとまった状態に維持し、脆弱性《ぜいじゃくせい》をどこにもさらさず、重要な地点への迅速な集中に全力を尽くすこと――これらが勝利を確実にするための原則である*21。

攻撃する際のナポレオンの戦力集中の技量は、クラウゼヴィッツの師であるシャルンホルストにも認識されており、彼自身も「可能なかぎり主力部隊を一点に集中させ、これを全作戦の焦点とすべきだ」と書いている*22。さらに加えて、シャルンホルストとそれを受け継いだクラウゼヴィッツは、「部隊の集中に関しては迷いなく実行すべきであり、その集中のために常に努力すべきである」と仮定している*23。

当然ながら、ナポレオンを研究したジョミニも同じ方法を提唱しており、これを「決定点における大戦力の行使」と呼んでいる。また、彼は決定的な戦略点や客観的な点、それに最も決定的な方角からの攻撃について記している*24。ところがジョミニは、ナポレオンの「後方連絡線への詭動《きどう》」(**manoeuvre sur les derrières**)、つまり包囲戦的なアプローチをさらに強調している。しかしクラウゼヴィッツは自身の考察でこれに注目しておらず、フランスの軍事思想家であるユベール・カモン大佐（**Hubert Camon**）はこの点を批判している*25。

たしかに最も偉大な戦略家でさえ、陳腐《ちんぷ》と取られかねないことを書くことがある。たとえばクラウゼヴィッツは「最善の戦略は、まず第一に常に十分な兵力を備えていること、次に決定的瞬間に十分な兵力を備えていること」と記しているが、これは彼が「最高司令官というものは、よほど特別な状況にならない限り常に戦力を集中させることに注力すべきだ」と重ねて強調する必要があると感じたからだ*26。一八一〇年から一二年にかけてもクラウゼヴィッツは、もてる部隊を一点、つまり決定点に集中させるべきだと皇太子にアドバイスしており、兵力が少ない場合はなおさらであるとしている*27。ところがクラウゼヴィッツの戦力の集中についての記述もやはり曖昧《あいまい》であり、後の著者たちの中には「数的優位だけが成功をもたらす」と受け取るものが出てきたし、彼の精神力や士気についての見解は「質的に上回っている軍のほうが数的に上回っている軍に勝る」ということを意味しているという解釈にもつながった*28。

モルトケも、クラウゼヴィッツの主張する「数的に優位な兵力の必要性」と似たことを書いている。

あらゆる状況において、われわれは最大限集められるだけの戦力を集めなければならない。なぜなら誰も十分すぎるほどの戦力を備えることはできないし、勝利を得るための運を持ちすぎることもできないからだ。そしてこのためには戦場に最後の大隊《だいたい》までつぎ込まなければならない。多くの戦闘は、前日までに戦場に到着した部隊によって決せられてきたからだ。
まだ分散された状態にある敵部隊がおり、しかも集結させられるとわれわれの部隊より数が上回ることがわかっている場合は、敵が集結させるまで待たずに、わずかでもチャンスがあれば、持てる兵力をすべてつぎ込んで攻撃すべきである*[29]。

フランスではジョルジュ・ギルベール大佐もそれに賛同することを書いている。彼はクラウゼヴィッツの解釈によるナポレオンの戦略は、結局のところ二つのアイディアに集約されてくると述べており、第一が強い戦闘部隊を最大限集めること、そして第二が敵を完敗させるためにそれを決定点に集結させることだと言うのだ*[30]。フェルディナン・フォッシュ（Ferdinand Foch）は一九〇三年に出版した『戦争の原則』の中で、「伝統的な理論」では相手を打倒するために「数的優位、優れたライフル、優れた大砲、そして巧《たく》みに選択されたポジションを得なければならない」ことを教えていると主張している。ところがフランス革命やナポレオン戦争から判明したのは、「決定点においての数的優位」を持っていて、しかも「精神力が最大限になり……相手をくじくもの」であれば、これらの条件はそれほど決定的なものではないということであった*[31]。よってフォッシュの見解によれば、「伝統的な理論」は兵学校に有害な影響を及ぼし、戦争における**物理的な面**を過剰に強調することにつながったというのだ。彼はさらに続けて以下のように書いている。

一八七〇年に、われわれは具体的な事実を研究し、歴史の教訓を活かして構成された敵によって目を覚まされた。それはまさに一九世紀初めからシャルンホルストやヴィリゼン、そしてクラウゼヴィッツらが目指してきたプロイセン軍だった＊32。

フォッシュはクラウゼヴィッツを引用しながら「戦争は、アイディアや感情、それにそれが勃発した時点で成り立つ関係性によって生み出され、その形を受け取ってできあがった産物なのだ」と述べている。彼はさらに続けて以下のように述べている。

それは、「近隣諸国の劇的な変化と、それによって引き起こされうる結果によって、国民戦争というものを生み出したわれわれ自身がその犠牲者になった」という事実をわれわれが無視してしまったからだ……

ヨーロッパ全体が国家、つまり武装国家という問題に集中しなければならなくなったため、われわれは再び歴史の中から生まれた戦争についての**絶対的な概念**を取り上げざるを得なくなった＊33。

さらにフォッシュは以下のように述べている。「もし敵を押し返したいのであれば叩くべし。これができなければ何もできないことになる。そしてこれを行うための手段は一つしかない。それは戦闘だ。血は勝利の代償《だいしょう》である。戦闘を行うのが嫌であれば、戦争の遂行を諦めるべきだ。敵に対して情けをかけようとしても、結局はその情けをなんとも思っていない敵によって打ちのめされてしまう（クラウゼヴィッツ）」＊34。そしてフォッシュは再びクラウゼヴィッツを引用しながら、

ボナパルトは常に目標に最短距離で向かっており、敵の戦略計画には全く関心を払っていない。なぜ

なら彼は全てが戦術的な結果に左右されることを知っており、その結果を得ることができることに疑いを持っておらず、常にどこでも戦闘のチャンスを求めていたからだ*35。

このようなクラウゼヴィッツ的な言葉使いは、世界中の軍事関連の文献でも繰り返し使われている。たとえばソ連の公式の軍事関連用語辞書によれば、レーニンは以下のように述べている。

軍が行う戦闘における、最も重要な原則を強調していた。それは、敵が及ぼしてくる最大の危険と、主攻撃が行われる方向を決することや、決定的な場所と瞬間における戦力と武器の集中、その状況に応じたあらゆる戦いの手段を確保すること、攻勢における決定的な役割、彼我《ひが》の戦力の客観的な評価、イニシアチブと奇襲、ゆるぎなさと果敢《かかん》さ、成功の確保、戦力の詭動、そして敵の完全な破壊の追究である*36。

クラウゼヴィッツによって提唱されたものとはほど遠い実際の戦略行動が見られるところでも、彼の著作の影響が見てとれる。リデルハートもクラウゼヴィッツの「数的優位が、勝利の達成において決定的な要因となる」という教義を批判しており、「(クラウゼヴィッツの言う)近代の軍事史を公正に考察するならば、〈数的優越は日一日一層決定的〉となりつつあることを確信させられる。可能な限りの最大限の数を集中するという原則は、それ故《ゆえ》以前にも増して重視されるであろう」と述べている*37。リデルハートは第一次大戦当時のクラウゼヴィッツの教えの誤用がもたらしたおぞましい結果を指摘している。

クラウゼヴィッツのおかげで、以上のことはヨーロッパ各国軍の首脳部の配慮中、他の何ものにも優先するものとなってしまったようである。彼の影響のおかげで、機械的な発明品が続々出現して、これを利用する隠れた優越性の発揮を軍首脳部は意に介しなかった。彼らは民間の進歩による新器材を、全く気乗りしないまま使用せざるを得なかったので、発明から装備するまでの間に、甚大かつ無駄な時間が費やされた。この時間的浪費によって、不必要な何百万という大殺戮が行われた。ヨーロッパの軍人たちは事実、一世紀の間、クラウゼヴィッツが思い違いをした、「人間対人間の格闘は、明らかに戦闘の真の基礎である」ということを墨守《ぼくしゅ》したのであった……それは現実的には、部隊を機関銃によって殲滅的打撃を受けるために訓練するに過ぎないようなものであった＊38。

リデルハートによれば、第一次世界大戦では

大量集中理論は突如、手痛い衝撃を受けるに至った……いわゆる決定的な地点に、敵に優越する兵力を集中する方法によって、勝利の獲得を図るといった決まり文句は、一人の機関銃手が百人、時には千人の銃剣突撃中の敵に対抗できる威力を持つことができるような斬新兵器によって葬《ほうむ》られたのである＊39。

敵の重心に対する戦力の集中を求める主張は引き続き行われているのだが、その言い方はより洗練されたものとなっている。たとえば米海兵隊の一九九四年版の教範《マニュアル》である「ウォーファイティング」（*Warfighting*）には、以下のようなことが書かれている。

われわれは弱点に対して強みをぶつけることを好むようになってきた。これを現代の戦いに応用して

考えると、敵の重心というのは「敵の力の源泉」という意味ではなく、むしろ決定的な脆弱性《ぜいじやくせい》のことである*40。

❇精神力と意志の力

この「脆弱性」には多くのタイプがあるのだが、それにはもちろん士気も含まれる。クラウゼヴィッツは戦闘部隊の士気を「精神力」と呼んでいるが、これはすでにマキャベリによって、ルネサンス期のイタリアのコンドティエリ、もしくは傭兵部隊のリーダーたちではなく、市民によって構成された軍隊を創設すべきであると論じる中で決定的な要因であると認識されていた。一八〇四年に書かれた戦略についての草稿の中で、クラウゼヴィッツは以下のように書いている。

戦争について健全な判断力を持っていたマキャベリは、まだ勝ったことのない完全な軍隊が、勝利を収めたばかりの軍隊に勝つのは非常に難しいと主張している。彼はこの実例をいくつか提示しており、精神面での優位によって戦力の劣位が克服されると正しく主張している。

この状況に関して私もいくつかの例を思い出すことができる。勝利というのは様々な影響を与えるものであり、決着のつかないような戦争の場合は精神力の優位というのはそれほど大きくはない。私があえて言いたいのは、完全に敗北していない軍隊というのは、もし翌日や当日の夜にも攻撃が行われるのであれば、精神力が優位にある場合もありうるのである。ところがもし部隊が敗北して撤退していれば、勝利した相手の部隊がいかに弱体化していて、しかも負けた側の自分たちに新たな部隊が補充されたとしても、それらのすべてが無駄となる。追撃してくる側の部隊はすべての戦闘を新たな勝利につなげていくからである*41。

当然ながら、マキャベリは近代において士気についてコメントした唯一の戦略家というわけではない。たとえば啓蒙時代（一七一八年あたり）には、ウェールズ人であるヘンリー・ハンフリー・エヴァンス・ロイド（**Henry Humphrey Evans Lloyd**）も士気について興味を抱いていたことを記している*42。同様に、ベルンホルストは自著（***Reflections on the Art of War***）で、部隊の士気が重要な要因であることを強調していた。ナポレオン自身も「戦争では四分の三は精神力の問題だ」という信念を持っていたことは有名だ*43。

クラウゼヴィッツの戦争観は、政府、軍隊、そして国民の「三位一体」によって成り立っているが、これは実際のところ精神力や士気の問題に左右されている。クラウゼヴィッツに詳しいレイモン・アロンが記しているように、「クラウゼヴィッツの精神力の強調は、戦争は社会的な営《いとな》みであるという解釈から生まれたものだ。人間はこの営みに集団（軍、軍の指揮官、国家元首）の一員として関わることになり、それらは互いに依存している存在であり、主権と国民の精神的な面でのまとまりが国家の究極の基盤を構成している」というのだ*44。クラウゼヴィッツは、軍隊が国民の目標に対する勇気や熱意、そして取り組みに対する姿勢などによって大きく力づけられるものであると説明している。もし戦争が国民的な仕事であると認識すれば、彼らはその目標に対して真剣に取り組むべきだと感じるだろうし、そのための犠牲を覚悟し、それを受けて軍もさらなる努力を払うようになるはずだ。クラウゼヴィッツは『戦争論』の第三篇と第四篇の中のいくつかの章で、精神的な要素の重要性を詳しく論じている。彼がリストアップした精神力や士気を構成する主な要素をそれぞれ挙げると、最高司令官の才能、軍隊の武徳、軍隊の民族精神（これは国民の中にあり、その情熱から引き出される力を示す）となる*45。『皇太子御進講録』の中で、クラウゼヴィッツは以下のように書いている。

第一の、またもっとも重要な原則は……あらゆる兵力を最大限の努力をもって結集することである。ここでは、いかなる妥協《だきょう》も、目標が達成されない原因となる。成果そのものが確実で、かなり見通しのあるものであっても、それを完全に確実にするために最大限の努力をしないことこそ、もっとも愚《おろ》かなことである……**このような措置がもたらす精神的な印象は、無限の価値を持っている**＊46。

クラウゼヴィッツは『戦争論』で、たとえ小さな勝利であっても、それによって士気を上げることの重要性を繰り返し説いており、士気が高まれば体力的な疲弊《ひへい》を補うことができると強調している。その反対の敗北は、部隊の力を削ぐことになり、最高指揮官の能力に対する信頼の低下は、物理的な要因よりもはるかに大きく、軍の闘争心を失わせる可能性があるという＊47。

クラウゼヴィッツは、敵味方の双方、つまり自軍と国民、そして敵にとっての精神力や士気の重要性を認識している。実際に彼は「勝利は戦場の支配だけでなく、戦闘部隊の物理面と**精神面**の破壊にもある」と書いているほどだ＊48。したがって、ルーデンドルフが「クラウゼヴィッツは『戦争論』の中で国家の精神的・超心理的な力について何も語っていない」と主張しているのは間違いである＊49。

ここでも再び明らかになるのは、クラウゼヴィッツのアイディアが勝手に解釈した形で使われているという事実である。一九一一年に出版された『戦争の変遷』（***The Transformation of War***）の中でコリン大佐は、勝利を達成するために最も重要な要因が「愛国的な情熱」であると強調しており、その反対に敵を敗北に導くための決定的な要因は「国民感情《ナショナル・センチメント》の低下」であるとしている＊50。フランスの読者がとりわけ魅了されたクラウゼヴィッツの概念は、「攻撃的な精神」と「精神力」であった＊51。したがって精神力は攻撃力と関連づけて考えられていた。ヒューバート・カモン大佐は、自らの読者に対して、防御の優越性を説いたクラウゼヴィッツの教えには従うべきではないと説いている。それでもカモンにとって、クラウゼヴィッツは戦争における精神的な要因を強調した点において素晴らしい価値を持っていた＊52。他にもフランスのクラウゼヴィッツ信奉者にジョルジュ・ギルベール大佐（一八五一〜一九〇一年）という人物がいるが、彼はフランスの戦争大学（École supérieure de guerre）で受けた講義の中でクラウゼヴィッツの教えに出会っている。ギルベール大佐はクラウゼヴィッツの精神力と大胆さの強調に賛同しており、珍しいことにクラウゼヴィッツの「最終的に防御側のほうが強い」という考えを理解しつつ、そのような深さを持った考えは間違いないはずだと付け加えている。他にも彼は自分の読者に対して、クラウゼヴィッツにアイディアをもたらしたナポレオンの有名な言葉、つまり「フランスで忘れ去られたナポレオンの伝統をじっくりと継承しているのはドイツ人である」という発言に注目するよう促《うなが》している＊53。

一九〇二年にギルベールはボーア戦争を引き合いに出して「精神力や士気が最も重要であることを証明した」と論じている。優れていたはずの英軍側も、士気に勝るボーア人には楽勝できなかったからだ＊54。他にも戦略研究者であるフレデリック・クルマン（Frédéric Culmann）がこの解釈に同意しており、それを日露戦争に当てはめている。そして日本側の士気の高さが決定的であり、防御力の重要性は低かったと考えている＊55。ネグリエ将軍（General Négrier）はこの戦争の後に「近代兵器の登場によって一人ひとりの戦闘員の重要性はこれまでにないほど高まったことは世界中に知られるようになった」とコメントしているほどだ。ドイツと比べて数的に劣るフランス側の視点から考えれば、「これは我々にとって幸運といえる……なぜなら数は勝利を決定するものではなくなったのであり……数的に劣っていても、われわれの兵士には問題がないことになるからだ」と記している＊56。

また、同時代のフランスのラングロワ大佐（Colonel Langlois）は、戦術というのは十年ごとに変化するが、変わらないのはフランスの歴史的な胆力、つまりクラウゼヴィッツの著作の中に豊富に見ることができる「精神力」に頼るという部分だと述べている*57。ダグラス・ポーチ（Douglas Porch）に至っては、「クラウゼヴィッツの言う精神力というのは、フランス軍の政治的分断や、兵器面での不備、そしてドクトリンの欠如などを悪化させている、あらゆる病理に対する特効薬のように見えた」とコメントしているほどだ*58。そして非常に重要なことに、当時のフランスはたしかにドイツと比較して兵力の数で劣っていたのである。フォッシュの記した文章には、以下のようなことが書かれている。

わがフランスには大砲や兵士があり、ヴォージュ山脈の向こう側に住む人々（ドイツ）よりも、人種的な面や活動、知性、精神、覇気、忠誠心、愛国精神などで優れていることは明らかだ……。

一〇万の軍が戦って一万の被害が出たとして、彼らが負けたと認めることがあったとしよう。ところが彼らは同じくらいの兵力を失っている相手の前で撤退しているのかもしれない。さらにいえば、撤退している時に双方とも彼我《ひが》にどれだけの数の被害が出ているのかを正確に知ることはできない。したがって双方の軍隊の撤退や戦闘の中止、そして敵への戦場の明け渡しによる戦争の勝利の始まりを決定させるのは、物理的な事実として認められる被害そのものではないのだ*59。

軍人のほとんどを含むフランスの保守派の人々の間では、フランス革命がもたらした結果について懐疑《かいぎ》的な見方をする者がほとんどであった。ところが革命戦争の勝利については、政治・哲学的な理想を強調するものよりも、フランスの国民性を強調した解釈のほうが好まれた。たとえば一九二一年にはパラト将軍が『戦争論』の要約書を出版しているが、これには以下のような、政治のツールとしての戦争の役割について書かれた箇所がある。

欧州の数々の最高レベルの軍隊を（第一共和政の）フランス政府と帝国が破壊できたのは、戦争に対する政治の影響というよりも、むしろ政策の誤りによるものだと言えよう。フランスが戦争のやり方を変えられたのは、新しいアイディアや、それまで知られていなかった手順によるものではないし、数々の驚くべき行動の原因もそこにはない。それを変えたのは、フランスの国民性や新たな国内社会環境、政府、そしてフランスの国家組織そのものにある。他国の政府は彼らも予測不能であったほどの情勢変化の力を支配できるものだと勘違いしていた。彼らは自らが打ち負かされることになる兵力の前に弱い防御しか準備しなかったのであり、それこそが政治的な間違いだったのだ＊60。

もちろん「精神力」や「士気」を強調したのはフランス人だけではない。一九三七年に出版された悲観的な内容の小冊子の中で、ホルスト・フォン・メッチ（Horst von Metzsch）元将軍は、いざ戦うことになったら絶対に欠いてはいけないものとして、クラウゼヴィッツの強調した「精神」（Geist：霊、亡霊、ここでは士気という意味）を引き合いに出している。彼はクラウゼヴィッツの「建白書」を引用しつつ、以下のように記している。

力の優位があまりにも圧倒的であるために我が方の狙いが無制限に拡散してしまう場合や、逆に危機の継続期間が長引く可能性があまりにも高いために最小限の兵力の節約によっても目標を達成できないような場合には、我が方の兵力の勢いをたった一度の主戦を戦う方に向けなければならない。苦しい立場にある側はこれ以上安心できないことになり、絶望的な状況から精神力での優位にすべてをかけることになる。そうなると、最大限の勇気が偉大な知恵にとって代わられ、勇敢さが計略につながり、失敗しか見えないことになると、名誉ある敗北の中に未来の復活を見い出そうということになる。彼は「このクラウゼヴィッツの考え方こそが、本書の核心である」と付け加えている*61。

クラウゼヴィッツによる心理学的要素や士気の重要性の強調は、ドイツの他の軍事専門家たちの心もつかんでいる。ウルリッヒ・マーヴェルデル（Ulrich Marwedel）が気づいたように、一九世紀から二〇世紀への移行期におけるドイツの戦略思想や軍に関する記事で士気や精神的な要素が論じられる際には、必ずと言ってよいほどクラウゼヴィッツが引用されていたのである*62。一九世紀後半までにはクラウゼヴィッツが強調した精神力や士気の重要性について議論は広まっており、西洋のほとんどの軍事教育のカリキュラムの中で使われるようになった。「精神力」はクラウゼヴィッツによって発明されたわけではないが、彼によって広められたといえる「意志の力」という概念にもつながっている。

クラウゼヴィッツの考えでは「精神力」と「意志の力」には密接《みっせつ》なつながりがあった。ジョゼフ・ド・メーストル（Joseph Comte de Maistre：一七五四〜一八二一年）がすでに記したように「敗北とは……負けたと考えさせられることによって生じるもの」であった*63。その証拠に「現実主義者のクラウゼヴィッツ」は、戦争を二人のレスリング選手同士の試合にたとえている。

いかなる格闘者も相手に物理的暴力をふるって完全に自分の意志を押しつけようとする。その当面の目的は、敵を屈服《くっぷく》させ、以後に起こされるかもしれぬ抵抗を不可能ならしめることである。**つまり戦争とは、敵をしてわれらの意志に屈服せしめるための暴力行為のことである**……要するに物理的暴力……はあくまでも手段であって、敵にわれわれの意志を押し付けることが目的なのである*64。

したがって、クラウゼヴィッツは晩年にこのような「より全般的な戦争の定義」を組み立てたのである。クラウゼヴィッツは、戦争の多面性やそれがエスカレートする可能性などを認めてしまったため、自身の「敵兵力の殲滅」を目指すような観念主義的な戦争の定義が適切ではないことに気づいてしまったのだ。つまり彼の新しい定義によれば、勝利は敵側が拒否しようとしてきた「明確に定義された戦争目標の達成」となる。これをいいかえれば、**勝利は敵にして我の意志に屈服せしめることによって達成されるもの**、ということだ。もし戦争目標が旧体制《アンシャン・レジーム》時代の戦争のように限定的なものであれば、限定的な戦争目標の達成でも勝利に必要な十分条件を達成することになる。その反対に、もしその狙いや目標がナポレオンの場合のように無制限なものになってしまえば、敵兵力の完全な打倒のみが唯一受け容れ可能なものとなってしまう。これを踏まえて考えると、クラウゼヴィッツの理想とする戦争、つまりナポレオン戦争は、それ以前の戦争とは二つの点で大きく異なるものであった。第一に、ナポレオンの戦争の狙いは無制限であったことであり、第二は彼が軍隊にあった社会・経済的な制限を、国民の熱狂を戦争に組み込むことによって破壊してしまった点だ。

われわれはすでに精神力や士気についての議論の中で、クラウゼヴィッツが戦争という実力行為を、物心両面に影響を与えるものと認識していたことを見てきた。そしてここで彼は、戦争における心理学的な面という決定的な認識を示している＊65。『皇太子御進講録』の中で、クラウゼヴィッツは世論を味方につけることを「戦争遂行の三つの主目的」の一つとして挙げている＊66。当然ながら、彼の戦争の心理面の強調は、国民の関与が望ましいとする彼の主張と密接な関係をもっている。国家の「決定的な国益」がかかっている場合は、全国民を戦争遂行に動員する必要が出てくるからだ。したがって、戦闘というのは戦力バランスに影響を与えるだけでなく、その結果はそれに参加した兵士や、より大きくいえば国民、そしてそれを見ている外国の人々にも重大な印象を与えることになるという。「観念主義者のクラウゼヴィッツ」が書いた『戦争論』の第四篇でも、「主戦」というのは主に敵に対する心理的な効果を持つものとしてとらえられている（主戦は単なる殺し合いではないし、その効果は敵の兵士を殺害するよりもむしろ敵の勇気を挫《くじ》く点にある＊67）。

ドイツ語圏では、それ以前にも国民の武装化を主張した人々がいた。そして彼らの中には、そのような戦争が政府の手に負えなくなって逆に国民側に突き動かされるようになる危険をはらんでいると見ていた者もいた。ただし、それがどのような優位や問題を生むことになるのかを明確に判断できない者も多かった＊68。モルトケは、戦闘における「意志の闘争」というクラウゼヴィッツ式の言葉を使って以下のような説明を行っている。

戦闘での勝利は、戦争における最も重要な瞬間だ。敵の意志をくじき、我の意志に強制的に服従させることができるのは唯一これだけなのだ。一般的に言って決定的なのは、相手の国土の一片や強固な地点の占領ではなく、敵兵力の破壊だけなのである。したがって、これこそが軍事作戦の主目的となる＊69。

クラウゼヴィッツ式のこの言葉は、西洋の軍事関連の文献にあまねく広がることになった。その一世代後にはコルマー・フォン・デア・ゴルツが「意志」を、「軍事的天才」に並ぶ偉大な概念として賞賛している＊70。ほぼ同時期に、フランスにおけるクラウゼヴィッツの最大の信奉者であるフォッシュ（同じくクラウゼヴィッツ用語を使ったカルドとジョゼフ・ド・メーストルを引用しつつ）が以下のように書いている。

……**勝利**とは**意志**のことだ。

［戦闘の］**終着点**、つまり敵に我の意志を強要するところまで到達するために現代の戦争によって使われるのは、たった一つの**手段**しかない。それは組織化された敵兵力の破壊である。この破壊は戦闘によって遂行され、**準備**されることになる。この戦闘は敵を崩壊させ、統率や規律、戦術面での連携、そして**戦闘部隊としての存在そのもの**を乱すために行われる。これは勝利によって与えられた勝者側の精神面での優位を追究するなかで行われるものであり、敗者を粉々《こなごな》に引き裂き、完全に破壊し、すでに精神力と統率《とうそつ》を失った部隊を無力化――つまり戦力としての能力を完全に奪うのである。ここで論じているのは戦争行為であり、敵を打倒し、勝利を確保するための手段なのである。したがって、戦争は精神力の領域にあることになる。勝利とは勝者における精神力の強さであり、敗者側の精神力の衰弱《すいじゃく》である。戦闘とは二者の意志の争いである＊71。

さらなる結論として、彼は以下のように述べている。

あらゆる戦闘で勝つために勝利への意志が必要になるものであるとすれば、最高司令官が優れた意志を持たずに戦闘を行うことは犯罪である。なぜならそれは、全兵士に命令や勢いを与えるものだからだ。そしてたまたま戦闘を行わなければならなくなったとしても、彼はその困難を払いのけて勝利を目指し、戦闘する腹を決めなければならない。逆にいえば、「たまたま巻き込まれたから戦う」という姿勢で臨んではいけない＊72。

ここでわれわれは、二〇世紀にこのクラウゼヴィッツ用語や概念が伝えるアイディアが広まったことを再確認することになる。しかもこれらはクラウゼヴィッツへの直接的な言及もなく使われている。「敵国家の意志を武力によって変える」という考えは、初期のエアパワーの信奉者たちの目標の一つとなったのであり、これにはイタリアのジュリオ・ドゥーエ将軍や、イギリスの「英国空軍《RAF》の父」であるヒュー・トレンチャード卿（Hugh Trenchard）が含まれる。そしてこれは結果として、第二次世界大戦における航空戦の実践における一つの指針となった＊[73]。一九三六年にドイツ空軍が発表した「軍規定マニュアル」では、「戦争における軍の任務とは敵の意志を打ち砕くことだ。国家の意志の最も強い部分はその国の軍隊に現れる。したがって、戦争における主要な任務は敵部隊を打ち砕くことにある」と結論づけられていた＊[74]。二〇世紀後半になると、フランスの戦略思想家であるアンドレ・ボーフル将軍（André Beaufre）が自らの戦略の定義を「双方の弁証法的な意志によるアートであり、兵力をつかってその紛争の解決を目指すもの」としており、これは敵に対して戦闘やその追究が無駄であることを「納得させる」ことにあるとしている＊[75]。二〇世紀末にはクラウゼヴィッツの「意志の戦い」という考えは広く浸透しており、戦略を考える際の大前提となっていたのだ。

❇戦力の経済性

他にも、クラウゼヴィッツの優れた教えが混乱を生じさせている例がある。たとえば彼は、第三篇に含まれる短い一四章の中で「戦力の経済性」を論じている。普段はあまり大雑把《おおざっぱ》な目安を提示したがらないクラウゼヴィッツも、ここでは最高司令官が作戦を行う上で「全兵力を参戦させるよう」主張しており、暇《ひま》で何もしていない部隊をつくってはならないとしている。

もし敵に十分の圧力を与えない場所に兵力を置いたり、敵の攻撃のさなかに兵力の一部を行進させる、つまり一部を無駄にする、といったことは不経済な用兵である。そういう意味では兵力の濫費《らんぴ》ということはあり得るので、それは目的に反した用兵よりも一層不経済でさえある。ひとたび行動が予定されれば、あらゆる部分が活動することが第一に必要となる。ところが、いかに目的にそぐわぬ活動でさえも敵の兵力の一部を消耗《しょうもう》させこれを撃破するものであるのに、全然無駄な兵力というものは、その間はまったく戦力として働かないのである＊76。

いいかえれば、クラウゼヴィッツはここで軍事作戦を行うために派遣する部隊の経済性を考えろと主張したわけではなく、その反対に、その敵に対して使える兵力をすべて投入することを強調したのである。ところが彼は以下の本の中で、自らの意見と矛盾したことを記している。

実際に戦っている味方の戦闘力が小さくとも、予備軍として戦闘に備えているだけで勝敗に影響を与えうる戦闘力が大であるほど、敵の新たな戦闘力が勝利を奪回する可能性はますます薄れる。それゆえ、兵力をできるだけ節約して戦闘を遂行し、到るところで強力な予備軍の精神的効果を信用しようとする最高司令官や軍隊は勝利に向かって最も確実な道を歩んでいると言える。最近ではフランス軍、殊《こと》にナポレオン指揮下のフランス軍にその見事な例が見出される＊77。

したがって、クラウゼヴィッツの「戦力の経済性」についての見解はいかようにも解釈できるものであり、当然ながらこれはフランス人に好んで使われることになった。たとえばコリンはクラウゼヴィッツの戦力の経済についての主張を深読みしており、「クラウゼヴィッツが（タイミングのあった）戦力の経済性と呼ぶものを無視する人々が多い。ところがこれは、すべての戦力を一つの戦場に集中させながら、それを順々に投入することを意味している」としている*78。フォッシュは以下のようにコメントしている。

戦力の経済性の原則は……もてる資源をある瞬間の特定の地点にすべて注ぐためのアートであり、すべての部隊を使い、それを実現可能にし、その部隊同士の通信を確保して分断されないようにして、さらにはそれぞれの分隊らに対してある特定の固定された機能を果たすことを教えるものだ。その後のもう一つの役割としては、新たな目標を目指したり、それに対して配備するための原則という意味もある。

繰り返すが、戦力の経済性の原則は、持てるすべての兵力を抵抗を受けるであろう一点へと順々に集中することを教えるものであり、したがってそれらの部隊を一つのシステムとして組織することを教えるのだ。

この原則の必要性はナポレオン戦争の直後から明白になっていたのだが、それはこの戦争から大規模な数の兵士を扱う必要に迫られたからだ*79。

フォッシュにとって「近代戦争の出発点は国民に対する働きかけであり、彼らから最大限の献身を引き出すための共通の行動を行うように気をつけることだ。そのような共通の行動というのは、クラウゼヴィッツによって二つの部分から成ることが示されていた。それは時間と空間における兵力の調和である*80。また、フォッシュはクラウゼヴィッツが『戦争論』の第三篇で扱った奇襲（さらには数的優位）の重要性を採用している*81。

「フォッシュのクラウゼヴィッツの理解はどちらかといえば表面的である」というイェファダ・ヴァラックの批判にはたしかに一理あるが*82、それでもクラウゼヴィッツの実践的な記述を有名にしたのはフオッシュであることは、ここであらためて強調しておく必要があるだろう。

アメリカ人も軍事思想をいくつかの覚えやすい「原則」に還元《かんげん》したがる病《やまい》にかかっている（フォッシュによる影響だろうか?）。一九二一年に発表された「陸軍省訓練規定10-5」（*The War Department Training Regulations No.10-5*：フィールドマニュアル10-5の元になった文書）では、以下のような形でリスト化されていた。

A．目標統一の原則
B．攻撃の原則
C．集団の原則
D．戦力の経済性の原則
E．機動の原則
F．奇襲の原則
G．保全の原則
H．単純性の原則
I．協力の原則＊83

いわばフォッシュによって「消化」されたこれらの原則は、その源泉をたどるとクラウゼヴィッツの『戦争論』の第三篇の見だしに行き着く。たとえば「奇襲」と「戦力の経済性」はまさにクラウゼヴィッツが示したものであり、しかもそれはクラウゼヴィッツの数の上での優位の強調とは矛盾しているといえる（兵力の規模が大きくなればなるほど奇襲の実行は難しくなるからだ）。

❇摩擦とチャンス

戦いの特徴を示したクラウゼヴィッツの概念の中には、誤解の余地がほとんどないような明確なものもある。たとえば「摩擦《まさつ》」(friction)という概念は、戦争計画とその実行段階の違いを説明する上で極めて有用なものである*84。かなり頻繁《ひんぱん》に引用されるクラウゼヴィッツの言葉として「戦争におけるすべてのものは単純である。しかしこの極めて単純なものが、かえって困難なのである。この困難は累積され、戦争を未だ見たことのない者には想像だにできない摩擦となる」というものがある。また、「現実の戦争と机上《きじょう》の戦争とを一般的に区別する概念は、この摩擦という概念であろう」というのも有名だ*85。

戦争における行動は、あたかも抵抗多き物質中の運動に似ている。例えば水中においては、最も自然であり最も簡単な歩行という運動でさえ容易にかつ正確に行うことはできはしまい。それと同じように、戦争においても普通平凡な力によって並の成績すらも得ることができないのである。それゆえ、真に戦争を知っている兵学理論家の言は、ちょうど水泳の教師が水中で必要な運動を水中で必要な運動を空中で模倣《もほう》してみせるのに似ているものである。それは水中のことを想い浮かべずに傍観《ぼうかん》する者にとっては実に奇怪《きかい》で誇大なものに映るだろう……彼らは、誰でも教えることのできること、例えば歩行などということをあたりまえに教えているにすぎないからである*86。

この摩擦の問題に対してクラウゼヴィッツが用意した解決法は、軍の規律の強化と、部隊の訓練の繰り返しであった*87。

クラウゼヴィッツの言葉は、すでにコンスタンティン・フォン・ロッサウによって取り上げられており、彼は『戦いの理想』（*Ideals of Warfare*）という著書の中で、「戦争におけるいかなる作戦行動における基本的なアイディアはほぼ単純なものだが、その実行は極めて困難だ」と記している＊88。それ以降も数多くの著者たちが、クラウゼヴィッツが摩擦を扱った第一篇で鮮《あざ》やかに示した「軍事行動の単純さと難しさのパラドックス」というアイディアを取り上げている。

摩擦と関連づけて考えられるクラウゼヴィッツの概念に、「戦争（戦場）の霧」（the fog of war）というものがあるが、これは現実の戦いの難しさを説明する際に使われている。「最後に、戦争においてはすべての事実が極めて不確実であるということも戦争にとって独特な困難さの一つである。ここではすべての行動が、かなりの輪郭《りんかく》のかすんだ薄明《はくめい》の境で行われねばならない。それはちょうど、霧のなかや月明かりのなかでモノを見るようなものである」＊89。二〇〇一年のアメリカのアフガニスタンにおける戦争でさえも、この言葉は官僚組織の秘密主義や、よりオープンな情報政策を採用できない状況を説明する際に使われている＊90。

ところが戦争における運やチャンス、もしくはアクシデントの強調（すでにわれわれはクラウゼヴィッツの三位一体の二つ目の要因として見たが）は、やはり際立《きわだ》ったものだ。彼は戦争を「トランプのゲーム」にたとえており、それがチャンスの領域にあると指摘している＊91。彼は敵に直面した後も継続して使えるような戦争計画は存在しないと記しているが、モルトケもこの見解を受け継いでいる＊92。

このような概念は、世界各国の軍事思想家たちにとっても理解しやすいものであったため、逆にそれを広める上でクラウゼヴィッツが果たした役割が忘れられているほどだ。ところが次章で見ていくように、攻撃と防御のどちらが強いのかという問題についての議論では、クラウゼヴィッツの役割は決して忘れられていないのである。

第5章

防御・攻撃論、殲滅戦、そして総力戦

すでに見てきたように、クラウゼヴィッツは「無謀《むぼう》な攻勢戦略の提唱者」や「総力戦の伝道者《でんどうしゃ》」であると非難されてきた*1。そこで本章では、このようなクラウゼヴィッツに向けられることの多い「第一次世界大戦でほぼすべての参戦国に実践された無謀な攻勢の提唱者である」という批判や、敵戦力の殲滅《せんめつ》や総力戦と関連づけられていることを踏まえて、それぞれの議論におけるクラウゼヴィッツの本当の立場を指摘しながら検証していくことにする。

防御と攻撃

❄クラウゼヴィッツ ―― 防御の優位

まず最初に、攻勢戦略だけを提唱した人物であるという非難を見ていこう。ここでわれわれが言えるのは、それがまったくのウソであるということだ。彼は、戦いにおいて強いのは防御のほうだと主張している。クラウゼヴィッツ自身の攻勢と防御についての考えは、若い頃の師匠であったシャルンホルストのものに近い。そのシャルンホルストによると、防御には攻撃性が含まれているということになる。その理由は、防御の第一のルールが「単に守るだけでなく、攻撃するためのもの」であるからだ*2。さらに加えて、彼は以下のようにも述べている。

軍隊がある地方を防御する場合、この地方を占領する任務を負った敵兵力を殲滅できれば、その目的を達成する確率が高まるだろう。もちろん防御する側の軍隊が戦闘をなるべく避けるべき状況が発生することは認めなければならない……ところがやがてチャンスが訪れて何かしらの形で戦闘に入らざるを得なくなった場合には、その主目的は敵軍に最大限の被害を与えることになる。ところが反撃することなく敵の打撃に対応しているだけでは、この目的を達成できない。よって、攻撃を防御と組み合わせなければならないし、そもそも最初から攻撃的に進めなければならないかもしれないのだ。結局のところ、救いは攻勢からしかもたらされない。したがって、ここであえて指摘すべきなのは「戦術的な防御というものは存在しない」ということだ*3。

そして当然のように、このような考え方はクラウゼヴィッツ独自のものというわけではなかった。一八一五年に出版された『戦争』(*War*)という本の中で、コンスタンティン・フォン・ロッサウもこのテーマについてシャルンホルストとほぼ同じ見解を示している。ロッサウは、攻勢が戦争の中心にあり、その理由は「防御している時でも攻撃を仕掛けることができる」点にあると述べている。攻撃を受けた側はすべての準備を反攻のために行い、その次に反撃を行うべきだというのだ*4。

クラウゼヴィッツは、早ければ一八〇四年に書いた戦略についてのメモ書きの中で、以下のように書いている。

防御的な戦争とは、いかなるものであろうか？　この状況では何もできないのであろうか？いや、それでは一方的な戦争となってしまう。たとえ敵と比べて我の力が劣る場合でも、戦争全体の性質が防御的であるとは言えない。単なる幸運や自暴自棄《じぼうじき》な行動に頼ったり、そして我の弱い兵力でも単に敵の攻撃を防ぐ以上のことができるだけの強さを持っていると信じ込んで行動するほうが、実際のところはるかにましであろう。攻勢に比べて全体的な防御には、より多くの数の兵力が必要となるからだ……。われわれの意図は、決して純粋な防御だけに限定してはいけない。常に（敵に対する）攻撃という考えを捨ててはならないのであり、防御の態勢《たいせい》をとるのは、状況的に難しい場合のみである。よく手懐《てなず》けられた馬が手綱《たづな》によく反応するように、将軍も状況に押しつぶされてはならないのであり、自らの攻撃計画よりもさらにその先を率先して実行しなければならない＊5。

『皇太子御進講録』の中でも、クラウゼヴィッツは戦いにおける防御と攻勢の問題について論じている。

政治的な意味で防衛戦争といわれるのは、独立のために遂行されるような戦争である。また、このような目的のために準備した戦域に敵との戦闘を制限するような戦役は、戦略的な意味における防勢戦争である。この戦域において、会戦が攻勢的に行われるか、あるいは防勢的に行われるかによっても、戦役の本質は変わらない……。防衛戦争は、時代をぼんやりと待ち受けることにあるのではない。決定的な利益が明確な場合にだけ、待たなければならない……。戦略的攻勢は、戦争目的を直接追究する。戦略的防御がこの目的を部分的に、あるいは間接的に達成しようとしているだけなのに対して、戦略的攻勢は、直接敵戦闘力の撃破《げきは》に指向される*6。

クラウゼヴィッツは『戦争論』の中で、防御は攻勢よりも強いと論じている*7。彼が一八〇四年に書いた戦略についての「覚書」の中身は『戦争論』の第六篇の中でほぼ同じ文面で再現されている。

そもそも防御の概念とは一体何であろうか。それは敵の襲撃に抵抗することである。したがって防御の一般的性質は、敵の襲撃を待ち受けることにあると言っても良いだろう。つまりこの待ち受けるという性質がみられる時、常に行動は防御的なものになり、そしてまたこの性質の有無によってのみ、実戦上の防御と攻撃との区別がつけられるのである。しかし絶対的な防御というものは戦争の概念とまったく矛盾することになる。なぜならそのような場合は一方だけが戦争を遂行しているだけにすぎないという妙なことになるからである。それ故《ゆえ》、防御といっても実戦においては単に相対的なものであるのは言うまでもない。ようするに防御の特徴というのは総体的な意味に使われるべきであって、その個々の部分にわたって使われるべきものではない。例えば敵兵の襲撃、突撃を待ち受けるというのなら、これは局部的戦闘における防御の立場であり……しかしながら防御側も実際に戦争を遂行するには、突撃してくる敵に突撃をもって応えなければならないので、防御戦とはいってもある程度は攻撃行動もなければならない……それ故、交戦にあたっての防御的態勢というものは決して単なる楯《たて》のようなものと考えられてはならず、巧妙に攻防両用に用いられる楯のごときものと心得られるべきである*8。

防御は消極的目的、つまり現状維持を目指すものであるのに対して、攻撃は積極的目的、つまり獲得を目指すものである……すなわち戦争遂行上、防御態勢はそれ自体としては攻撃的態勢より強力である……防御というものは戦争遂行上、より強力な態勢ではあるが、消極的目的しかもち得ないので、こちらの力が弱くやむを得ない場合にのみ用いられるのは言うまでもなく、こちらが積極的目的を貫徹するに十分な力が得られるや否や、直ちにこの態勢《たいせい》は棄《す》て去られねばならないのである。ところで防御態勢のもとにおいて勝利がおさめられるや、残余の兵力関係は普通防御者に有利な結果になっているものであるから、戦争の自然的進行もまた、まず防御で始まって攻撃で終るというのが一般的である。つまり防御という受動的態勢を全体にあてはめるだけでなく個々の部分にまであてはめるのは間違いであったように、防御を終極的目的と考えるのも戦争の概念とは相容《あいい》れない間違った考えである……敵を迎撃することだけに勝利を限定し、あえてこれに反撃を加えないなどという戦争がまったくナンセンスであるように、あらゆる対策がことごとく絶対的な防御（受動態勢策）にしかすぎないような会戦なども、まったくナンセンスなことなのである＊9。

彼は攻撃の中に似たような弁証法を見てとっており、「攻撃自身もまた防御形式の採用なしにはありえず、しかもその力の（防御側よりも）はるかに弱い形式であるはずの防御を採用することなしにはあり得ない」と述べている＊10。そして同じように「防御とは攻撃に比べてより強力な戦闘形式ではあるが、これだけでは消極的な目的しか持ち得ず、したがって当初この優勢な力をかりて猛烈な攻撃、すなわち戦争の積極的目的に移行するための当初の勝利を獲得する手段である」と繰り返し強調している＊11。

第六篇の第八章の中で、クラウゼヴィッツは防御は防衛的姿勢を保つ上で特に優位なものであると説明しており、これは相手の攻撃を待つことを含むために抵抗的であり、活動（反応）期間が分散して存在する、長期の無活動の時期であると考えた＊12。ところが再びクラウゼヴィッツは、そのような戦略的に防御的な抵抗は、戦術的な攻撃から構成されている可能性があると強調している＊13。

奇妙なことに、防御をここまで強調したにもかかわらず、彼は要塞化された場所の防御についてはそれほど強く提唱していない。もちろん要塞の貯蔵庫としての役割や、大規模で豊かな都市の盾としての役割、野営地の遮蔽物《しゃへいぶつ》、守りのない地方の堡塁《ほうるい》や民兵（武装化した国民）の組織の拠点、さらには山や川を通る戦略的通路の防御のために必要であることは認めている。ところがナポレオン戦争の経験を踏まえて考えてみると、要塞は全体的に言ってフランス革命以前のような役割を果たせなくなったと考えたのだ。ヨーロッパでは「その後大常備軍が強力な砲兵隊を伴って立ち現われ、孤立した城壁の抵抗などは徹底的に粉砕」されてしまったために、遅かれ早かれ陥落《かんらく》することを知っていた都市の諸侯たちは、包囲に対する抵抗を諦《あきら》めている。抵抗が長引けば、抵抗者に対する攻撃側からの報復がますます苛烈《かれつ》なものになるだけだったからだ＊14。

❋プロイセン〜ドイツにおける防御と攻撃

プロイセンではクラウゼヴィッツの防御優勢の教えはあまり歓迎されなかったが、「防御は受動的ではいけない」という部分は積極的に受け容れられた。一九世紀から二〇世紀初頭にかけてのドイツの軍事関係の著者たちは、全般的に言って、「戦争における戦術的なレベルにおいて、防御的な態勢からある程度の優位を獲得することができる」というクラウゼヴィッツの考えはなんとか認めていた。ところがベルンハルディやゴルツを含む多くの著者たちは、クラウゼヴィッツの教えを初めから拒絶しており、その議論の土台となっているロジックや前提がそもそも時代遅れになっていると批判している。彼らは奇襲を活用可能な攻勢的な手段として賞賛しており、それを「強い戦闘様式」や「偉大で不可欠な戦闘力」という詩的な表現で呼び、「イニシアチブの圧倒性」や「軍隊の精神力や勢いを引き出す能力」、「内に潜《ひそ》む力」、

「主力戦闘部隊を一撃のために集中させる可能性」をたたえたのである。端的にいえば、当時のほぼ全てのドイツの軍事関係の著者たちは、熱心に「攻撃の嘆願《たんがん》」を行っており、これこそが戦争の女神であるベローナの娘であり、勝利の秘訣《ひけつ》であると説いたのだ。ドイツの兵士たちは単純に「戦争の遂行は攻撃のことを意味する」、「戦争の本当の遂行は攻勢のみにあり」と教えられてきた。これは平時における軍全体の教育を、戦時の攻撃的な精神に向けようとするものだった。つまりあまりにも多くの敵に包囲されているドイツにとって、唯一可能な戦いは攻勢的な戦いであるとされたのだ。すでに占領した場所を守るということは、まるで卑《いや》しいものであるかのように見下されることになった。したがって「攻撃それ自身が攻撃のためのもの」となり、逆境においても何にも勝るものであると表現された。なぜならそこには、将来の戦闘において「勝利を約束する、偉大な力と望みがそこに含まれていた」からである。ゴルツが記したように、「現在のわがドイツの戦争のやり方で狙われているのは主戦であり、これは攻撃と切り離して考えることはできないとわれわれは考えている。攻撃という考えは、理論的な考えだけでなく、実行面のほぼすべての土台を形成している」のだ*15。

ところがこの点について、大モルトケがまだシャルンホルストやクラウゼヴィッツの考えに近かったことは特筆すべきだ。その証拠に、彼は一八六一年から一八六五年の間に書いた「防御、攻撃、そして銃剣を使った戦闘」という論文の中で、以下のように述べている。

防御を使えば、敵が開けた平野を進軍しなければならないようなポジションを選択できることになる。よって防御側は、火力の即時使用を最大限活用するための地形の間や、個別の物体の間の距離を正確に選択する時間をほぼ常に持てることになる。

その反対に、攻撃の利点というのは明確で持続的なものだ。自らの決断から動ける側というのは、待ち受ける側が対抗手段を制限される法則を決める側に立つということになる。攻撃側は明確な狙いを持っており、望ましい状態に至るやり方を自ら選ぶことができるのであり、防御側は相手側の意図を予測して、それを防ぐための手段を検討しなければならない。

つまり一方は行動をあらかじめ決定しているのに、もう一方はわからずに待っているという状態だ。そして防御側も決着をつけたいと考えているのであれば、最終的には攻撃に出なければならない。ところが攻撃する前に最初に固定化された火力を使った戦闘における物的有利な状況を活用すべきかどうかというのは、それとは別問題なのだ。

彼は向かってくる敵が、常に火砲にさらされながら長距離を移動してきてから銃剣で戦闘をしかけてくるのであれば、こちら側の歩兵にも戦闘で勝利するチャンスがあると説明している。この状況ではこちら側の歩兵が相手に対して突進しても、何も得るところはないからだ。もし攻撃をしかけてくる敵が火砲にさらされている間に撤退すれば、それを追撃する側にとっては勝利をもたらす反撃のための格好のターゲットとなるだけだ。ところが、

攻撃というのは単なる戦術的なものにとどまるものではない。賢明な軍の指導者は、実質的には攻撃的であるために、敵がある地点を攻撃せざるを得ない状況に追い込まれる「防御的な姿勢」をとることによって成功することが多い。犠牲者が出たりショックを受けたり、疲弊《ひへい》することによって相手が弱みを見せたときになってからはじめて、戦術的な攻勢を仕掛けることになる。したがって戦略的な攻撃というのは、戦術的な防御と容易に調和するものであることがわかる。

ところが彼は再び、勝負を決する銃剣による伝統的な軍同士の衝突の前に、敵を常に火力にさらして損傷を与えておくための長い時間が必要であるとを指摘している*16。そして一八六九年に書いた「高級指揮官に与える教令」の中では、

戦争に発生することの多い、あいまいで不明確な状況においては、敵にルールを選択させるよりも、主動性を奪取して維持することのほうが一般的に望ましいと言える……。戦闘を攻撃的・防御的のどちらの姿勢で行うべきかという長年の問題について、一様な答えはないと言える。勝利についての最も明確な目安は、戦闘前に敵が占領していた空間を戦闘の終わりに占領し、しかも敵がこれ以上の損害や撤退を出さずにその空間を維持できないような状態をつくれるかどうかである。つまり、いかなる戦闘での勝利も攻勢的な行動によって終わらなければならないわけだが、その戦闘をそもそも攻撃で始めればいいのかどうかという議論についてはまだ決着がついていない。攻撃の優位は広く知られており、これを通じて敵に行動のルールを押し付け、敵がそれに従い、その対抗手段を制限するのである……。攻撃する側は自分たちのしたいことをあらかじめ知っているのであり、防御側は不確実性の中におかれ、相手の意図を予測することぐらいしかできない*17。

さらに普仏戦争後の一八七四年に、モルトケは「火力の進化が戦術的攻勢よりも戦術的防御にとって大きな優位をもたらしたと確信している。一八七〇年の戦いにおいて、われわれは常に攻勢にあり、敵の最強の陣地を占領したが、そのために支払った代償のなんと高かったことだろう！今になって考えれば、敵の攻撃を撃退した後に攻撃を仕掛けたほうがより優位だったように思える」と記している*18。したがって「モルトケは、防御は攻撃よりも本質的に強いというクラウゼヴィッツの主張を意識的に無視した」と

いうアザー・ガットのような分析は、実際は正しくないことがわかる*19。

ところが一九世紀末から二〇世紀初頭まで好まれたのは、明らかに攻撃のほうであった。シュリーフェン伯爵は一八九三年に記した意見で、以下のように述べている。

軍の兵器はたしかに変わったが、戦闘の根本的な法則は不変のままであり、そのうちの一つが「攻撃なしに敵を打ち負かすことはできない」というものだ・・・その手段があるのであれば攻撃しなければならないのであり、その目的は敵の殲滅を最大限拡大するためである*20。

シュリーフェンもあらかじめ防御の計画をしておくことを拒否したという意味では同じである。フォン・カーメラー陸軍中将も、クラウゼヴィッツの防御の優位についての議論を、長々と批判している*21。彼によれば、クラウゼヴィッツのこの部分に関する議論は「失敗である」という*22。それと同様に、フリードリヒ・フォン・ベルンハルディも「とりわけ現代の大規模な戦いにおいては、攻撃は戦闘行為としてはるかに優位にあると確信するに至った」と述べている。したがって彼は「最も偉大な軍事思想の権威」であるクラウゼヴィッツの考えを否定しようとして、以下のように記している。

したがって、私は攻撃的なやり方のほうが、防御よりもはるかに成功の確率が高いという結論に至ったのであり、その理由から、戦力バランスにとって良い結果を生み出すチャンスがある限り、弱者側にも攻撃を勧《すす》めるのである。もちろん戦力のバランスが強者側に傾きすぎると、弱者側の最も創造的な攻撃でさえ敵軍を打ち破れないことがあるのは間違いない。ところがそのような状況では、防御にまわっていてはよい結果を生み出すことはさらに難しくなる。よって私は、クラウゼヴィッツの「防御は戦争の遂行方法としてはより強力である」とする根本的な信条は完全に否定できると考える。そもそもクラウゼヴィッツは、反撃無しの防御は考えられないと議論している点で自己矛盾に陥《おちい》っている。そのような消極的なことは、彼にとって「戦争」の名に値《あたい》しないものとなるからだ＊23。

そのような事情から、ドイツで一九〇九年から第一次世界大戦の最初までの間に発表されたある指南書には「クラウゼヴィッツは敵の殲滅（Níedermërfung）の中に、戦闘的な行動の実際かつ絶対的な狙いを見ていたのであり、それが無理な状況においてのみ限定的な狙いを説いた……純粋な防御や占有地の維持だけを強制されてしまう側は限定的な目標しか狙えなくなる……ところがこの制限は、敵が動員や進軍によって獲得したものを取り返そうとしている時には短期的なものとしかならない」と書かれている＊24。そしてドイツ参謀本部の一九〇二年の覚書《おぼえがき》にあるように、「われわれは外征に行くのではなく、単にわれわれの国土を守ろうとしているだけである。われわれが侵略者となることは決してなく、常に攻撃される側だ。ところが我々が望む迅速な成功は、攻撃した時だけに得ることができるのは明白だ」と記されている＊25。

ただし戦間期のゼークト将軍の「軍の指揮のための指南書」（*Truppenführung*）では、「徹底防御」と、反撃を行うための「遅滞防御《ちたいぼうぎょ》」という二つの形で、再び防御の重要性が強調されることになった。つまり、クラウゼヴィッツの防御の重要性というアイディアは復活したのだ。実際のところ、この「指南書」では「敵の攻撃の回避」（Abwehr）を、以下の二つの方法として定義していた。一つは「防御」であり、ここでは防御側が主戦を決意しているものだ。もう一つは「遅滞交戦」（hinhaltendes Gefecht）、もしくは「遅滞抵抗」（hinhaltender Widerstand）と呼ばれるもので、防御側が（少なくとも当該地では）主戦を避けようとするものである。もちろんゼークトの指揮下にあったドイツ軍は、クラウゼヴィッツの柔軟防衛という考え方に回帰したと議論することも可能であるが＊26、結局のところはヒトラーの攻撃への固執《こしつ》によって、彼の考え方は無意味になってしまった＊27。

❇フランスと「徹底攻勢」

当然ながら、攻撃を好んでいたのはドイツの軍事関係者たちだけではなかった。一九世紀末当時の全ヨーロッパの政治文化が、軍国主義を発達させていたからだ。男性誌から軍事パレード、行進曲から軍の幹部の社会的地位にいたるまで、ヨーロッパの人々は軍国主義的に考えるような風潮にあり、戦争を産業社会の災《わざわ》いに対する潜在的な解決法と見なし、ナショナリズムは都市部の労働者たちの新しい宗教のように捉えられていた。すべての軍事関係の著者たちは、クラウゼヴィッツの防御優位の考えを否定するか、再解釈したのだ。

たとえばフランスでも、ドイツの場合と同じくらい防御と攻撃に関する議論への関心が高かった（ここで重要なのは、ヴァトリー中佐によるクラウゼヴィッツの『戦争論』の仏訳第二版が当初は第二篇から第六篇までしか含まれておらず、第一篇と第二篇は「あまりにも哲学的」であり、第七篇と第八篇は「前半のものに比較してあまりにも草稿的だ」と説明されていた点だ）＊28。普仏戦争の直前にはフランス軍のシャスポー銃がプロイセンのドライゼ銃よりも優れていた事実は広く知られており、このおかげで一八六七年にはフランスの軍事教則本で、テクノロジーの進歩のおかげで実質的に「防御は攻撃よりも強い」と認定されることになった。

当然ながら、今後は相手も遅かれ早かれ同じような装備を得ることになるはずであり、防御面における速射砲やそれと同等の兵器の使用によって攻撃時の兵士は一挙大量に撃たれることになるために、火力は攻撃における人命をさらに危険にさらすことになる。フランスの軍事史家であるユジーン・カリア

（Eugène Carrias）は、「この決定は致命的な間違いをもたらすことになるだろう。なぜなら防御的な態勢はいかなる決定的な結果を生み出すことができないからだ」と書いている。そしてフランスの将校たちは、このような上からの指示に対して従順すぎることを非難したのだ＊29。フランス国民の多くも彼に賛同しており、フレデリック・クルマン（Frédéric Culmann）によれば、普仏戦争は戦略的な面からいえば実質的に「攻撃の優位を決定的にして……防御、とりわけすべての受動的な防御の無力さを証明した」という＊30。

ところが現実はどうやらそれよりも複雑であり、普仏戦争と第一次世界大戦の両方の犠牲者の多さは、それ以降の防備の高い拠点への歩兵による突撃に対する防御側の砲火の偉大さを示すことになった。また、一八七〇～七一年の普仏戦争におけるプロイセン側の成功は、詭動、士気、それに鉄道を使ったドイツの部隊の迅速な展開による、奇襲的な効果の働きによる部分もあった。第一次世界大戦における機関銃の採用も、火力、つまり防御における大発展の結果の一つである。

ところが時代精神は、攻勢主義のままであった。ギルベール大尉は『戦争論』の書評の中で「観念主義者のクラウゼヴィッツ」、つまり殲滅戦やナポレオン式の大規模戦、そして敵に対する飽くなき追撃などを書いた部分を強調した。ギルベールは自著の中で、クラウゼヴィッツの「防御は攻撃よりも強い」という格言を取り上げて批判しているが、それでもクラウゼヴィッツが受動的な防御を書かずに防御的な攻撃を書いていたことは認めていた＊31。その意味から、ギルベールは渋々《しぶしぶ》ながらも『戦争論』を認めているのだが、それでもフランスの国民性から見て「攻撃のみが適切である」と判断していた。全般的にいえば、ギルベールは読者に対して、クラウゼヴィッツに注目するのではなく、その彼にインスピレーションを与えた張本人であるナポレオンの戦いを直接研究するよう勧めたのである＊32。

一九世紀後半にはギルベールとメヤールがフランス陸軍士官学校で「攻撃は戦いの本質にあり、それのみが勝利につながる」と教えている＊33。L・メヤール（L. Maillard）は中佐の地位まで上り詰めた人物であるが、一八九一年に『戦争の要素』（*Elements of War*）を出版し、その中で「唯一狙うべきは敵の破壊であり、そのための唯一の手段が攻撃である」と書いている＊34。彼の同僚であるデリカゲ（Derrécagaix）も「勝利を望む将軍にとって唯一求めるべきは攻撃である」と述べている＊35。ジョッフルも回顧録の中で「フォッシュ、ランレザック、そしてボードリヤールの教育により、陸軍大学の知的エリートたちは普仏戦争の経験からもたらされた防御の優位という議論を含んだ古いドクトリンを捨てた」のであり、逆に「攻撃の価値がこの集団によって誇張されることになった」のである。これが次第に「攻撃の神秘感」や「攻撃主義者」たちを生み出し、ジョッフル元帥も認めるように、一九〇五年以降は「理性を欠いた様相」を見せはじめてきた＊36。

アンリ・ベルクソン（Henri Bergson）は、その「生的」な哲学によって、戦闘における「敢闘《かんとう》」（élan）の必要性というフランスの考えをさらに固める役割を果たしている。そしてグランメゾン大佐は「徹底」という概念、つまりフランスは攻撃しか知らないというアイディアを擁護《ようご》した。したがって、この同時代の軍事思想家たちは、攻撃というのは要塞にこもっての防御（これは普仏戦争で実践された）よりも優れたものとして見ていた（クラウゼヴィッツは場所の防御をあまり評価していなかったので、この文脈では好ましい人物として引用されてもよかったはずだ＊37）。

西洋諸国の軍のリーダーたちは、そのほとんどが「積極的な攻撃」と「受動的な防御」の間の、いわば「第三の選択肢」を見ておらず、クラウゼヴィッツが防御の優位を説いた『戦争論』の第六篇は、このような考えの中に埋没《まいぼつ》してしまった＊38。アメリカ人の軍事専門家であるブローディは、フォッシュ（だけでなく第一次世界大戦の頃の偉大なすべての戦略家たち）についてのコメントで、以下のように書いている。

フォッシュによって、戦争は目的そのものとなってしまった。この点から言えば、彼はその当時の兵士たちの傾向をあまりにも忠実にあらわしていたにすぎない。ここで完全に失われていたのは、クラウゼヴィッツを普遍的かつ奥深いものとしていた考えであり、戦争は政治的な行動であり、それ自体の外にある目的のために戦われるという恒常的な認識であった。たしかにクラウゼヴィッツは暴力を過剰《かじょう》に抑えこむことによって絶対的なピンチに陥《おちい》る状況になることを警告しており、「目的が手段を統制すべきである」と主張していた。そして第一次世界大戦を戦うことになる世代の人々は、彼の暴力の抑制の禁止の訴えかけの部分だけを記憶することになった。彼らが常に引用していたクラウゼヴィッツの言葉は「血は勝利の代償である」というものだった。

目立たないがより普遍的なものとしては、彼らが忘れた忠告が挙げられる。それは「戦争を始めるにあたっては、いや、合理的に戦争を始めるにあたっては、戦争によって何を達成し、戦争のうちで何を達成するつもりなのかがはっきりしていなければならない」というものであり、クラウゼヴィッツによれば、この疑問は「行動の隅々《すみずみ》にまでその影響を及ぼしてゆく」と主張している。フォッシュはこの問題について何か考察したような様子を全く見せていない＊39。

同時代の人間たちと全く同じで、フォッシュの考えはモルトケ以上に（クラウゼヴィッツが主戦と呼んだような）大きな戦闘における決定的な勝利を目指していたといえよう。彼がこの「執念」とでも呼べる思いを主張しようとしたときに「観念主義者としてのクラウゼヴィッツ」がそれに当てはまる言葉を用意してくれていた。フォッシュはクラウゼヴィッツのフランス革命についての見解を借用しつつ、国民の戦争遂行に対する支持の必要性や、軍内部の士気の重要性を分析した。フォッシュは自著の『戦争の原則』の中で、以下のように書いている。

まず最初に確立しておくべき原則はこのようなものである。つまり「戦略的作戦における**合理的な目標**と、戦術における**効果的な手段**という二つの目標を完全に満たさないかぎり、戦闘は単に防御的なものではいけない」ということだ。

そのような形のものでは、たしかに敵の進軍を止めて、直近の目標への到達を阻止できるかもしれない。ところがそのような結果も、極めてネガティブなものだ。防御的な戦闘は敵戦力の破壊につながらないし、敵が支配している土地を占領（しかも結局のところこれこそが外的に現れる勝利の印である）できないからだ。したがって、それは勝利を生み出すことができないのである。

よって、それが一度だけのものか**防御的**なものだけに限られるかはさておき、**攻撃**というものだけが結果を生み出せるのであり、少なくともそれは、**常に**戦闘の最後に採用されなければならない。

結果として、あらゆる防御的な戦いは攻撃的な行動や猛攻《もうこう》、さらには効果的な反撃によって終わらなければならないのであり、それがなければ何も結果を生み出すことはできない*40。

フォッシュによれば、戦闘の結末は細部や指揮官の性格や詭動に左右されると考える人々はいるが、「勝利は、共通の目標や決戦、そして勝利を唯一生み出すことができる結末を狙った努力の結果として生まれるもの」なのである*41。

もちろん中には「フランスの攻撃的な軍事戦略はアルザス・ロレーヌ地方を回復するという政治的に攻撃的な狙いによって形成されたのであり、軍事・作戦的な考慮によるものではなかった。実際のところ、同地方の回復への欲望はドイツによって一八七〇年に失われた」として、当初は「フランスの戦略にいかなる大きな影響も与えなかった」と考える人もいたことは忘れてはならない*42。

フランスの軍事史の専門家であるジャック・スナイダー（Jack Snyder）が示したように、フランスの戦争計画は、一九〇〇年代の初期から段々と攻勢的なものに変化していった＊43。たとえば一八七五年と一八八六年の間に作成されたフランス戦争の第一号計画から第七号計画までは、まだ防御的であった。ところが一八八〇年代におけるナポレオンの再評価によって、第八号計画と第九号計画はより攻撃的なものとなり、それが一九一三年の悪名高き第一七号計画へとつながっている。これはジョッフルによって作成され、一九一四年四月一五日から採用された「攻撃主義」を含んだものであった。ここではアルザス・ロレーヌ地方奪還《だっかん》のためにドイツに全面攻撃をしかけることが強調されていた。軍事教令にも同じような動きが見られた。一八八四年の歩兵野外教令では「損失を堂々と無視した決定的な攻撃の原則」が褒め称えられていた。一八九五年の野外軍種教令では敵の意志の破壊と攻撃的な行動を推奨しており、これが急速な戦力の集中を通じた決定的な勝利につながるとされていた＊44。

すでに見てきたように、フランス人は自分たちのことを気性の激しい国民であり、いかなる秩序だった防御よりも攻撃のほうが合っていると考えていた。「攻撃主義」と「敢闘」（élan）は、ドイツの数的・物理的な面での優位が段々と明確になる中で、それに対して意志の力によって対抗しようとした、フランスの奇妙な特色となってきたのだ。

フランスの中にも、第一次世界大戦がどのようなものになるのかを薄々感づいていた識者がいた。エミール・マイエール（Émile Mayer）大尉（後に少佐）や、フランソワ・ド・ネグリール（François de Négrier）のような人々がその一例だが、彼らはほとんど無視されている。この二人は共にボーア戦争の経験から「前線はほぼ突破不可能なものとなった」と判断している＊45。社会運動のリーダーであったジャン・ジョレス（Jean Jaurès）は、一九一〇年の『新しい軍隊』（*L'Armée nouvelle*）という著作の中で、クラウゼヴィッツが攻撃よりも防御の方が強いと見なしていたこと指摘しつつ、「フランス人の考えをドイツの軍国主義の呪縛《じゅばく》から解放」しようとしていた＊46。ところがこのような考え方は少数派であった。他の例としてはラウル・カステックス（Raoul Castex）提督のものがあるが、彼の著作も主に一九三〇年代と四〇年代に書かれたものがほとんどだ。

カステックス提督の専門書である『戦略理論』（*Strategic Theories*）の中のクラウゼヴィッツについての二つの間接的な引用句では、クラウゼヴィッツの防御についての考えが強調されている。カステックスはクラウゼヴィッツを引用しつつ「戦争を通じて獲得できると提案される目標というのは実に様々だが、それを実際に達成できるのは攻撃を通じたものだけである」と述べており、その防御は「盾《たて》ではなく、かわして迅速に突き返すための武器として考慮されるべきだ」とする主張は、クラウゼヴィッツ自身にも称賛されるものであろう＊47。

❊その他の国における攻撃

「攻撃主義」の拡散は、時間や空間の制約に縛られておらず、クラウゼヴィッツの伝統の内外でもかなり大きな影響を持ってきた。本書の第四章でも見てきたように、一九二一年の「陸軍省訓練規範10-5」（*War Department Training Regulation No.10-5*）では、九つある「戦争の原則」のうちの第二番目に「攻撃の原則」が掲げられていた＊48。そしてそれとほぼ同時期に、イタリアのエアパワーの理論化であるジウリオ・ドゥーエ（Giulio Douhet）は、第一次世界大戦の教訓として、これからの地上の防御はほぼ無敵になったが、空では攻撃が常に勝つものであると感じ取った。よって将来における勝利の法則として、エアパワーを使った敵の打倒が不可欠であるとした＊49。フリードリヒ・エンゲルス（Friedrich Engels）とレーニンも、クラウゼヴィッツの防御についての考えを毛嫌《けぎら》いしている。彼らは防御を「武装反乱にとっての死」として描いており、防御的な戦争において勝利がもたらされた例は極めて少ないと指摘している*50。レーニンはロシア革命以前にも「攻撃が革命を決定づける」と宣言しており、「反乱が始まれば、大いなる決意をもってあらゆる手段を使いながら、確実に攻撃を仕掛ける必要がある。防御は武装反乱の死である」と付け加えている*51。ソ連の戦略思想の偉大な父の一人であるミハイル・フルンゼ（Mikhail Frunze）も、以下のように書いている。

これまでの赤軍の戦術は、大胆かつエネルギッシュに遂行される攻勢的作戦の精神に裏打ちされた行動に満たされていたし、今後ものその通りであろう。これは労働者と農民の軍隊の階層の性質から生まれたものであり、同時に兵術の要件とも一致している*52。

例外的なものとして、ソ連の戦略家であるアレクサンドル・スヴェーチン（A. A. Svetchin）は、一九二〇年代に書いていた『戦争術の発展』（*the Evolution of the Art of War*）についての意見の中で「第一次世界大戦の教訓としてクラウゼヴィッツの防御が戦いの形として優れているという考えが証明された」と考えており、「戦略における防御では、国境や戦域の縦深性があるため、攻撃側に空間の真空状態を埋め、そこを通過するための時間を使わせることによって戦力の浪費を強いることになり、防御側にとってはいかなる時間の獲得もプラスに働くものだ。防御側がある地点で備えを固めれば、その地点でその利益をしっかりと享受《きょうじゅ》することができる。攻撃は誤った偵察情報や誤った恐怖、そして非積極性などによって止められることが多い」と記している。スヴェーチンはクラウゼヴィッツを信奉している参戦者たちすべてが、彼の戦争の遂行における防御についての見解を見誤っていることを奇妙に感じたのである*53。

ところが一つの典型的な形のものとして、一九三六年のソ連の野外教令では以下のように記されていた。

あらゆる戦争には、それが攻撃的・防御的なものにかかわらず、敵を打倒するという狙いがある。ところが決定的な攻撃が主に狙われて、しかもねばり強い追究と共に決せられることのみが、敵軍の戦力と手段の完全な殲滅につながる*54。

そして第二次世界大戦開戦の当初に出された軍事教令でも「攻撃的な戦闘は赤軍による行動の基本的側面である」と何度も繰り返し強調されているのだ。

毛沢東はクラウゼヴィッツにならって、防御の強さや敵戦力の殲滅というアイディアを強調している。ところがエンゲルスやレーニンのように、毛沢東も攻撃は戦争における優位な形であると考えていた。

ここで強調されなければならないのは、戦争の狙いの中でも敵の殲滅が最重要任務であり、自衛はその次であることだ。なぜなら敵を殲滅した数が最大になることによって、はじめて自衛が効果的に達成されることになるからだ。この理由から、攻撃は何にもまして最重要任務となるのであり、それが敵の殲滅のための唯一の手段であり、防御は二次的な任務となって敵の殲滅や……自衛の補助的な手段となるのだ。たしかに戦争の遂行にあたって、防御はその時間のほとんどを主な手段として使い、攻撃はその残りの時間を使って行われることになる。それでも戦争を全体的に見れば、攻撃は最上のものとなるのである*55。

実に奇妙なことだが、クラウゼヴィッツは別の方面からも批判をされており、その理由が彼の防御についてのアプローチがあまりにも攻撃的だというものであった。第一次世界大戦の悲惨な経験に深く傷つけられたリデルハートは、防御もいずれ攻撃に移らなければならないとするクラウゼヴィッツを批判した。一九三七年に彼は同時代の人々に向かって、純粋に防御的な姿勢こそが英国にとって賢明なスタンスであると説得しようとしたのだ。

軍事行動はその上位にあるもの、つまり国家目標によって支配されるべきだ。われわれは国益や、侵略者に直面した形で「イングランド」という名で呼ばれるリベラルな文明の維持という目標のために戦争に巻き込まれることになるかもしれない。ところがその目標の達成のためには、必ずしも全面戦争が必要になるわけではない。たしかに占領を狙っている侵略側にとって、勝利のためには相手の戦力の完全な打倒と、相手国の領土の占領が必須《ひっす》なのかもしれない。ところがそれは、われわれの場合には当てはまらない。なぜなら敵に侵攻できないことを納得させることができれば、われわれの目標は達成されるからだ＊56。

リデルハートはヒトラーとの宥和《ゆうわ》策を示したことで評判を落としたが、アザー・ガットも指摘しているように、彼はその当時にあった絶対戦争への狂信から逃れるための人道的かつ正統的な道筋や、戦場や戦場以外の場でも敵の殲滅だけを追究しない**限定**戦に戻ろうと探っていた、という点も指摘されなければならないだろう。

殲滅か主戦か

❇「観念主義者としてのクラウゼヴィッツ」と彼の同時代の人々

クラウゼヴィッツはひたすら攻撃を好んでいると勘違いされることが多かったのだが、これは彼が「観念主義者」だった頃に、戦闘において敵戦力の殲滅を強調していたからだ。自身が「主戦」と呼んだもの（後に他者は決戦や殲滅戦という言葉で表現）の重要性を説いた「観念主義者のクラウゼヴィッツ」の文章は、一九世紀後半から二〇世紀初頭にかけて最も人気が出た。

本書の第二章ですでに見てきた通り、「観念主義者のクラウゼヴィッツ」は、一八〇四年の「戦略」＊57や『皇太子御進講録』＊58、そして『戦争論』の第四篇＊59において、敵の殲滅の必要性を強調してきた。たとえば『戦争論』の第七篇では「現実主義者のクラウゼヴィッツ」が、進軍すればするほど攻撃側は損失を被《こうむ》る危険があると指摘している。彼はその理由をいくつか挙げており、とりわけ戦線の拡大（敵国の領土の一部を占領すれば、その部隊に対して補給するために最終的には全部の領土を占領しなければならなくなる）や、それと密接な関係のある補給線の延伸《えんしん》である＊60。同じような論拠から、クラウゼヴィッツはレーニンも大きな感銘《かんめい》を受けた第六篇の一章の中で、内陸の僻地《へきち》への防御的な撤退の利点を論じている。こうすれば、敵が進軍してくることによって弱体化させることができるようになるからだ。クラウゼヴィッツはこのような状況にある防御側が、「主戦」を避けるか、なるべくそれを遅らせるべきであることを強調している。なぜならそのような戦闘は、防御側に対して甚大《じんだい》な損失となり、最終的な敗戦にもつながることがあるからだ。さらに防御側は、地の利を活かして小規模な戦闘を行いながら、侵攻側の進軍を遅らせることもできる。クラウゼヴィッツはこの例として、一八一二年のナポレオンのロシア侵攻を挙げており、ボロジノの戦いでは参戦した双方に莫大な損害が出たにもかかわらず、戦闘の回避とその後のフランス軍によるモスクワ占領のおかげでロシア軍が持ちこたえることができ、最終的に弱体化したフランス軍を追い落とすことにつながったとしている＊61。したがってクラウゼヴィッツは、防御側にとっての「大規模戦闘」の重要性を論じていたのであり、リデルハートや何人かのフランス人による批判にもかかわらず、彼自身が「包囲」や「側面詭動《そくめんきどう》」などによって構成される、いわば「間接アプローチ」を想定していたのであり、これが攻撃的な戦争における勝利におけるカギとなる可能性があるとしていた＊62。

実際のところ、初期の「観念主義者のクラウゼヴィッツ」も、第四篇の中で以下のように書いている。

いかなる国家もその運命、すなわちその死活を、よしんばそれがどれほど決定的なものであろうとも、ただ一回限りの会戦に托《たく》してしまうべきではない。たとえ国家は一度敗北することがあっても、新兵力の招集や……敵兵力の自然的消耗などによって事態の激変がもたらされる可能性は残されているものであって、それに外国からの援軍も考えられないわけではないはずである＊63。

ところが「観念主義者のクラウゼヴィッツ」は、別の箇所で戦闘の重要性をひたすら強調している。そして彼のこの考えは、当然ながら彼だけのものではなかった。前の世代の人々は、戦闘をバレエのような特殊な形の踊りとして捉《とら》えており、しかもそれが回避可能なものであるかのように描いていたのに対して、クラウゼヴィッツの同世代のプロイセンの改革者たちの意見は違っていた。フォン・ロッサウは自著の『戦争』の中で、クラウゼヴィッツと同じように、戦闘のみが戦争を決することができるものであり、それを遅らせることは戦争の本質に反することであると強調した。観念主義者時代のクラウゼヴィッツのように、ロッサウは戦争をナポレオンの視点から見ており、最高指揮官は「戦争を生存をかけた争いとして冷酷にみなすべきであり、講和は敵の打倒を通じてのみ可能になり、その勝者が刀と共に和平交渉の条件を書くことができる」と記している＊64。詩人のノヴァーリス（Novalis）も、フランスの革命戦争について「戦闘とは何か……戦闘の目的は敵軍を殲滅することにある。それは相手の殲滅や、軍としての組織の崩壊を通じて達成できるものだ」と書いている＊65。したがって敵兵力の殲滅を求める声というのは、決してクラウゼヴィッツの時代だけに限られたものではなかったのである。

＊主戦・殲滅戦についてのドイツ側の反応

『戦争論』を読んだ一年後の一八五四年に、フリードリヒ・エンゲルスは以下のように記している。

戦争では政治的にとるべき正しい道は一つしかない。それは、敵を打倒して勝者側の要求に屈服せしめるために、最大限の速度とエネルギーを活用することだ。もし同盟国の政府がそれが可能であれば私は容認するが、もし彼らが自国の軍の指揮官の手をしばって口を閉ざさせるのであれば、私はそれに反対の意を表明しなければならない……＊66。

またモルトケも、クラウゼヴィッツの殲滅戦についての議論や戦闘の重要性の強調から、大いなるインスピレーションを受けている。彼はクラウゼヴィッツ以上に敵軍の殲滅の必要性を認め、あらゆる軍事作戦の主要目的にまで高めている＊67。プロイセンと後のドイツの軍においては、とりわけモルトケの影響力のおかげで、「現実主義者のクラウゼヴィッツ」の持っていた戦争観はほぼ無視され、観念主義的な文章のほうがドグマのレベルまで持ち上げられて広まったのである。モルトケにとって戦争の最大の狙いとは、速《すみ》やかな決着のことであった。

現代の戦争遂行の様相は、大規模かつ迅速な決着の探求によってその形が決められている。健康的な兵士によって構成される大規模な軍隊や、それに対する補給の難しさ、部隊を機動させる際の費用の高さ、貿易や商業活動、産業や農業に対する悪影響、そして攻撃のための軍の組織的な準備、そして十分な量の武器の確保など、これらすべては戦争の迅速な終結を要求している*68。

若い頃のモルトケの戦争と平和の問題についての考えは、かなり控《ひか》えめなものであった。その証拠に、一八四一年には「われわれはヨーロッパ全土の平和という広く揶揄《やゆ》されているアイディアを率直に認める」と記しており、一八四二年には「ヨーロッパにおける社会関係がさらに発展すれば物的な利害関係のほうが支配的になり、商業と生産が増えれば、必然的に人々の間で平和が求められるようになる」と記しているほどだ。

ところがモルトケは次第に社会ダーウィン主義者に変貌《へんぼう》していった*69。一九五九年に彼は「生と死」、そして「国民の戦争」としての戦争を熱望していると語っており、一八七一年には「絶滅のための戦争」を許容するような発言までしている*70。モルトケは一八八〇年一二月一一日にハイデルベルクのブルンチュリー教授に対して送った有名な公開書簡の中で「永遠の平和は単なる夢でしかないし、美しいものでもない」と書いている*71。この書簡に対して「すべての戦争は犯罪である」と反論したフランスの「平和の友協会」のメンバーの一人に対する一八八一年二月一〇日付けの返信においても、

戦争は生存や、国家の独立と名誉を守るための、最後の、そして完全に正当化できる手段である。もちろん文化の進歩によってこのような手段が使われる頻度《ひんど》が低くなることのほうが望ましいのだが、ここから逃れられる国は一つもない。あらゆる自然の中の生命体にとって生存競争は必然的であり、これは人間という生命体にとってもほとんどかわらない。たしかに勝利したものを含むあらゆる戦争

が、その国民にとっても不運であり、領土を獲得できず、いかなる額のカネでも命には代えがたく、残された兵士の家族の悲しみを越えることができないというのは正しい。そうであったとしても、そもそも不運や必然から逃れられる人はいるのだろうか？この二つは神の摂理《せつり》によってそもそも地球上の生きとし生けるもののために備わったものではないだろうか？……シラーの「ヴァレンシュタイン」の中の登場人物であるマックスは、「戦争は天災のように恐ろしいものであるが、それでも善であり、宿命であり、それと似たようなものだ」と言っている。そして戦争には利点をもたらすという好ましい面もあるということは議論の余地のない事実だ＊72。

第一次世界大戦に至るまでの数十年間の時代を特徴づけるものの一つが、ヨーロッパ諸国の「行動」のためのドクトリンへの文化的な傾倒であった。政治家であったアクセル・フォン・フライターグ・ローリンホーヴェン（Axcel von Fretag-Loringhoven：一八七八～一九四二年）の言葉によれば、「兵士の命と行動は……その考えよりも常に崇高《すうこう》なものとして評価されなければならない」のである。理論は「頭の体操（ゴルツ）＊73として嘲笑《ちょうしょう》の対象となった。一八八二年に『戦略』（*Strategie*）を出版したヴィルヘルム・フォン・ブルーメ（Wilhelm von Blume）や、一八九二年に『国家と国民にとって真の重要性をもつ戦争』（*War in its true Significance to the State and People*）を書いたアルブレヒト・フォン・ボグスラフスキー（Albrecht von Boguslawski）中将、そして一八八三年に『武装国家』（*The Nation in Arms*）を書いたコルマー・フォン・デアア・ゴルツなど、彼らは「戦争は不可避であり、むしろ望ましいもの」というモルトケの意見におしなべて同意していた。フォン・デア・ゴルツの言葉を借りれば、「戦争は人類の宿命であり、国家にとっての不可避のもの」なのだ＊74。

勝利は権力をもたらし、権力は富をもたらす。ところが繁栄は贅沢《ぜいたく》をもたらすことになる……国家が文明化して豊かになると、快楽と楽しみを味わうチャンスが増えることになる。そうなると人々は努力することを嫌がるようになり、財産の価値のほうを尊重するようになり、それを戦争の過酷な遂行よりもはるかに高いものとみなすようになる＊75。

ドイツは豊かになったし、富は毎日増えている。文化も発展したが、これは国民の好戦的な気質に悪影響を与えている……現在の哲学は、人格の自由な発展を教えており、それを阻害《そがい》するものはすべて不必要なものであるとしている……そこで必然的にある疑問が湧《わ》いてくる。それは、甘やかされた大衆は祖国の防衛のために命や財産を犠牲にするような厳しい要求に積極的に応えるだろうか、というものだ＊76。

ゴルツはモルトケと同じように、「戦争は敵の打倒という政治目標のために遂行されるものだ」という見解に同意している＊77。しかしながらゴルツ（つまりモルトケ）にとって、殲滅という概念は、いまだに敵の軍隊に集中したものであった。彼は「殲滅という時、それは敵を物理的・精神的に戦争の継続はこれ以上不可能だとすぐさま感じさせることだ」と書いている。敵の主力軍は「いわば敵の抵抗力を具現化したもの」であり、したがって軍事面で注力すべきターゲットとなる。それでもゴルツは、敵を倒すには全滅させるのではなく、勝利の望みを挫《くじ》くべきだと論じている＊78。

よって殲滅戦の狂信者たちは、ドイツで圧倒的な地位を得ていたのであり、クラウゼヴィッツは「殲滅というアイディアを広く普及させ、それを戦争教育の出発点にまで高めた」という意味で、再び「戦争におけるる殲滅の最初の擁護者」として祭り上げられることになった。限定的な戦争の狙いや限定戦争というものは時代遅れのものとして扱われるようになったのだが、ゴルツとシュリーフェン伯爵はこの点についても、フランス人の同業者であるJ・コリン（J. Colin）と同意見であった＊79。
殲滅という概念は、クラウゼヴィッツの『戦争論』の人気のある改訂版の中の紹介文の中で、唯一強調されたものだ＊80。一つだけ例を挙げると、一九一九年から二〇年にかけてドイツ軍の参謀総長を務めたウォルター・レインハルト（Walter Reinhardt）将軍は「クラウゼヴィッツの教えを、主に殲滅を強調したものとして認識していた」のである＊81。これは「シュリーフェン計画の作成から第一次世界大戦の終わりまで、軍事計画においては政治面ではなく軍事面での考慮のほうが優先されていた」という事実を反映したものだ。

ここで認めておくべきこととして、シュリーフェン計画ではベルギーを通過してフランスを攻撃することが想定されていたが、これはクラウゼヴィッツ自身が一八三〇年に考えていた対仏戦争計画と、いくつかの点で共通しているという事実だ。クラウゼヴィッツはその中でマイエンス（マインツ）からメッツを通過してロレーヌを直接攻撃するのは、その間に数多くの要塞化された都市があるために極めて難しいと考えていた。これらの都市を包囲か占領をしなければ、前進したドイツ軍を側面から脅かすことになるからだ。そのため、クラウゼヴィッツはベルギー通過を提言しており、彼自身もこれを非常に価値の高いものであると考えていた。彼はベルギーにおいて、会戦を決するための「主戦」を行うことを勧めており、ドイツ軍の側面を守るため、それからフェンロー（戦争開始直後にベルギーによって奪取されると想定していた）、マーストリヒト、リエージュ、ブリュッセル、ルーヴェン、ヘント、アントワープ、そして最後にナミュールをとることを進言したのだ。それと同時に彼は、当時ベルギーと同盟関係にあったフランスこそが、ベルギーを通過してドイツの領土を攻撃してくる可能性があると考えていた＊82。

イエファダ・ヴァラックが推測したように、「シュリーフェンは気づかなかっただろうが、彼はクラウゼヴィッツの理論からわずかながら逸脱《いつだつ》しており……クラウゼヴィッツが戦争の狙いの選択について多様な選択肢を考えていたのに対して、シュリーフェンは自身の理論をたった一つの目標、つまり敵の殲滅に限定していた」のである＊83。ところが戦略家であるパナジョティス・コンディリス（Panajotis Kondylis）が正確に指摘しているように、シュリーフェンの戦争についての考えは、戦場における敵軍の殲滅が中心になっており、経済封鎖による悪影響や戦時経済の働きなどによって、競合する国の経済に影響を与えたり、自国民全員が戦争遂行に巻き込まれるような、いわゆる消耗的な長期戦は想定していなかった。シュリーフェン自身は同時期の他国の同業者と同じように、当初は決定的な勝利をもたらす短期決戦を求めていたのであり、長期にわたる疲弊《ひへい》的な戦役は考えていなかった＊84。

決定的な勝利を執拗《しつよう》なまでに追究していたのは、ドイツ人だけではない。ジャック・スナイダーが示したように、決戦のイデオロギーは、第一次世界大戦の直前までに攻撃的な行動として、ドイツ、フランス、イギリス、そしてロシアにまで共有されることになった＊85。マンフレッド・ラウヘンシュタイナー（Manfred Rauchensteiner）が簡潔にまとめているように、一九世紀の

戦争における唯一の狙いは、敵軍の群れを殲滅することであった。ところがヨーロッパの主要国では……次第にクラウゼヴィッツの説く数の優位の重要性に気づくようになり、その軍隊の規模は着実に増大し、一九世紀の始めには背を向けたもの、つまり国民戦争に回帰することになった。もちろん大規模な軍隊に反対し、将来の戦争においては小規模のエリート精鋭部隊を求める声もあったのだが、社会ダーウィン主義のおかげで、そのようなアイディアが考慮される余地はなくなってしまった。社会ダーウィン主義は大規模な軍隊を合理的なものとしたのであり、さらには戦争の勃発《ぼっぱつ》を不可避なものと描いてしまったのだ。戦争は次第に絶対的な観点からとらえられるようになり、この絶対的な形は必然的なものと見なされるようになってきたのである。

その結果、敵軍の殲滅という戦争の狙いは「次第に戦争の目的そのものと同一視されるように」なってきた。

第一次世界大戦の場合、戦争開始を決断したのは政界の指導者たちであったが、「その直後に戦争の目的を決するのは、政治ではないことが明らかになってしまった。戦争のメカニズム、より正確には軍事計画の自律性というものが、(それとは別の政治的な)戦争目的を許さなくなった」のである。ドイツはフランスとの戦争を開始せざるを得なかったのだが、それは政治的な考慮によるものではなく、むしろドイツ軍には他に作戦計画が存在しなかったからである。セルビアとの戦いという明確に地政学的な目的を追究していたオーストリア=ハンガリーには、帝国ロシアと戦争をするための地政学的な利益は何もなかったのだ。したがって、両参戦国には「敵軍を防御不能にする」ということ以外の、いかなる合理的な政治目的も存在しなかったのである。もちろん第一次世界大戦を戦った全勢力に採用された戦略に含まれる「数百万人の死」を正当化できるような政治目的は、この世に存在しない。実際のところ、勃発前から戦争突入を決心していた国々も、それを通じて何を達成したいのかをほとんど何も考えていなかった＊86。歴史家のゲルハルト・リッター(Gerhard Ritter)は、シュリーフェン計画についての著作の中で「一九一四年の勃発は、政府が戦略家の計画にどうにもできないほど依存していたことを示した、歴史上最悪の悲劇的な例である」とコメントしている＊87。ちなみに第一次世界大戦は「明確に表明された限定的な政治目標や、限定的な軍事的手段の使用だけが、和平交渉の際に敗者側が受け容れられる、限定的な要求につながる」ことを示すことになった。

❇デルブリュックと消耗戦略

この時代に「戦略には二つの形が存在する」ということを訴え続けた唯一のドイツの戦史家が、ハンス・デルブリュック（Hans Delbrück）であり、彼はクラウゼヴィッツがやや踏み外した形で一時的に支持した「戦争の二重的なパラダイム」の主張を追従していた。クラウゼヴィッツは『戦争論』の第一篇で、戦争の勝利には三つの形があるとしており、第一が直接的なものであり、敵兵力を主戦で破壊するもの、第二は間接的なものであり、敵の同盟関係の崩壊や主敵への支持を失わせることにつながるような外交努力を通じたもの、そして第三として、敵を「疲弊《ひへい》させる」というものであり、この「敵をして闘争に疲弊させるという考えの中には、行動の全持続時間を通じて敵の物質的戦力およびその意志を次第に消耗《しょうもう》させるという意味が含まれる」としている*[88]。ところがこれはクラウゼヴィッツの戦争のエッセンスについての考えと矛盾している。なぜなら彼は、第八篇の第八章で、戦争の現実と理論上の概念を区別しているからだ。その証拠に「強者の兵力の消耗［Ershöpfung］、あるいはむしろ疲弊［Ermüdung］によってしばしば講和がもたらされることがあるとしても……哲学的にはそれをもって何らかの防御の一般的最終的目標と考えることはできないのである」と書いている*[89]。

ハンス・デルブリュック自身の言葉によれば、以下のようになる。

> クラウゼヴィッツの教えと私自身のフリードリヒ大王とナポレオンらの著作についての分析を土台として、私は戦争と戦略の二重的な性質を元にしたドクトリンを確立した。一つが「撃滅《げきめつ》戦略」（Niederwerfungsstrategie）とでも呼べるものであり、そこでの主な（というかほぼ唯一の）狙いは、戦闘において敵軍を破壊することである。もう一つは「消耗戦略」（Ermattungsstrategie）であり、

これには戦闘以外の手段が多くあって、それらを「詭動《マニューバー》」というタイトルの下にまとめることもできるかもしれない。最高司令官の動きは、この二つの極の間を行き来するため、消耗戦略の機能は二重的で、撃滅戦略のそれは一極的であると言えるかもしれない。

もちろん一極的戦略は、戦闘だけで構成されているわけではない。それでも大きな戦術的決断である戦闘と比べれば、詭動《マニューバー》、地方の占領、良い陣地の獲得、さらには城塞や交通線なども、単に二次的なものでしかない。二重的な戦略のほうでは、戦闘に関係のない詭動《マニューバー》そのものにも価値はある。また、二重戦略は軍事力による決断という最高位の法の下にあるが、この採決の大多数は最終決戦によってもたらされるものではなく、詭動的な双方のトップ同士の間で持ち越されるものだ。二重戦略は、攻撃側の強さ（さらには意志）が一極的な撃滅戦略を採用できないような状況の時にこそ価値を持つ*90。

デルブリュックの考えでは、歴史上のすべての戦争は「撃滅戦略」か、

「消耗、あるいは疲弊（Ermattungs oder Zermürbungs）戦略」であり、これはもちろん、全世界の戦争のあらゆる状況下で戦われる戦争が、これらのカテゴリーにすっきりと当てはまるというわけではない。というよりもむしろ、この二つの基本的な形から派生したものが無数にあるという意味のほうが近い。

ただしその基本形は、あいかわらず存在し続けている。アレクサンダー大王、カエサル、ナポレオン、グナイゼナウ、モルトケたちは前者の（撃滅戦略）学派、ペリクレス、ハンニバル、グスタフ・アドルフ、プリンツ・オイゲン、マールバラ公、フリードリヒ大王、そしてウェリントンは後者の（消耗）学派にあてはまる*91。

デルブリュックは、クラウゼヴィッツの『戦争論』の大分部には前者の学派の考えしか述べられておらず、しかもそれが未完の著であることに気づいていた。デルブリュックは、この事実や一九世紀後半の戦争の実体験により、前者の戦略の形こそが戦争の本質を表しており、それから逸脱した歴史上の例は「擁護可能なものであり、その不完全さは説明可能なものである」という総意が確立されたと指摘している*92。彼はこの第二の、後者のさらに「制限された」形の戦略を、むしろ正しいものとして復権させようとして、そこに興味深い二つ目の要素を加えた。ところが撃滅戦略と消耗戦略は、ともに戦争遂行の形としては同等の位置にあると論じながらも、デルブリュックは撃滅戦略のほうが「今日においては知られており、現在の状況下では唯一の自然かつ許容されうる」戦略であると認めている*93。

デルブリュックがクラウゼヴィッツの研究を始めたのは一八〇〇年代の後半であったが、自著である『政治史の枠組における戦争術の歴史』(*History of the Art of War within the Framework History*)を書いたのは、一九〇〇年から一九二〇年の間であった。彼は他のほとんどの人間と同じように、第一次世界大戦が勃発した時には好戦的な立場をとっていたが、戦後にはルーデンドルフに対する主な批判者の一人となっていた。デルブリュックは「クラウゼヴィッツが限定的な政治目標を目指す限定戦争について書いたのであり、そのような戦争の中では制限的な戦略は論じておらず、敵の戦闘部隊を破壊することが戦闘における唯一の実用的な狙いである」と考え続けていた同時代のドイツの識者たちに批判されている。デルブリュックの考えは、一八九〇年代に軍の（フリードリヒ・フォン・ベルンハルディ率いる）主流派から大いに批判されており、この主流派のほうが時代の雰囲気に合致《がっち》していたために議論に勝っていると見られていた。この主流派の一人は、「もしクラウゼヴィッツがデルブリュックが解釈した通りのことを教えていたとしたら、われわれは正しい軍事行動という観点から、クラウゼヴィッツに反対せざるを得なくなる」

と記している。この人物は、「二重戦略の教えは……不必要な理論面での難問だ」としており、「軍事的観点から見れば、それは叩き潰《つぶ》すべき脅威を出現させたとも言える」と述べているほどだ*94。奇妙なことに、デルブリュックは殲滅戦の主な提唱者ではなかったし、消耗戦の議論の中では、純粋な戦闘以外の補足的な行動、つまり「破壊、支出の強要、貿易の妨害、そしてシーパワーの場合は主に海上封鎖などを通じた、あらゆる形の経済的損失」が必要であると考えていた。実際のところ、彼はそのような「詭動《マニューバー》」を採用することによって、戦闘をせずに戦争に勝つこともできるかもしれないと考えていたのである*95。そのような手法は、戦場だけに集中した殲滅戦略よりも、国民に大きな影響を与える可能性が高い。ヴェルダンの戦いにおけるファルケンハインの戦略を参照にしつつ、デルブリュックは以下のように書いている。

> ヴェルダンでの攻撃は、突破を狙ったものではなく、戦闘でさえなく、戦術面で大きな結果を狙ったものでもなかった。もしヴェルダンで勝利できれば、たしかにそれはとりわけ士気の面で大きな意味を持っていたのかもしれないが、ファルケンハインによれば、この成功は絶対的に必要なものではなかった。この作戦の「ムーズ川に沿った」目的（ファルケンハインはこう呼ぶことを好んだ）は、わが方の包囲的なポジションの優位を利用し、継続的な戦闘によって味方よりも敵に多くの損害をもたらすという戦果につなげようとするものであった。たしかにこれでフランスは敗北するわけではないが、流血によって蒼白《そうはく》になるはずであった。損害を被《こうむ》ってもフランス側はヴェルダンを守らなければならなかったのだが、そこでの降伏は彼らの威信に耐え難き喪失《そうしつ》が起こることを意味していたからだ。彼らはわれわれよりもはるかに多くの損害を被らなければならなかった。この「流血による蒼白」は、消耗、もしくは疲弊戦略とでも呼べるものであり、単なる受動的な待ちや血の流れない機動を意味し

てはいなかった*96。

第一次世界大戦の西部戦線は、戦争開始の時点で全勢力が採用しようとしていた殲滅戦略ではなく、むしろデルブリュックが考えていたような消耗戦略に近い形のものになった。ただし戦間期になってもデルブリュックの考えは軍事関連の議論では支配的なものとはなっておらず、主戦や決定的勝利の探求は、全参戦国の戦略家たちの考えを引き続き占めることになったのだ。一九四二年には前線の兵士に本を配給する書店たちは『殲滅戦略か消耗戦略か？』（*Annihilation or Exhaustion Strategy?*）という題名の特別な本を配布していたほどだ*97。この本の著者のゲルト・ブッフハイト（Gert Buchheit）がこれを書き始めたのはようやく一九三九年になってからだ。彼はデルブリュックからこの二つの概念を採用して、この両方には状況によってそれぞれ利点があると論じたのである。ところが全体的にみれば、この本では主戦を狙う戦略が有利であると見ており、戦争は絶対的な暴力から離れると勢いを失うというクラウゼヴィッツの議論を論拠としながら、デルブリュックはクラウゼヴィッツの積極的な防御の考えを真剣に考慮していないとして否定している*98。殲滅戦は勝利に向かう最短の道として描かれており、敵を消耗させる戦略のほとんども、最終的に決着をつけるための主戦が必要になるという事実を否定できないというのだ。この本はその当時の識者たちの考えをよく表しており、とりわけドイツ国防軍の計画を教えているという意味で興味深いものだ。実際にドイツ国防軍は、一九四一年から四二年まで敵兵力に対する迅速かつ決定的な勝利を狙っており、消耗戦だけでなく、国家経済の総動員の状況まで避けようとしていたのである。「民族」の殲滅の最も典型的な例であるユダヤ人の根絶は、一九四一年一一月になってから始められたものであり、当初のドイツの戦争計画には存在していなかった*99。敵の軍隊だけではなく民族全体の殲滅という概念は、ドイツの軍人として有名なルーデンドルフ将軍によって、それ以前から文書に記されていた。

彼は一九三五年に「精神力の強い民族にとって、戦争の決着は戦場においてのみ決せられるものであり、しかもそれは敵の軍隊と敵の国家の殲滅にある」と書いている*100。ルーデンドルフの考えについては、本章の後半の総力戦についての議論で振り返る。

❇英語圏におけるクラウゼヴィッツ

ラッセル・ウェイグリー（Russell Weigley）によれば、「英語圏で最初にクラウゼヴィッツを読み込んだ世代の人々は、クラウゼヴィッツの説く戦争の唯一の狙いは勝利であり、いざ戦闘が始まれば外交は軍事戦略にすべての権力を受け渡すことになるという考えを持っているという印象を受けた」としている*101。ヘンリー・スペンサー・ウィルキンソン（Henry Spenser Wilkinson）は、第一次世界大戦中に出版した本の中で、クラウゼヴィッツの戦争についての説明を「われわれが知るものの中で、最も信頼性があり、最も適切なものである」としており、「すべての新たな探求の出発点」となっていると書いている。ウィルキンソンは殲滅戦に魅了《みりょう》され、限定戦争を見下しており、「戦力の破壊によって敵の打倒を狙う戦争は勝利する国家のものであり、その狙いを制限し、その力の発揮を制限する戦争は、敗北する国家のものである」と述べている*102。それ以前の一九〇七年にはN・F・マウド（N. F. Maude）は、戦争が最も苛烈《かれつ》な人間同士の競争であることを最初に説明した人間はクラウゼヴィッツであると尊敬を込めて書いている。マウドはこの競争を、第一次世界大戦の勃発に大きな影響を与えた社会ダーウィン主義と関係があるとしている。彼は「ダーウィンが生物学全般で達成したことを、クラウゼヴィッツはその約五〇年前に国家の歴史の分野で達成していた……両者ともそれぞれの分野で同じ法則、つまり適者生存が存在することを証明したのである」と書いている*103。マウドと同様に、第二次世界大戦後のJ・F・C・フラー（J. F. C.

Fuller）も、ダーウィンの教えと、クラウゼヴィッツの言う「国家の性格として好戦的な精神が必要となる」という強調の間には類似性があることを指摘している[*104]。

他にもクラウゼヴィッツがイギリスの利点を示していたというものや、イギリスの発明によってクラウゼヴィッツの考えが時代遅れになったという指摘がなされている。一九〇九年に出版されたスチュワート・マーレー（Stewart Murray）少佐によるクラウゼヴィッツの「入門書」にはスペンサー・ウィルキンソンのまえがきが掲載されているが、そこでは「クラウゼヴィッツにはイギリス伝統の常識感覚がある」と指摘されていた。ところがマーレー自身は「（１）道路網の発展、（２）鉄道、（３）電信、電話、無線、（４）兵器の発展、（５）航空機、そして（６）徴兵制の軍隊、がクラウゼヴィッツの教えを時代遅れにしてしまった」と述べている[*105]。さらにジェラルド・ディケンズ（Gerald Dickens）提督は、戦略爆撃によってクラウゼヴィッツの「戦闘における敵戦力の破壊による敵の屈服」という格言が否定されたと論じている[*106]。

❇フランスにおける殲滅戦略

クラウゼヴィッツ研究においてフランスで決定的な役割を果たしたギルベール大尉は、クラウゼヴィッツが主に戦闘を強調していたとして称賛しつつ「決定的な解決をもたらす会戦の伝道者」と呼んでいる。彼は攻撃がフランス人の「素質」に最も適しており、次の戦争の戦略として採用されるべきであると考えていた[*107]。それから十年後にギルベールの同胞人であるデレクサは、クラウゼヴィッツの国際法や人道的考慮によって制限されない「あらゆる手段を使った敵軍の物理的破壊の強調」を称賛しており、デレクサはフランスもこの原則をためらいなく採用すべきであると考えていた[*108]。戦争や殲滅戦はフォッシュも「並列戦《へいれつせん》」という形で考慮している。彼は「並列戦の戦術では、意識的・無意識的に、ゆるやかだが段々と敵軍の力を浪費させることにより相手側の抵抗をなくすことが狙われる。この目的のためにはどこでも戦闘が行われ、どこでも部隊を投入するつもりでなければならない」というのだ*109。本書ですでに見てきたように、フォッシュは主戦の熱心な提唱者であった。彼は「決定的な攻撃は、国家が生存や独立、さらには高貴な利益をかけて戦う現代の戦争で使われる、優位な手段だ。この戦争では、国家が持つ資源と情熱のすべてを使って戦われる」と述べている。したがって「決定的な攻撃」は彼にとって「戦いの土台」であったのだ*110。

レイモン・アロンは以下のように分析している。

いずれにしてもフォッシュは、デア・ゴルツに続いて、絶対的戦争と現実の戦争の区別がつかなかった。彼は絶対的戦争の概念を手がかりにして、全面的戦争、言葉をかえていえば、根源的決着を目的とする、資源の全面的動員の概念に到達した。私は終わりの言葉、「根源的決着を目的とする」を強調したが、それは、フォッシュが撃滅戦とか集中攻撃とかを、だらだら長びく戦闘といった形式のものとして考えておらず、それとは逆に、一八〇六年や一八七〇年の戦争に見られるような、一挙に国家の運命が決せられる単一の戦役《せんえき》、つまり大戦役（**Entscheidungsschlacht!**）といった形式のものとして考えていたからである*111。

そして他のドイツの同僚たちと同じように、コリンは「攻撃は、戦争における行動の中で最も普通の形態である。誰もこの軍の自然な形態を知らずに軍隊を指揮すべきではない」と書いている*112。

第一次世界大戦を戦ったこのような人々の考えを、戦争は「盲目的激情の行為」ではないとするクラウゼヴィッツの考えと比較してみると非常に興味深い。クラウゼヴィッツは以下のように述べている。

〈戦争は〉政治目的によってもたらされたものである以上、この政治的目的がもっている価値によってこれに払わるべき犠牲の大きさが決定されるのは当然のことである。ここで言う犠牲の大きさは、単にその数量のことだけではなく、その持続時間についても言えることである。それゆえ、戦力の支出が大規模になって、政治的目的の価値と均衡がとれなくなるや、戦争は停止され、講和が締結されることになるわけである*113。

❄クラウゼヴィッツの亡霊

第一次世界大戦前夜のドイツ、フランス、そしてイギリスの時代の雰囲気は「観念主義者のクラウゼヴィッツ」の考え方だけが尊重されており、その大虐殺の後にバジル・リデルハート元英陸軍大尉は、クラウゼヴィッツのことを殲滅戦の預言者《よげんしゃ》として批判した。その理由として、彼はクラウゼヴィッツが「敵の主力部隊を戦場で破壊するというナポレオンの手法を、分析し、体系化し、神格化した」ことを挙げている。リデルハートによれば、「軍隊そのものが戦争における本物の目標だ」とする考えは「当然かもしれないとしても、あまりにも近視的である」というのだ*114。一九三二年から三三年にケンブリッジ大学のトリニティー・カレッジで行われたリー・ノウルズ記念講座において、リデルハートはクラウゼヴィッツのことを「大量集中理論と相互殲滅戦略理論の救世主」と呼んでいる*115。リデルハートによれば、「クラウゼヴィッツは〈戦争術の奥義《おうぎ》は、大損害を伴《ともな》わずに敵を武装解除したり屈服させたりする巧妙な方法をとることにある〉という考え方を揶揄《やゆ》した……その考え方は単なる一剣闘士の決意のようなものではなく、文明社会の安全福祉とか、戦争によって利益を得ようとする願望から出たものだということには、クラウゼヴィッツは勘付いていなかった。また彼は、過去の大戦略家たちが前述のような考え方をそれぞれの場合に応じて活用し利益をあげてきたということを、一寸立ち止まって反芻《はんすう》しようとはしなかったのだ＊116。彼はクラウゼヴィッツが「敵の軍隊の撃滅が、唯一真正の目的であるという考え方の創案者ではないとしても、彼がそれを喧伝《けんでん》した人物であることに間違いはない。彼は実行しても余り意味のない教義を作った……」と強調したのである＊117。彼が皮肉に思ったのは、

ドイツ軍は、「唯一の手段」、すなわち「戦闘における敵野戦軍の撃滅」の追究に邁進《まいしん》したため、防御力薄弱《はくじゃく》なパリの占領だけでなく無防備の英仏海峡沿岸諸港の占領の機会まで全く放棄《ほうき》してしまった……ドイツのこの失策を、やがて連合国側が上塗《うわぬ》りすることとなる。連合国側も同じやり方に夢中になっており、フランス領内に侵攻し築城《ちくじょう》をほどこしたドイツ軍陣地に対し成算のない突撃をかたくなに強行した＊118。

という点であった。ところが英語圏では、敵の殲滅を戦争の唯一望ましい目標として据える誘惑に抵抗できなかったのである。一九二三年版の「米陸軍野外規則」(*the US Army Field Service Regulations*)では、クラウゼヴィッツの殲滅戦について述べた言葉が反映されており、「あらゆる軍事作戦の究極の目標は、戦闘において敵軍を破壊することである。戦争における決定的敗北は、敵の戦争遂行の意志をくじき、和平交渉の開始を望むように仕向けるものだ」と記されている＊119。そして一九三九年版のアメリカの「野外教令 100-5」(*US Field Manual 100-5*)には、以下のようなことが書かれている。

> 戦争の遂行とは、経済と政治の面における制約の組み合わせの中で、満足できる平和を実施するという目的のために国家の軍隊を使用する術《アート》である……あらゆる軍事作戦の究極の目的は、戦闘において敵軍を破壊することにある。戦闘における決定的敗北は、敵の戦争遂行の意志をくじき、国家の目的そのものである平和を希求するように強制するのだ……[*120]。

同じような言葉は、一九六二年版のアメリカの「野外教令 100-5」（*US Field Manual 100-5*）にも見て取ることができる。

> すべての軍事作戦は、明確に定義され、決定的かつ到達可能な目標に向かって実行されなければならない。戦争における究極の軍事的な目標は、敵軍と彼らの戦闘意志の破壊にある。各作戦の目標は、この究極の目標のために貢献するものでなければならない。その中間的な目標も、その達成が最も直接的かつ迅速で、経済的にも作戦の目的に資《し》するものでなければならない。目標の選別は、使用可能な手段、敵、そして作戦の領域についての考慮が土台になる。すべての指揮官は、自身の目標を理解し、明確に定義しなければならないし、それに照らし合わせながら慎重な行動を考慮しなければならない[*121]。

「敵軍とその戦闘意志の破壊」という目標が「敵軍の打倒」に変わったのは、一九六八年版の野外教令になってからだ[*122]。

本書では、ソ連の「あらゆる戦争の目標としての敵の殲滅」という概念の解釈について、すでに二つの例を引用してきたが、トカチェフスキーによれば、野戦軍は、国家間の国境地帯全域に展開することについては全く考慮していない。それは決定的な指令に集中しており、国境を守るためのあらゆる手段の中で最高位にあるのは敵軍の殲滅であると考えているからだ。戦争の開始から……一方のマンパワーは、敵のマンパワーを破壊して殲滅することを追究するものだ*[123]。

一九三九年のソ連の野戦指令では「われわれはこの戦争を攻撃的なやり方で実行すべきであり、敵の領土に至るまで継続すべきだ。赤軍は相手の殲滅と完全な破壊まで戦うだろう」と記されている*[124]。そしてソ連の国防相であったセルゲイ・ソコロフ元帥は、一九八七年の時点でも以下のような説明を行っていた。

ワルシャワ条約機構参加国の軍事ドクトリンは、防御的な性格を強力に発展させてきた。われわれは決して最初に戦争を開始しない……しかしながらそれと同時に、侵攻者は最終的に攻撃的な行動を通じて**破壊**されることを考慮しなければならないのである。よって侵攻者の**殲滅的打倒**を目指して常に備えることは、極めて重要なことだ。防御的な行動が準備され遂行されれば、領土を失ったり、それをリスクにさらすこともなくなる。したがって、積極防衛はＮＡＴＯとワルシャワ条約機構との国境の境界線から始められるべきである*[125]。

それとは対照的に、レーニンのもう一人の継承者であった毛沢東の「戦争の狙いとしての敵軍の殲滅」の解釈は、非常に控えめなものであった。毛沢東は、『戦争論』におけるクラウゼヴィッツの後期の文章と似たような形で、「敵の殲滅とは、武装解除やその抵抗する力を奪い取ることであり、物理的に最後の一人まで殲滅するということではない」と書いている。さらに、「敵軍の殲滅はあらゆる敵対的な行動の土台である……戦争のゲーム（自己保存と殲滅）は、戦争の目的を構成しており、あらゆる敵対的な行動――この性質は技術的なものから戦略的なものまでのすべてに浸透している――の土台を提供している」としている＊126。

❉クラウゼヴィッツと総力戦

すでに見てきたように、クラウゼヴィッツは一八二七年から三一年の死去まで「現実主義者」に改心していたにもかかわらず、二〇世紀に至るまで戦略思想家たちに長く深い影響を与えてきたのはむしろ「観念主義者のクラウゼヴィッツ」の方であった。クラウゼヴィッツの著作は「殲滅」という考えに多大なる貢献をしており、「それが及ぼした効果において『戦争論』の影響は全くなかったとは言い切れない」というジャン・フィリップ・リームツマ（Jan Philipp Reemtsma）の意見に反論するのは難しい＊127。だからといって、クラウゼヴィッツを「総力戦の主唱者」とするのは正しいのだろうか？　この疑問を考えるためには、われわれはそもそもその定義についての議論をはじめなければならない。

アメリカの歴史家であるロジャー・チッカリング（Roger Chickering）は、現代の軍事史には支配的な「語り口《ナラティブ》」があると述べている。それは、戦争が制限された一八世紀の「内閣戦争」からナポレオン戦争、南北戦争、普仏戦争、第一次世界大戦、そして最後に「総力戦」の集大成であり、アウシュヴィッツと広島を含んだ第二次世界大戦につながる、という段階的な激化の流れである。

この語り口《ナラティブ》は、ドイツのいくつかの哲学的な想定を土台としたものだ。総力戦は、全体的な語り口《ナラティブ》の終着点として、クラウゼヴィッツが「絶対戦争」と呼んだもの、つまりこのプロイセンの哲学者自身が、政策の計算と戦闘の摩擦の中に見出した制約から解き放たれた状態の具現化についての共通解釈の中に見てとれる。これと同じようなものとして、総力戦はマックス・ウェーバーが思い描いた「理念型《りねんけい》」の一種であろう。もちろん実際はそれが完全に現実化することはないのだが、戦いが向かいがちな最終的な方向性を示しているのだ……。

総力戦の存在論についての不確実性がどのようなものであれ、暗黙ながらもそれを定義する性質についての支配的な総意は存在する。総力戦は、前例のないほどの激烈性と範囲によって勝負が決せられるものだ。作戦領域は世界規模であり、戦闘の範囲は実質的に無限となる。総力戦は道徳、習慣、国際法などの制約には関係なく戦われるのだが、それは戦闘員たちが現代のイデオロギーから生まれた憎しみに触発されるからだ。総力戦には軍だけでなく全人口の動員が必要になる。前線の兵士と比較しても、国民による国内からの支援は必須となり、しかも彼らが攻撃を受ける可能性も、それと同じくらい高い。総力戦では、参戦国同士の戦争の狙いと政治目標は無制限であり、結果として、どちらか一方の破壊や崩壊によって終結することになる*128。

最大の問題は、「総力戦」という言葉が実に多くの使われ方としているということであり、しかもクラウゼヴィッツ自身の著作の中にはそれが一度も出てこないという点だ。ところが若いころのクラウゼヴィッツは、その到来を予期していたように思える。ナポレオンからの解放戦争の際中に、クラウゼヴィッツは自身の「建白書」という覚書の中でその概念を大々的に論じており、「すべての者が敵対する戦争である。王同士が戦うのではなく、軍同士が戦うわけでもなく、国民同士が戦うものであり、その国民の中に王と軍隊が含まれる」と記している*129。これはルーデンドルフの「総力戦」というアイディアの登場を予期していたようにも見える。ルーデンドルフは「戦闘部隊同士によるものではなく、間接的ながら国家同士による戦争」であり、「このような戦争は互いに向かって行われるものであるために」、それぞれが互いに「国家全体の総力を動員すること」が必要になるという*130。

『戦争論』のクラウゼヴィッツは、それ以前の「建白書」の時などよりは抑え目である。彼の標準的な概念は「絶対戦争」であり、「総力戦」ではなかったのだ。彼が第八篇の中で「絶対戦争」をどのように議論していたのか、ここでもう一度思い出してみよう。

ナポレオンが出るに及んで……戦争はその概念を**絶対完全**に具現することになった……かくてナポレオンの出現以来、戦争はまず一方の側で、次いで他方の側で全国民の事業となり、その性質を一変するに至った。あるいはむしろ、その真の性質に、その**絶対的**な完全性に近づいたといった方がよいかも知れない。用いられる手段には確たる限界はなくなり、そのようなものは政府や国民のエネルギーあるいは熱狂のうちに消え失せてしまっていた……戦争がその**絶対権**を獲得するに至った最近においては、普遍妥当的かつ必然的なものがかなり多く存在している*131。

ドイツの歴史家であるハンス・ウルリヒ・ヴェーラー（Hans-Ulrich Wehler）が簡潔にまとめているように、クラウゼヴィッツは自身のナポレオン戦争の経験を「絶対戦争」という概念にまとめたのであり、それは彼が第七篇でも描いているように、最初で最大の経験的に観察された形の戦争であった。彼が「絶対戦争」を、抽象的な「理念型」に変えたのはその後からであり、しかもナポレオン戦争はその理念型に最も近づいたと述べているのだ。これによって、彼は第一篇で「絶対戦争」を理念型として扱い、現実の世界では摩擦と政治面での制限によって実現しないものとしたのである。したがって、第一篇でクラウゼヴィッツは、「絶対戦争」を学習用・解釈学的な意味で使ったのだ*132。ところが「現実主義者のクラウゼヴィッツ」は、実際には「殲滅戦（Vernichtungskrieg）から武装した睨《にら》み合いに至るまで、あらゆる軽重《けいじゅう》のさまざまな戦争が起こり得るわけがおのずとわかろう」*133と書いている。

ヨーロッパも「絶滅を目指す戦争」のアイディアの形成については一定の役割を果たしている。たとえばクラウゼヴィッツは、三〇年戦争の戦闘や、一七世紀という「偉大な世紀」におけるルイ一四世の焦土作戦的な政策について研究していた。その後の二〇〇年間のヨーロッパでは、戦争に一般市民をなるべく巻き込まないようにするという慣習が根付いてきた。ところがそのような制約は植民地戦争では実践されず、とりわけ一九世紀末から二〇世紀前半のものは、ジェノサイド（民族大虐殺）的な性質を帯びることになった。アメリカのネイティブ・インディアンの扱いや、ベルギーがコンゴの植民地で行った残虐行為、そしてドイツがドイツ領南西アフリカにおいて行ったヘレロ・ナマクア虐殺などは、まさにその典型である*134。

一九世紀末にはこのように、それ以前のヨーロッパの約二〇〇年間の戦いを彩《いろど》った道義にかなったアプローチから民間人の生命に対する無関心へと、段々と移り変わって行った。第一次世界大戦の直前になると、たとえばフランスの戦略家であるジャン・コリン（Jean Colin）のように、クラウゼヴィッツの限定戦争と絶対戦争の区別は自分の生きている時代には当てはまらないものとして、まったく興味をもたない人物も出てきた。

クラウゼヴィッツは当時の状況の中で、限定的な成功を目指す戦争が可能であると考慮していた。ところがこの意見が正しいかは証明されなかった。二〇世紀のヨーロッパの戦争では、このようなことはさらに不可能となった……ほとんどの交戦者たちを突き動かす情熱について無視してしまえば、現代の戦争の物理的な条件下では、戦闘による劇的な決着を避けられないことが説明できない。作戦戦域の全体に展開し、互いに向かって行進している二つの軍隊にとっては、勝利以外の目標はありえない。交戦を避けることや、さらには半分の成功を目指すことも不可能となる。前世紀にクラウゼヴィッツによって行われた「絶対的攻勢」と「限定的な目標を目指した攻撃」という区別は、ヨーロッパの戦争に当てはめてみればもう完全に時代遅れとなっている*135。

したがって、そのような絶対戦争や大虐殺や悲劇を避けようとする願いというのは、コリンの見立てでは不可能であり、不合理的なものでもあった。一九一七年には、コリン自身も第一次世界大戦の「絶対的戦闘」の一つで戦死することになったほどだ。

クラウゼヴィッツが時代遅れになっていると考えていたのはもちろんコリンだけではない。たとえばルーデンドルフは、どうやらクラウゼヴィッツの「建白書」という覚書を読んだことのない様子であり、一九三五年に以下のように書いている。

『戦争論』の中で、戦いの科学のすぐれた識者であるクラウゼヴィッツ伯爵は「戦いは常にある国家が別の国家を支配下におくための手段としての暴力行為である」と正しく指摘している。彼の理論によれば、そのような目標の達成には、戦闘における敵軍の殲滅だけが有効であるということになる。この意見はあらゆる戦争の遂行における不変の原則となってきたのであり、それを心に留めおくことは、総力戦*136を遂行する上で第一の任務となる。戦場で効果を発揮する、殲滅に関するクラウゼヴィッツのアイディアは、常に極めて重要であり……それ以外の彼の本の内容は、歴史の過去の流れの中にあるだけで、それらは完全に時代遅れのものとなってしまい、それどころか彼の研究は、むしろ混乱やとまどいという効果を生み出すために計算されたものであるとさえ言えよう。**今日においては、クラウゼヴィッツが行ったような「他の種類の戦争」を語れるような時代は過ぎ去ってしまったのである**＊137。

臨戦態勢に備えて国家の全経済力を注ぎこむ、いわゆる国家総動員態勢という意味での「総力戦」という概念は、第一次世界大戦中にフランスのアルフォンス・セッシュ（Alphonse Sèche）＊138とジョルジュ・ブランシュ（Georges Blanchou）＊139によって最初に論じられたものだ。ところが「総力戦」という**言葉自体は**、レオン・ドーデ（Léon Daudet）の『総力戦』（*La Guerre Totale*）という著作によって最初に使われた可能性がある＊140。ヒュー・ストローン（Hew Strachan）が示したように、アメリカでのこの言葉の使われ方は、ヨーロッパに習う形で、主に一国内で動員される資源や、戦争で使用される手段についての意味として用いられたのであり、戦争の狙いそのものを示すものとしては使われなかった＊141。

第一次世界大戦は実際のところ、戦争に注ぎ込まれた資源と国民に与えた影響という二つの面から、総力戦へと近づいていた。すべての参戦国がフランス革命戦争以来となる大規模な国民（女性を含む）の動員を行っており、ドイツに至っては、初めて敵国民を狙っての空襲をしかけたり、一九一七年には無制限潜水艦作戦を開始したりしている。ルーデンドルフは一九三〇年代半ばの著作の中で、総力戦が「軍だけの問題ではなく、参戦国すべての国民一人ひとりの命と魂に直接触れる問題だ」としており、「国民皆兵制の導入や、人口増加、そしてさらに破壊的になった、戦いの新しい手段の結果でもある」と書いている。総力戦は「国家全体の存続が脅かされた時だけに遂行可能となり、その脅威が本当に現実化すれば、そのような戦争が行われることになる」というのだ。さらに加えて、戦争は国家の存続をかけた最高度の試練であり、総力的な政策は……戦時の努力に必要となる準備のために平時の計画の中で改善されなければならず、そのような決定的な努力のための土台を固めることによって、戦時の混乱の中でも、敵のいかなる手段によっても損害を受けたり、完全な破壊を逃れるようにしておかなければならないのである＊142。

ルーデンドルフにとって平時の政治は総力戦の準備のためのものであり、政治は平時に戦時が投影された機能そのものであり、その逆では決してない、というのだ。

ナチスのほとんどの人々にもこのような考え方は受け容れられていたのだが、彼らに反対する人々は、この問題を反論のための論拠としたわけではない。ヒトラーの最初の参謀本部長であったルードヴィッヒ・ベック将軍は、罷免《ひめん》された後の一九四二年に、仲間や友人の間で語った大胆な演説の中で、クラウゼヴィッツを時代遅れであると決めつけている人々は間違っていると論じつつ、クラウゼヴィッツが「参戦国が国力のすべてをかけて戦う戦争」という考えを持っていたと主張している。ルーデンドルフの定義によれば、「総力戦」は新しい形の戦争（ベックはこれが第二次世界大戦で実現するのを目撃した＊143）であり、単に「武力行使」が新たに増加・拡大したものだというのだ。ベックは『戦争論』の第三篇の第一七章の中から長い文章を引用しつつ、クラウゼヴィッツは「今日の戦争の性質」を推測しており、その中で男性市民を民兵《みんぺい》として戦いに参加させるというアイディアは、将来にわたっても廃《すた》れることのない発明であると論じている。ベックはさらにクラウゼヴィッツの「戦争哲学のなかに婦女子《ふじょし》の情を持ちこもうなどとすることは愚劣《ぐれつ》と評する以外に言葉がない」と「戦争とは暴力行為のことであって、その暴力の行使には限度のあろうはずがない。一方が暴力を行使すれば他方も暴力でもって抵抗せざるを得ず、かく両者の間に生ずる相互作用は概念上どうしても無制限なものにならざるを得ない」*144という言葉を参照している。ベックはさらに続けて、「これらの引用した言葉から、クラウゼヴィッツは戦争を、戦争の一般的な性質や、現在においては特別な性質を持ったものとして主張されている〝総力戦〟という継続的な極限の軍事力の行使の概念に必要なものとして定義した、と論じることができる」と述べている。ところがさらに続けて、

ルーデンドルフは、政治を国民の生きる意志が最高度に具現化《ぐげんか》したものとして、戦争のために貢献すべきものと想定しているため、その二つの関係を逆転させてしまっている（政治は平時でも総力戦のために貢献すべきであることになる）。ところがクラウゼヴィッツはその反対に、すべての戦争は、たとえ政治的な要素が完全に消滅してしまっているようなものでも常に政治的な活動である、としているのだ。彼の結論は、戦争があらゆる状況下においても独立したものではなく、むしろ政治的なツールとして考えられるべきであるということだ。

と語っている。ルーデンドルフが望み、ヒトラーやドイツ国防軍によって実践された総力戦は、国民の生活に最も強烈な結果をもたらすべきものであった。集団、人間の活動、天然資源、既存の・獲得された資産の中で、戦争の（準備の）ために押収されて活用されなかったものは一つもなかったほどだ。ところがこのような流れの中で、戦争準備はあくなき「タカリ」となってしまい……それがたった一つの目標に向けての、人的・物的資産、それに国民の精神や魂の過剰徴収につながってしまった。戦争以外の活動は、次第に弱まったり、行き詰まってしまうことになる。

ルーデンドルフとベック（そしてベックがルーデンドルフの批判の土台としたクラウゼヴィッツ）のもう一つの決定的な違いは、ルーデンドルフがドイツ国民の優越性や、精力的な集団同士の平和的共存はありえないとする社会ダーウィン主義の極端な形を想定していたのに対して、ベックはドイツ人に対して自分たちと「関係する他の民族の権利を無視しない」ことや、「できるかぎり戦力行使の原則に照らして熟慮するよう」提言している点だ。ルーデンドルフにとって、平和とは敵の完全なる破壊よって達成されるものであった。それに対してベックは、平和というのは両者の合意した場合にだけ継続し、ビスマルクによれば五〇年間だけ続き、ヴェルサイユ条約のようにその後の戦争の発火点となってしまうという。ところがそれ自体が目的となっている総力戦は、公平な平和をもたらす可能性は低く、ベック自身の言葉によれば、必然的に次の総力戦を生み出すことになるというのだ。したがってベックは戦争に制限を加えることを求めたのであり、戦争のための制限の完全な解放を求めてはいなかった*145。

ベックは一九四四年七月二〇日のヒトラー暗殺未遂事件後に逮捕されて処刑されてしまったが、このおかげで彼は、第二次世界大戦後のドイツにおける思想面での教訓的な存在となった。このために西ドイツの歴史家であるゲルハルト・リッター（**Gerhard Ritter**）は、ベックと同じく「総力戦」の概念（ルーデンドルフ式の定義による）を出した存在として、クラウゼヴィッツを批判したのである。

概念上の混乱は、私の視点から言えば、「総力戦」という概念の不明確さから来ている。「総力戦」を、クラウゼヴィッツと同じように、敵軍の完全破壊の達成まで止まらない「絶対戦争」として考えるか、その一方でクラウゼヴィッツの考えとは反対に、この戦争の概念を、目的そのものとして見なしたり……国家のすべての資源を必要とするもの、そしてこれまでにない破壊をもたらして作り変えてしまうようなものとみなすこともできるだろう。その影響は、戦争に参加したすべての勢力の国家全体の経済・社会構造に及ぶものだ。**ところがクラウゼヴィッツは、軍隊同士の戦いだけを語っていたのであり、国家社会同士の戦いを語っていたわけではない**＊146。

それでも用語の混乱は相変わらず続いている。イギリスだけでなく、フランスでもクラウゼヴィッツは「総力戦」と関連づけて考えられたのである＊147。したがって、「絶対戦争」のことを「〈戦争とは他の手段をもってする政治の継続にほかならない〉という議論に始まる最終理論であると考え、それが政略《せいりゃく》を戦略の奴隷《どれい》とする、すなわち政略を戦略に従属させることにつながってしまった」と考えたのは、リデルハートだけではなかったのである＊148。

クラウゼヴィッツは、終戦までは考えたが、終戦後の平和については考えていなかった＊149。

一八七〇年の戦争の成果は、クラウゼヴィッツを擁護し、彼の絶対戦争の理論が軍国主義が強かったヨーロッパに定着し、何《いず》れの国の軍人にも議論の余地のない真理と是認《ぜにん》され、また危険なほど戦争に無知な世代の政治家たちにすんなりと容認されるようになってしまったからである＊150。

ジョン・キーガンはさらに加えて「これまでに考えだされたなかでも、もっとも邪悪《じゃあく》な戦争の哲学」を唱えたと述べつつ、「クラウゼヴィッツを邪悪と言いました。それは、彼の政治哲学が全体主義国家の政治哲学の基礎となったからです」としながら、その証拠として、ヒトラーがクラウゼヴィッツを引用していたことを指摘し、「戦争はどのように行うことができるか、あるいはどのように行うべきかについて、文明化された社会が持っていた考え方を汚染しました」と書いている＊151。

「総力戦」についての変化自在な使い方は、この混乱から由来したものだ。マーティン・ショウ

(Martin Shaw) は、マイケル・ハワード (Michael Howard) に倣《なら》うかたちで、無制限な暴力の爆発という意味で「絶対戦争」と「総力戦」を同一視させたのはクラウゼヴィッツであると指摘しているが、同時に「総力戦」を大量虐殺という前例のない極限まで引き上げたのはドイツのナチスであることも認めている＊152。ところがジェームス・ジョン・ターナー (James John Turner) は、クラウゼヴィッツが自分の「絶対戦争という概念を定義する中で、総力戦の（マックス・ウェーバー的な）理念型の性質をよく理解できていた」と論じ人物の一人である＊153。バーナード・ブローディは、以下のような正しい指摘をしている。

皮肉なのは、クラウゼヴィッツが「総力戦」、もしくは「絶対」戦争の預言者であることを証明するために引用される言葉は、彼自身が「戦争は独立的な行為」ではなく、軍事的手段は政治目標に従うべきだと主張している章（第一篇の第一章）から取られているということだ＊154。クラウゼヴィッツの主張には（勝利について）あいまいな部分が多く、文脈から関係のないところから戦争の制限に対する強烈な拒否を示す言葉が引用されやすいし、実際にそうされたことは多い＊155。

ところが軍事史家のジェイ・ルヴァース (Jay Luvaas) が記しているように、その後の経緯をみれば、やはりクラウゼヴィッツの教えそのものは完全に無実であったと見るのは、たとえクラウゼヴィッツ自身が虐殺を行うような意図を全くもっていなかったとしても難しいのである。

この新しい「総力戦」が、クラウゼヴィッツ自身が「絶対戦争」を思いついた時に本当に想定していたものかどうかは別問題だ。ところが彼の理論が敵軍の破壊を示し、戦争は「厳密な示唆《しさ》のすべて含んだ純粋な概念」からアプローチできるという可能性を許していたことによって、一九一八年以降のクラウゼヴィッツは、全く新しい観点から見られるようになってしまったのだ*156。

ここで引用されたリームツマの視点は、他国の学者にも共通して見られる結論にも非常に近い。そして歴史の流れが別のものとなり、一九世紀後半から二〇世紀にかけて限定戦争が規範《きはん》的なものとなっていれば、われわれのクラウゼヴィッツ観は違っていたはずだ。そういう意味で、やはり彼にその後の軍事史の責めをすべて負わせることは公平とはいえない。

第6章
クラウゼヴィッツのさらなる応用
――コーベットと海洋戦、毛沢東とゲリラ

前章まで、われわれは何人かの戦略思想家たちがクラウゼヴィッツの複雑な教えを応用してきた例を見てきた。ところがモルトケやシュリーフェン、フォッシュ、ベルンハルディのようなほとんどの人物が、『戦争論』が改竄《かいざん》されていたことや、そのために生じた内容の矛盾を無視しており、その当時の時代精神と合致していたという点から、主に「理想主義者のクラウゼヴィッツ」の記述のほうを好んで使っていたことは特筆すべきである。しかしそのような中にも、「現実主義者のクラウゼヴィッツ」の記述を最もクリエイティブな形で使った人物が二人いる。まず一人目は、そのような記述を海洋戦略に応用したジュリアン・コーベット卿（Sir Julian Corbett）であり、もう一人は、自身の中国共産党における国民党に対する内戦で勝利を収めるという特殊なケースに応用して成功した、毛沢東である。この二人のケースは、それぞれ詳しく見ていくだけの価値があるだろう。

❇海に出るクラウゼヴィッツ――ジュリアン・コーベット卿

ジュリアン・コーベットは、クラウゼヴィッツが亡くなって約二〇年後の一八五四年に生まれ、一九二二年に生涯を閉じている。したがって彼は、第一次大戦に至るまでの時代に書いた軍事思想家たちと同世代を生きているのだが、彼自身の考え方はその世代のものとは正反対であった。コーベットがクラウゼヴィッツの考えに初めて遭遇《そうぐう》したのはG・F・R・ヘンダーソン（G. F. R. Henderson）の著作を通じてであり、一九〇三年頃のことである。コーベットはクラウゼヴィッツにならって「絶対戦争」と「限定戦争」を区別しており、「政治の道具《ツール》としての戦争」という考え方を応用している。ところが彼はさらに解釈を進めて、海戦と陸上戦にはそれぞれ異なる原則が当てはまると主張している。コーベットによれば、「シーパワー」というのは作戦を展開する場所まで海を越えて部隊を輸送する能力によって左右されることになる。この点を明確にするために、彼はいわゆる「海洋戦略」(maritime strategy) を論じているのだが、これは海軍と陸軍の両方を使うことを考える戦略のことだ。ちなみにこの場合の陸軍は、海軍によって陸地に運ばれることになり、この海軍の行動を通して陸地は侵略・占拠・防衛される。さらにコーベットは、外交・軍事のような、海軍関連以外の政策と調整のための海軍政策の必要性を訴えた。彼によれば、海軍同士の戦闘というのは常に必要であるわけではなく、常に決戦を必要とするわけでもないという。その証拠に、歴史を研究してみると「制海権は目的達成のための一つの手段でしかない。そしてそれは今までも、そしてこれからも、それ自体が決して目的そのものになることはない」ことがわかる、と論じている*1。

　彼の見方によれば、「戦力の集中」というのは時代遅れのスローガンであり、この言葉は常に繰り返し唱えられて来たものであるにもかかわらず、優れた海軍戦略に常に当てはまるものではなかったという*2。このため、彼はクラウゼヴィッツを出発点としたにもかかわらず、いくつかの決定的な点においてはクラウゼヴィッツから離れ、海軍戦略の理論については異なる見解を出している。そしてまさにこの点こそが、海軍本部委員会がコーベットを問題視したところであった。彼らが最終的にコーベットの主著となる『海洋戦略の諸原則』（*Some Principles of Maritime Strategy*：一九一一年）の出版を認めた時、彼らはその「まえがき」の中で「提督閣下たちは、本書の中で提唱されているいくつかの原則、とくに敵艦隊との戦闘を最小限に抑えることや、主戦の重要性を矮小化《わいしょうか》しようとする傾向については見解を異にしている」と記しているほどだ*3。

コーベットは一九〇六年に、海軍大学の教育用として第一海軍卿であったジョン・フィッシャー卿（Sir John Fisher）のために、「グリーン・パンフレット」（正式名称は「海軍史に関する講義で使われる戦略用語と定義」）を書いている。この著書においては、全般的な「制海権」というものが、

> すべての遠征にとって必ずしも不可欠なことではなく…ある特定の状況下では、敵艦隊を探し出して破壊するというのは、艦隊の果たす主な任務にさえならなくなる。その理由は、全般的に制海権が争われていても、地域的な支配は確立できているような場合があり、政治、もしくは軍事面から考えても、そのような地域的な支配状態を狙う作戦だけで十分であり、我が方が完全な決定を獲得するまで待っているわけにはいかないからだ。上記からわかるのは、「制海権」というのは、戦略の議論としてはあまりにも曖昧《あいまい》な表現であるように思えるということだ。よって実践的な面から考えれば、この言葉は「航路や交通路のコントロール」という言葉に置き換えられるべきである。

ということが強調されていた。したがって、国防大臣は海軍の参謀長に向かって「制海権を獲得したか？」と質問するよりも、われわれは「必要な交通線を、敵の妨害をかわして確保することができる

か？」という聡明な質問をしなければならないというのだ。かってよく言われていたのは、「艦隊の主な目標は、敵艦隊を発見して破壊することにある」ということだった。ところがコーベットが正しいのであれば、「艦隊の主な目標は交通線を確保することにあり、もし敵艦隊がその安全を脅かすポジションにあるならば、行動によって阻止しなければならない。敵の艦隊というのは、大抵《たいてい》はこのようなポジションにいるのだが、それでも常にそうであるわけではない」というのだ（別の箇所で、彼はこの「大抵」という確率を「十回のうちの九回」と書いている）＊4。

『海洋戦略の諸原則』は、実質的に「グリーン・パンフレット」に歴史的な例を付け加えてさらに深く論じたものであり、一七五六年から始まった「七年戦争」をクラウゼヴィッツ的な観点から分析したもののほか、コーベットのクラウゼヴィッツに関する主な研究がまとめられている＊5。『海洋戦略の諸原則』は、当時のイギリス参謀本部の間で一般的だった、ヨーロッパ大陸に介入するために大規模な部隊編制を進めようとする議論に反論するために書かれたのであり、コーベットは海軍戦略というものを、経済や外交、そして陸上部隊など、海軍以外の大きな枠組みの中にあてはめて考えることが重要だと強調している。彼は、敵を徹底的に打倒するような殲滅戦は、この目的のために必ずしも必要になるものではなく、場合によっては「敵が海を使おうとするのを阻止する」という重要な狙いにとって障害になるほどだ、と強く論じている。彼にとっての「制海権」とは、「主戦における勝利」という意味ではなく、自らが選んだ時に行動できる能力のことを意味していた。仮に「制海権」を獲得できなかったとしても、イギリスは「戦略的防御」（strategic defence）のおかげでなんとか生き残ることができたからだ。

フィッシャーからの支持はあったが、それでもコーベットは「主戦」に否定的な見解を持っていたおかげで、常に議論の的《まと》となった人物であった。中でもすでに本書でも紹介した「猛烈《もうれつ》に、もしくは全てをかけて攻撃すべきである」＊6と考える学派に属していたクスタンス提督とスペンサー・ウィルキンソンの二人は、コーベットの意見に対して強烈な嫌悪感を持っていた。
コーベットは自分の「原則」を、自身でこれまで行なってきた歴史研究から導き出している。この研究とは、彼が尊敬してやまないフランシス・ドレイク卿（Sir Francis Drake）や、その後継者たちのことを調べたものであり、それ以外にもクラウゼヴィッツのコンセプトを応用して分析した『七年戦争におけるイギリス』という著書を書いた時に調べたものだ。同書の中で、コーベットは以下のように書いている。

最も複雑な戦争の中で、敵の主力艦隊の破壊や、特定の海域で制海権を握ることが何よりも大切で、それ意外のいかなる外交問題や軍事作戦も、海軍戦略に従わなければならないような場面が出てくるかもしれない。もしそのような極めて稀《まれ》な状況が発生した場合、それらは例外なく劇的な強さの輝きを放つことになり、起こったことの本質や、どのように発生したのかを判断する際のわれわれの目を曇《くも》らせることになる。人の注意は必然的にそのような超越的な大災害に引きつけられることになり、戦争はそのようなことばかりで成り立っているわけではないという事実を忘れさせてしまう……艦隊の役割についての現在の考え方はあまりにも狭く、われわれのエリートたちでさえも「艦隊の唯一の役割は海上での戦闘に勝つことだ」という考えに無意識にとらわれてしまい、戦略の見方をあやまってしまう。もちろん艦隊の最大の役割は戦闘に勝つことなのだが……その一方で……戦闘で勝てるような都合の良いチャンスは、こちらが求める時に必ず起こってくれるようなものではない。海軍史の劇的な瞬間というのは、それを実現させようと努力した結果として起こったものであり、艦隊が最初に行うべきことは、ほぼ常に、敵の軍事的・外交的な動きに干渉《かんしょう》することにあるのだ*7。

コーベットは、歴史を学ぶことによって、ある程度の予測を可能とするような一定のパターン（ノーマルな状態）や理論を導き出すことができると論じている＊8。そしてここから彼は「海洋戦略」と呼ぶルールを導き出している。

「海洋戦略」とは、海が根本的な要素となる戦争において、その戦争を支配する諸原則のことを意味する。「海洋戦略」は、陸上部隊の行動に関連する形で艦隊をどのように動かすのかを決定するものであり、「海軍戦略」は、その艦隊の動きを決定する、全体の中の部分的なものにしか過ぎないのである。なぜなら、戦争の結果が海軍の行動だけで決定されることはほぼ不可能だからだ＊9。

ここで彼の最も有名な格言を示しておこう。

人間は海でなく陸上に住んでいるため、国家間の戦争における大きな問題の数々は、極めて稀《まれ》な場合を除いて、自国の陸軍が敵の領土および国民生活に対して行えることや、さもなければ、海軍が陸軍にどこまで仕事をさせることが可能なのかを想像させて引き起こす恐怖の感情によって常に決定されてきた＊10。

さらに、彼の考える政府の意思決定についての実践的な教訓は、以下のようなものになる。

（海軍の）参謀は、外交が追求している政策がどのようなものであり、どこで、なぜ、断交して武器をとることを強いられるような状況を予期しているのかを（政府の閣僚たちにたいして）質問しなければならない。参謀というのは実際のところ、政府の外交面での目標達成が失敗したあとでも仕事を続けなければならないのであり、彼らが使うべき手段というのは、その目標によって左右されるものだからだ……戦争は政策の継続、つまり外交文書を書く代わりに、戦場で闘う政治交渉の一種なのだ……（クラウゼヴィッツ）は現実の戦争というものを、政策目標の達成までの「手段」が違うだけで、その以外の面では他の国際関係と全く同じものだと見なしたのである＊11。

彼はさらに続けて、

われわれはナポレオン時代から「戦争というものが根本的に別物に変わってしまった」というアイディアに支配されている。教官たちには「戦争にはたった一つのやり方しかなく、それはナポレオンのやり方だ」と主張する傾向がみられる。ところが彼らはナポレオンが最終的に失敗してしまったという事実を無視しており、「他にもやり方があるのでは？」という指摘や、「ナポレオンのシステムがすべての陸戦に適したシステムである」という前提に疑問を呈《てい》するような人々に対して異端《いたん》の烙印《らくいん》を押すのだ。しかも彼らは、そもそもその性質や目的が異なるような海戦に、陸戦と同じシステムを押し付けようとするのである＊12。

「戦争を実行するひとつの方法は、あらゆる種類の戦争に適用できる」と想定してしまうことは、抽象的な理論の犠牲者になることを意味する＊13。

コーベットは、クラウゼヴィッツの「攻撃」と「防御」というアイディアを考慮しつつ、それを「ポジティブ」と「ネガティブ」という言葉に言い換えるよう提案している。コーベットは同世代の著者たちの中で、クラウゼヴィッツの論理を活用した唯一の存在であった。そしてコーベットは、この点について書かれたクラウゼヴィッツの曖昧《あいまい》な文言を、再構築して明確化したのである。

もしわれわれの目的が積極的なものであり、全般的な計画が攻勢的なものであるならば、われわれは少なくとも本物の攻勢的な動きにオープンでなければならない。それとは反対に、もしわれわれの目的が消極的なもので、われわれの全般的な計画が防御的なものであるならば、われわれは反撃のチャンスを待たなければならない。その意味で、われわれの行動はほぼ常に攻勢的なものでなければならないのだ。反撃というのは防御の神髄《しんずい》であり、防御というのは戦争の否定となるような消極的な姿勢ではないのだ。つまり正確に言えば、防御というのは警戒的な姿勢のことである。われわれは敵が隙《すき》を見せる瞬間を待つのであり、その反撃によって敵をうろたえさせることができたら、自分たちの相対的な力の強さを利用して攻撃に移ることができるのだ＊14。

コーベットは「ドイツ式、もしくは大陸式の戦略学派と、イギリス式、もしくは海洋学派」の違いを区別している。彼は基本的にクラウゼヴィッツの知識の流れをよく理解できており、クラウゼヴィッツ自身の「限定戦争」と「絶対戦争」についての最も新しい考えが記されているのは『戦争論』の第八篇のみであることを知っていた。

クラウゼヴィッツが自身の優れた議論の意味を十分に理解していなかったことは明らかである。彼の見解はきわめて「大陸的」であり、彼が考え出した原則の意味は、大陸の戦闘の仕方の枠組みの中に狭められてしまい、不明確なまま残されてしまった。もし彼がもう少し長生きしていたら、彼が論理的な結論をさらに練り上げたはずなのは間違いない。ところが早すぎる死のおかげで、彼の限定戦争の理論は不完全なまま放置されてしまった。

彼は次に『戦争論』の知的欠陥《けっかん》についても正しく指摘している。

クラウゼヴィッツが自著の中で念頭《ねんとう》に置いていたのは、隣接《りんせつ》している、もしくは少なくとも近い位置にある大陸国家同士の戦争であり……このようなタイプの戦争では「限定された目的」という原則が、そもそも完全な正確さで実現されることはほぼ不可能に近いと言ってよい。

　これについてはクラウゼヴィッツ自身も明らかに示している。「敵を打ち倒す」――これはつまり無制限戦争ということだが――という狙いは、そもそもわれわれの手に余るものであり、届かないものであり、それはつまりわれわれが必ずしも防御的に行動する必要のないことを指摘しているのだ。それでもわれわれの行動は積極的で攻撃的なものかもしれないが、その目的は「敵国の一部を征服すること」以上にはならない。彼の知っていたそのような征服は「敵を弱めたり、自分たちのポジションを強めたりすることによって十分な平和状態を確保する」という意味だったのかもしれない……。

コーベットは、それでもクラウゼヴィッツがその問題に苦慮《くりょ》していることをしっかりと認識していた。

それでも彼は、このような戦争のやり方が深刻な抵抗にあうことを慎重に指摘している。「狙った土地を一旦占領してしまえば、攻撃的な行動というものは停止する」というのが一般的なことだからだ。こうなると防御姿勢をとらざるを得なくなり、しかもそれまでとっていた攻撃的な行動を停止したがために、大きな問題を抱えることになる。さらに加えて、もし敵の領土を征服しようとして攻撃部隊を領土防衛担当の部隊から取り返しのつかないほど引き離してしまえば、敵部隊に遭遇《そうぐう》する前に自国の本土を敵にあっさり明けわたしてしまうような隙《すき》を生むことにもなりかねない*15。

ここでひとまず議論を止めて、旧体制《アンシャンレジーム》とナショナリズムの台頭の分水嶺《ぶんすいれい》となったクラウゼヴィッツの生きた時代と、国民国家の理想が西洋世界で支配的になって全世界に拡大しつつあったコーベットの生きていた時代の間の、政治面での変化を考えてみるのも良いかもしれない。クラウゼヴィッツの生きていた時代のドイツの君主たちの領土は欧州中央部に分散していたが、コーベットが書いていた当時までには、ナショナリズムによって感化された国家が、切れ目のない「国民的」領土と共にヨーロッパ中に誕生していた。他にも多くのヨーロッパの国家が、遠方の植民地まで獲得している。

もしわれわれが限定的な領土の目標を狙っているのであれば、その領土の防御のために必要となる部隊の数は、敵軍の主力に攻撃を仕掛けるときよりも多くなるはずだ。無制限戦争では、攻撃という行為そのものが「敵を自分たちの攻撃に集中させる」という事情から「最大の防御」になる傾向がある。クラウゼヴィッツが指摘したように、「限定戦争」が正当化できるかどうかというのは、その目標となる領土の地理的な位置によって左右される……彼がそのアイディアを思いついたときに心に描いていた唯一の「限定的な目標」というのは……フリードリヒ大王にとってシレジアやザクセン、クラウゼヴィッツ自身の戦争計画で想定されていたベルギー、そしてモルトケにとってのアルザス・ロレーヌのように、「敵国との国境付近の地域の征服」であった。

コーベットは、非常に限られた土地でさえ他国に割譲《かつじょう》するのがほぼ不可能となったこのナショナリズムの時代に、クラウゼヴィッツの「限定された戦争の狙い」というアイディアの欠点を鋭く指摘したのだ。

このような目標というのは、実際のところはそれほど「限定的」なものではない。その理由は二つある。第一に、そのような領土というのは敵国の「身体」の一部だからであり、敵国はそれを失うのを防ぐためであったら無制限に力を注ぐこともいとわないからだ。第二の理由は、その目的のために全軍を投入する際の戦略面での障害が存在しない、という点だ。「限定的な目標」の全体像を理解するには、以下の二つの条件を満たすことが欠かせない。一つ目は、その目標とする地域の広さが限定されているだけではなく、その政治面での重要性も本当に限定されている必要がある、という点だ。二つ目は、それが戦略的に離れて位置しているか、戦略的な作戦において実質的に孤立状態にさせることができる状態になければならないからだ。クラウゼヴィッツ自身も見抜いていたように、この条件が存在しないと、どちらかの交戦者が「領土獲得」という目標を無視して敵の中心部に一気に攻撃を仕掛けて相手の動きを止めようとする「無制限戦争」に陥《おちい》ってしまうこともありえる。

もしわれわれが「戦争」というものを、大陸の国境を接している国同士のもの（しかもその国境付近の領土の奪い合いが行われるもの）としてとらえてしまえば、「限定戦争」と「無制限戦争」の本当の違いの区別がつかなくなってしまう……その区別の際に重要なのは、その「種類」ではなくて、その「度合い」の違いにあるからだ。

それとは対照的に、もし、

われわれが戦争についての視点を世界的に広がる帝国間のものまで広げてみると、その区別はより系統的なものになってくる。海外にある領土や、広大な領土の先端の、あまり人のいない地域というのは、クラウゼヴィッツが想定していたような「限定的な目標」とは完全に異なるカテゴリーに区別されるだろう。歴史が教えているのは、このような「限定された目標」というのは、ヨーロッパのシステムの中ではこれまで全くと言ってよいほど政治面で重要性をもったことがないということであり、しかも**それらは本当の「限定戦争」の条件を満たすくらいの、海軍の行動によってのみ隔離《かくり》できるのだ**……よって本物の「限定目標」の意味を得るためには、われわれは大陸上の戦場から離れて、複合的なもの、もしくは海上で行われる戦争について考えなければならない*16。

これらのことから彼が結論づけているのは、二〇世紀初頭の基準では、

「限定戦争」が恒常的に可能なのは、島国、もしくは海によって隔《へだ》たれた国家同士だけであり、しかも限定戦争を望んでいる国家が、離れたところにある土地を隔離できるくらいに海を支配（制海）できるだけでなく、さらには相手国が自分の領土へ侵攻してくるのを不可能にできた場合だけだ。

としている。これはコーベットが、イギリスが過去に対峙した強国に対して成功した例から得た分析であり、この時のイギリスは「制海権」を獲得し、さらには維持することもできたのである。

クラウゼヴィッツの教義に照らした時にはじめて、ベーコンの有名な警句の意味の全容が明らかになる。ここで確実に言えるのは……海を支配できるものは自由に行動ができ、思い通りに戦争を支配できるかもしれないという点だ。一方、陸上で最強であったとしても、多くの場合に海上では脆弱で

あるということも言える＊17。

こうしてコーベットは、クラウゼヴィッツの言った「偶発性によって限定された戦争」――二カ国以上の国家間で争われる無制限戦争における限定された介入――こそがイギリスの強さであったと結論づけている。「一八世紀に行われたかなりの数の戦争は、実際は偶然のおかげで限定された戦争となっていた。これはつまり、その（戦争の）目標にそれほど決定的な権益を持っていなかった国が、主な敵となる国に対して補助的な軍を送ったことから戦争に巻き込まれたというケースである」＊18。「イギリス、もしくは海洋的な（戦争の）形と呼ばれるようなものは、実際には限定された方法を無制限な形の戦争に適用するというものであり、われわれの同盟国の行う大規模な作戦行動を助けるための、いわば補助的なものである。このやり方というのは、海のコントロールによって実質的に本当に限定されている戦域を選ぶことができるために、そのほとんどの場合、われわれに選択の自由を与えてくれるもの」であったのだ＊19。

コーベットは「時として関係のない目標に対して直接狙いを定めていくのは、本当に正しいやり方なのか、さらにはそれが正解なのか」という疑問を提起《ていき》していた。クラウゼヴィッツとジョミニの教えがあるにもかかわらず、当時のほとんどの戦略家たちは、その疑問に対する答えはたった一つしかないと考えていたようだ。

たとえばフォン・デア・ゴルツは、近代戦における唯一の目標が「敵の打倒」にあることを強く主張していた。彼の「現代の戦いの最初の原則」では、「われわれのすべての努力を注がなければならない直近の目標は、敵対勢力の主力軍に定められなければならない」としている。同様にクラフト皇太子も、「第一の狙いは敵軍の打倒である。それ以外の敵国の占領などの作業は二の次である」という格言を持っていた*20。

ところがイギリスの戦いというのは限定的な形で戦争に向かうことが多く、大陸にいる同盟国と一緒に戦う際に、限定的な手段を使いながら「大陸国にある共通の敵を倒す」という無制限な目標を目指して協力するものであった*21。

海戦での目標は、つねに直接・間接的に制海権を確保することや、敵がそれを確保するのを防ぐことにあるべきだ……海軍の推測で最も頻繁《ひんぱん》に出される間違いの原因は…もし片方が制海権を失えば、それが自動的に相手側に渡ってしまうという考え方にある……海戦で最もよく見られる状況というのは、その両者ともに制海権を握れないという状態だ……*22。

本当に重要なのは「海をコミュニケーションの一つの手段としてオープンにしておかなければならない」という点であり、「敵にこの通路という手段を使わせず、拒否することによって、われわれは陸上で領土を占領するのと同じやり方で、海において敵国家の活動を阻止しようとする……（ところが）制海権というのは海洋コミュニケーションのコントロールのための手段でしかありえないのであり、陸上戦における領土の征服とは違う。この違いは根本的なものでさえある」のだ*23。

コーベットはここで二つの誤りを指摘している。

一つは「攻撃から力を奪ってそのすべてを防御に注いでいれば攻撃を防げる」という考えであり、もう一つは……「戦争は、陸軍や艦隊同士の戦いだけで成り立っている」という考えだ。この考えは、

「戦闘が戦争を本当に終わらせる手段、つまり敵国の市民や彼らの生活に圧力を加えるための数多くの手段のうちのたった一部でしかない」という根本的な事実を無視している。フォン・ゴルツも「敵軍の主力を粉砕《ふんさい》したあとは、それとは別に相手に講和を受け入れさせるという任務が残されているのであり、状況によっては敵国に平和を求めさせるほど戦争を負担に感じさせるのは非常に困難になる」と言っている＊24。

コーベットは「軍事の格言」の主な三つのアイディアに対して、批判を展開している。（１）戦力の集中（敵の主力を、自らの手段の内にある重みとエネルギーを最大限蓄積《ちくせき》することによって打倒すること）という考え、（２）「戦略とは、主に交通線の限定に関するものである」という考え、（３）努力の集中という考えだ。これは「後先のことを考えずに、倒したい勢力を倒すことに集中すること」である。

一番目のアイディアについてであるが、コーベットは海という環境では「戦力の集中」がそもそも無理であると論じている。なぜなら敵にとっては単純に「戦場となる海域から艦隊を排除すればいいだけの話」であり、敵を自分たちの艦隊と遭遇《そうぐう》させることはそもそもかなり難しいことだからだ。二番目の「交通線」についてだが、コーベットは敵がダイレクトなルートを通らずに迂回《うかい》をすることも可能であるし、海上では迂回《うかい》する場合の障害となるものはほとんど存在しない、と言っている。三つ目の「努力の集中」というアイディアだが、コーベットは「艦隊というものは単に主戦を戦うだけではなく、海上貿易を保護するためのもの」という考慮を入れるべきだと考えていた＊25。

まとめていえば、コーベットは「現実主義者のクラウゼヴィッツ」の部分から独自の理論体系を発展させたのだが、クラウゼヴィッツの理論は海には適用できないと見極めており、クラウゼヴィッツの見解とは異なる自らの考え方には自信を持っていた。それから百年ほどたったが、コーベットの海軍の

「戦力の投射《パワープロジェクション》」（マンパワー、ミサイル、それに航空機など）という役割についての考え方は、彼がそれを書いた当時よりも、現在のほうがより当てはまると言えるだろう。二一世紀最初の時代には、海軍の艦隊同士が戦う海上戦が起こるとは考えにくいし、両大戦の海上戦も、歴史の記憶の彼方《かなた》に消え去っている。ところが対照的に、コーベットのクラウゼヴィッツ主義の応用はいまでも有効だ。

したがって、コーベットは独自の考えを持った意識の高い「クラウゼヴィッツの思想の継承者」となった。ところがこの通称は、彼の主な知的ライバルとして挙げられる、アルフレッド・セイヤー・マハン（Alfred Thayer Mahan）に対しても（あまり正しいものとは言いがたいが）使われている。マハンは「歴史には理論を導き出すためのデータベースとしての価値がある」という意味で、クラウゼヴィッツと似たような結論に達したと言えるかもしれない。しかし彼についての最も新しい伝記を書いた著者が認めているように、マハンがクラウゼヴィッツを最初に読んだのは、あの偉大な「海上権力史」シリーズを完成させた後だった。決戦を主張したため、マハンは時として「理想主義者のクラウゼヴィッツ」のように聞こえるのだが、両者のつながりはむしろナポレオン戦争を研究したという点にあるのであり、しかもマハンはこれをジョミニの著作を通じて知ったのである＊26。

❋クラウゼヴィッツと「小規模戦争」、もしくはゲリラ

クラウゼヴィッツ式の考え方が継承者によって拡大されていったもう一つの分野として、「小規模戦争」、もしくはゲリラ戦が挙げられる。海戦の時とはちがい、クラウゼヴィッツ自身もこのテーマについては（『戦争論』の中にその全てを記したわけではないが）書いている。彼は「小規模戦争」（small war：これはフランス語では以前から使われている *petite guerre* のことであり、スペイン語では *guerrilla*）を書いただけで

なく、強烈な全面戦争の形をとることもある「国民戦争」（これはフランス革命戦争やナポレオンからの解放を求める戦争）についても書いていた。クラウゼヴィッツが使ったのは「国民の武装」（*Volksbewaffnung*）、「国民戦争」（*Volkskrieg*）、そして「小規模戦争」であり、彼はこれを時に混同した形で使っている。今日のわれわれは、それに対応するものとして米軍が一九九二年に定義した「低強度紛争」（low-intensity conflict）という言葉を使っており、そこでの定義は以下のようなものになっている。

国家やグループの間で争われ、政府と軍を巻き込んだ通常戦争以下の強度で、国家間で日常的に行われている競争以上の強度をもつ紛争のこと。そこには相容《あいい》れない原則や、イデオロギー同士の長期的な闘争が関わってくることが多い。低強度の紛争には、敵の破壊から軍事力の行使まで、実に様々なタイプのものがある＊27。

実際のところ、クラウゼヴィッツの時代には「国民戦争」がいくつか発生していた。一七九三年にはフランスで「三〇万人募兵令」（*levée en masse*：これはフランス国民のほぼ全員をフランス革命後の戦争のために総動員するもの）があった。それから「ヴァンデの反乱」（革命派と王党派の争いで、革命派が市民を大量に動員した）があり、そして一八〇八年にはナポレオンに対するスペイン人によるゲリラ（この戦争はスペイン側の個別の部隊が戦っているものよりも小規模であったが、全人口の中で戦争に協力した人間の数の割合から見れば、その規模は非常に大きく激烈なものであった）が始まっており、当然のようにこれが後の「ゲリラ」という名の由来となった。それに一八〇九年の「チロルの反乱」と、一八一二年のフランスの大陸軍によるロシア領内への侵攻の際のパルチザンによる攻撃があり、これはクラウゼヴィッツも直接目撃している。このような一連の出来事のおかげで、クラウゼヴィッツはこのような形の戦争が、自身の生きている時代の一つの現象であると考えるようになった＊28。

一八一〇年から一一年にかけて、クラウゼヴィッツはベルリンの陸軍大学校で「小規模戦争」を講義している。彼は「小規模戦争」を、「二〇から四〇〇の数の人々が参加している、あらゆる形の紛争」と定義しており、この参加者たちは主に非正規の戦闘員であり、これは大規模な戦闘とは別に行われるものであるとしている。彼の講義は、主に小規模戦争の中の特定の軍事的側面を扱ったものであり、政治的・社会的な面、それに誘因や動機などは全く考慮されていなかった。内容は極めてドライで技術的なものであり、戦術を重視し、多くの歴史的な事例が引用されていた＊29。

クラウゼヴィッツの分析した「小規模戦争」と、いわゆる「国民戦争」の間には、一つだけ重なる部分がある。これはスペイン人のナポレオンに対するゲリラの場合と同じように、部隊は小規模で、正面からの戦闘は避けていたにもかかわらず、全国民がフランスの侵略者に対して武器を手に取って抵抗していたように見えたという点だ。ところが「小規模戦争」というのは、地理的かつ技術的な面において、現地の人々の黙認《もくにん》や支持を受けた、ほんの少数の暴徒による「正規部隊への限定的な抵抗」とも言える。そして「国民戦争」（people's war）というのは、必然的に大規模な人数が動員されることを意味している。たとえばフランス革命における「大陸軍」や、ナポレオンに対抗するための「解放戦争」、第二次大戦終盤にドイツのナチス政権が組織した「国民突撃隊」（*Volkssturm*）、それにチトーのパルチザンのように、老若男女までを巻き込んだ、一九四〇年から四五年のユーゴスラビア内戦のような活動も含まれるのだ。

もし国民戦争がチトーのパルチザンのような形をとるものであれば、それにはルーデンドルフ式の「総力戦」という要素も含まれてくることになる。クラウゼヴィッツの『一八一二年のロシア戦役』によれば、プロイセンがフランスに占領されていた状況は以下のようなものであった。

現在の戦争は、**全員が持てるものすべてをぶつけ合う戦争**である。王同士や軍同士が戦うものではなく、王と軍を含んだ国民同士が戦うのだ。このような戦争の様相は当分変わらないであろうし、かといって古いタイプの、暴力的だが兵士同士の戦闘を使ったチェスのようなつまらないゲームは、相も変わらず続くことになる。

しかし私が言いたいのは、そのおかげで大量の国民の蜂起《ほうき》（例：国民皆兵）や、二度ほど目撃した大規模な例（フランスとスペイン）が、国民が戦争を行う唯一の方法になったということではない。なんということだ！この現象は、この時代に独特のものである……よって、未来の世紀には、国民が最後の手段として蜂起をせざるをえないような状況は訪れないかもしれないのだが、それでもわれわれはこのような時代にも戦争を国家が行うビジネスとして考えられるはずであり、未来においてもそのような精神に則《のっと》って遂行されることになると言い切れるはずだ*30。

『戦争論』の中でクラウゼヴィッツは「小規模戦争」について語ってはいないが、第六編の防御についての議論の中で、「市民の武装化」について語っている。自身の書いた『皇太子殿下御進講録』と違って、彼は市民が武装化することを歓迎すべきかどうかという判断を、あえて差し控《ひか》えている*31。彼は「国防義勇軍」を以下のように定義している。

戦争に対する国民全体の、異常かつ自発的な、肉体面の強さと経済、それに態度による貢献のこと。これから離れれば離れるほど、実質的には常備軍に近づくことになり、常備軍のような優位を持つようになれば、逆に本物の国防義勇軍の優位を欠くことになるのだが、国民は広く集められるし、定義は曖昧になり、精神と態度によってそれを増大させるのは容易になる。

そして過去のフランスの戦略家であったギベールと同じように、クラウゼヴィッツはそのような「国民を武装させただけの国防義勇軍」（国民武装軍、つまり予備役）は、必然的に防御的なものとなり、攻勢的なツールには成り得ないと認識していた*32。彼は、国内の国民を動員すると、それが革命運動につながる危険性があることに気づいていた。これについて批評家たちは「動員は革命のための手段になり得る」と考えており、法的には無政府状態を宣言しているようなものであり、国内の社会秩序にとって危険であり、国外の敵にとっても利用しやすいものであると見なしていた。ところがクラウゼヴィッツはこの問題について、自身にとっても読者にとってもそれほど深刻なものではない、と付け加えている。もちろん彼は「国民に武装させるという投資は無駄である」という批判をされても仕方がないことをしぶしぶながらも認めていた。それでもクラウゼヴィッツは、国民戦争というものを、フランスの革命戦争以来ヨーロッパで起こっている戦争の変化の一つの結果であると考えていた。しかもこの戦争は、それ以前にあった制約を乗り越えつつあったのである。一方の側が旧体制《アンシャンレジーム》の下での限定された戦いという障害を乗り越えてしまえば、もう一方の側もそれに追従《ついじゅう》するか、さもなければ圧倒されて敗北することになるからだ*33。

クラウゼヴィッツは、歴史の中で「国力、戦力、戦闘力を増すものとして、国民の心情や士気が恐るべき要因になること」を証明した事例がいかに豊富《ほうふ》に存在するのかを強調している*34。

このような分散的な抵抗が、時間的にも空間的にも一点に集中して敵に大打撃を与えるような行動には不向きなのは明白である。この種の抵抗方法は、ちょうど物理でいうところの蒸発作用と似ており、面積が広がれば広がるほど効果が上がるものだ。つまり面積が広く、敵軍との接触面が広くなれば広くなるほど、敵が広大な地域に散開していればしているほど、この抵抗の効果は増大するという。これは静かに燃え残っている燃えさしの炎にも似ていて、敵軍の根底を徐々に破壊していくのだ。国民戦争が効果を挙げるために不可欠の条件としてはおよそ次のようなものが挙げられるだろう。

1. 戦争が国内で遂行されること、
2. 戦争がたった一回の決戦で決定されないこと、
3. 戦場がかなりの大きさの空間にわたって広がりをもつものであること、
4. 国民の性格がこの種の戦争に合致していること、
5. 山岳、森林、沼沢、あるいは農耕の性質によって国土が断絶し、通過に困難である場所が多いこと。

人口が多いか少ないかというのはそれほど問題ではない。なぜならこの種の戦いでは人材不足に苦しむことはないからだ。住民が貧しいか裕福かもとくに重要ではないし、重要ではないと考えるべきだ。むしろ「貧困と重労働に慣れた下層階級こそ好戦的で強力である」という事実を見逃すわけにはいかない*[35]。

彼はその他の場所でも「熱狂や勝利への狂信的なまでの決意、そして目的への信念を含む大衆の精神を持った武装集団は、とくに山岳戦のように小集団や個人などに分かれてそれぞれ個別に戦う場合に成功しやすい」と書いている。したがって山岳地帯は「国民戦争」を遂行するのに最適な場所であることになる*[36]。これは、第二次大戦でユーゴスラビアのパルチザンが、ドイツ・イタリア軍の進軍を止めたことや、二〇世紀のいくつかの内戦における、ギリシャ人たちの活躍を不気味に予測していた。

クラウゼヴィッツはゲリラ（彼は「国民戦争」という言葉を使い続けている）の使用の仕方について、きわめて詳細に語っている。武装した農民たちは、占領軍である敵の「重心」を攻撃することは避けつつも、周辺の一番弱い部分に対して小規模な攻撃をしかけるべきであるという。つまり彼らは、孤立した敵の分遣隊を、山脈や深い森、橋や峡路《きょうろ》などを通過している時に攻撃すべきだというのだ。また、彼らは別々の異なる場所で活動することによって、遠く離れた地方から蜂起《ほうき》すべきであり、武装した国民側は、全体的に敵軍の士気を下げるよう行動すべきなのだ。彼らは決して常備軍を組織しようとせず、たまに敵に奇襲をかけるために特定の一点に戦力を集中させることがあったとしても、普段は拡散したままの状態でいるべきであるという。クラウゼヴィッツはこれを、以下のような詩的な表現で述べている。

国民戦争というのは霧や雲のようなものであり、決して一箇所に集結した抵抗勢力となってはいけない。もしこれをあやまると、敵はそれ相当の兵力をもってこの集結点を粉砕《ふんさい》し、多数の捕虜《ほりょ》を獲得することになってしまうからだ。そうなると（国民側の）勇気はくじかれ、誰もが「大勢は決まったのでこれ以上の抵抗は無駄だ」と考えるようになり、武器を棄ててしまうことになる。ところがこの霧は、ある地点ではかなり凝縮《ぎょうしゅく》して敵に脅威を感じさせるほどの集団になったり、時として強烈な稲妻《いなずま》を光らせることも必要になってくる。このような凝縮点は、すでに述べたように、主に敵の戦場の両側であるべきだ*37。

武装した農民は、国家の常備軍を補うものであり、敵の占領軍の駐屯地を攻撃したり分遣隊に嫌がらせをする際には協力して行動すべきであるということになる。常備軍、もしくは占領下において残っているその軍の一部は、武装農民（***Landsturm***）を鼓舞《こぶ》してその組織結成を手伝うべきなのだ。ところが正規軍は、武装農民の幹部を養成するために国中全土に配備すべきではない。そうすると敵側に一度に破壊されてしまったり、その地方の人々の兵站《へいたん》にとって負担になってしまったりするからだ*38。武装農民側も、自分たちの力を過信して「決意が固く力の強い占領軍を食い止めることができる」と勘違いしてはならない。彼らが成功できるのは、敵にたった一度の戦闘で一網打尽《いちもうだじん》にされないような場所だけだからだ。したがって「国防のための戦略計画には、民衆を武装化させる方法として二つのやり方を加えることができるかもしれない。一つは主戦に敗北した後の最後の手段として、二つ目は決戦が行われる前の自然的な補助の手段としてである。後者は国内への退却を前提としている」という*39。

クラウゼヴィッツは非対称戦についての考えの基礎を、『戦争論』の中で、強い・弱い相手との間の関係の性質について何度か考察することによって論じている。当然ながら、彼は勝利の最善の方法が大規模な軍隊をもって小規模な、もしくは弱い軍隊を、たった一度の主戦で打ち破ることであると考えていたのだが、小規模もしくは弱い側にも有利に働く要素が存在することにも気付いていた。たとえば「士気」以外には「スタミナ」や「忍耐力」もそのような要素になりえるものであり、大規模な軍隊は、特定の紛争では、弱い側と比べて同じ時間を割《さ》いて準備することができない場合も出てくる。これは、敵味方の双方にとってこの紛争がどの程度の政治的重要性を持っているのかによっても違ってくる可能性がある*40。そしてこれは、二〇世紀のフランスがなぜ最終的にアルジェリアで破れることになったのか、米ソという超大国がなぜベトナムとアフガニスタンでそれぞれ失敗したのかを説明できるのだ。

二〇世紀のゲリラ戦の思想家たちの多くも、クラウゼヴィッツの著作からインスピレーションを受けている。一九一八年にロシアがドイツとブレスト＝リトフスク講和を締結した時に、レーニンはクラウゼヴィッツを引き合いに出しながら、自身の決断を正当化している。彼は「もし自国の軍が明らかに弱い場合には、国防のための最も重要な手段は、国内へと撤退することだ」と述べており、さらにこの考え方の正しさを疑う人々は「戦争やこのテーマ全般についての最も偉大な著述家である、クラウゼヴィッツの残した古い本を読めばわかる」と加えている。この決断について、その後にソ連の公式な歴史家たちの行った説明によれば、

一〇月革命の頃のレーニンは、ボルシェヴィキ党にたいして、タイミングが合った時に大胆不敵《だいたんふてき》かつ断固とした攻撃を行うことを教えている。ブレスト条約の期間に、レーニンは同党に対して、敵軍の力が自軍の力を明らかに越えているような場合は、敵に対する次の攻撃を最大限のエネルギーを使って行うために、いかにうまく撤退すべきかを教えている。歴史はレーニンのような議論がまったく正しいことを証明している*41。

クラウゼヴィッツに触発《しょくはつ》されたもう一人の有名な人物は、T・E・ロレンス大佐（Colonel T. E. Lawrence: 一八八八～一九三五年）である。この人物はむしろ「アラビアのロレンス」として知られている。彼はオックスフォード大学の在学時に『戦争論』を読んでいた*42。『知恵の七柱』（*The Seven Pillars of Wisdom*）の中で、ロレンスはクラウゼヴィッツの著作が他のどのものよりも優れており、自分の考えに潜在的なインスピレーションを与えたと賞賛している。ところがクラウゼヴィッツの観念論的な「主戦」への情熱には困惑《こんわく》している。彼が支援していたアラブ人は、そのような戦闘によって大規模な犠牲者を出すことには耐えきれないと確信していたからだ。ところが「各時代のそれぞれの戦争には、独自の条件がある」という「現実主義者のクラウゼヴィッツ」の考えには賛同している*43。ロレンス自身の「ゲリラ戦」は、オスマン帝国のアスケリ（軍人の支配層）に対するアラブの自由闘士を組織することによって非常な成功をおさめた、いわゆる「小規模戦争」の一種であった。もちろん最終的な戦争全体の決着は中東

ではなくヨーロッパでついたのだが、それでもロレンスは敵の大規模な数の常備軍を釘付《くぎづ》けにすることくらいはできたのである＊44。

コリン・グレイは『現代の戦略』の中で、原則として小規模戦争やテロリズムなども「他の手段による政治」を構成しており、クラウゼヴィッツの基本的な分析の仕方（戦争は他の手段による戦争の継続……）は、彼自身がとりわけ強調している「国家」というアクターが存在しなくても適用可能であるとしている＊45。これは同時にマーチン・ファン・クレフェルトの「三位一体」の理論の批判に対する反論となっている（この議論については本書の第３章で触れた）。ただし「ゲリラ戦」に関していえば、国家の場合に見られるような形式的な計画の実践が欠如《けつじょ》しており、ゲリラの行動というのは、その時々の状況で良いアイディアだと思われたことが瞬発的な形で実行されることが多いことも事実だ。もし「すべてのアクターたちは戦争の目的について明らかなコンセプトをもっていて、軍事力の使用について綿密《めんみつ》な計画をもっている」という想定を置くならば、クレフェルトとグレイは二人とも「クラウゼヴィッツ式の分析には限界がある」と正しく論じていることになる。

✻毛沢東とクラウゼヴィッツ

ところが国民戦争についての考えを新たな高みまで導いたのは、共産主義系のクラウゼヴィッツの継承者たちであった。まずレーニンだが、彼は戦争が二種類あると言っており、それは「正しい・進歩的な戦争」と「不正義・反動的な戦争」であるという。彼にとっての「正しい戦争」とは、ある階級が他の階級による抑圧を打倒するための、民族解放戦争や内戦のことであった。レーニンにとって「帝国主義の時代における、植民地や準植民地による民族闘争」とは「可能で起こりうるだけでなく、不可避《ふかひ》である」ということを「ユニウスの小冊子について」という論文の中で書いている＊46。

レーニンが一九一八年のブレスト＝リトフスク協定の状況下に、クラウゼヴィッツを引用することで赤軍のロシアへの撤退を正当化したように、毛沢東も明確にクラウゼヴィッツ式のものだとわかる言葉を使いながら「敵を国内に誘い込む」というテーマを取り上げている。彼は以下のように書いている。

> この方策（自らの土地という地の利を活かし、敵を国内へと誘い込む）を弱い側が利用すべきである、ということに異論を挟む専門家はいなかった。
>
> ある外国の軍事専門家によると、一般的に戦略的防禦の場合、とくに不利な状況で始まった場合には、最初は決戦を避けるべきであり、そして攻撃するのは有利な状況を作ってからだという。これは完全に正しい理解であり、これに付け足すことは何もないほどだ＊47。

そしてクラウゼヴィッツは「防御者が迅速かつ豪胆な力をもって防御から猛烈な反撃に転ずる時、これが防御の最も光彩《こうさい》を放つときである」と書いているが、毛沢東は（中国語においてはおそらくやや不明瞭な訳かもしれないが）反攻について「防御における最も魅力的かつダイナミックな段階」であると書いている＊48。

毛沢東にとって、あらゆる革命戦争では人民を動員すべきであることになり、「大衆を動員出来た場合にだけ戦争を遂行できる」という＊49。ところが毛沢東は、クラウゼヴィッツと同じように動員された大衆を正規軍の補完的な存在として見ており、この点からクラウゼヴィッツのアイディアをやや発展させつつ、戦いを「動員された人民の抵抗《ていこう》」という段階から、正規軍のものへと徐々にシフトさせているのだ。この正規軍、つまりこの場合は「紅軍」のことだが、毛沢東の考えでは、これが最終的な勝利のためには必須の存在であった。最終作戦、もしくは最終戦というものが必要であり、しかもそれは、正規軍が単独で戦って勝つべきものだった。紅軍の強さはその規律の高さにあったわけだが、同時にその支援を人民の自衛団や民兵などを通じて広く大衆から受けていたという面も見逃せない。

学者であるザン・ユアンリン（Zhang Yuan-Lin）によれば、毛沢東の考えていた「ゲリラ」という言葉の意味は、民兵やパルチザン部隊、もしくは正規軍の中の一部である特殊部隊が、人民全体と連携《れんけい》しながら、特定の指示を受けず、もしくは特定の前線を維持せずに、敵の小規模な部隊に対して戦うような戦争の形であった。

このようなゲリラ戦におけるパルチザンたちの全般的な任務というのは、一般大衆からの支援を受けて隠れた場所から敵を叩くことによって構成されており、これは主に奇襲攻撃を使うことによって実行される。結局のところ、パルチザン部隊はエリアを奪取し、そこに身を置いてそのエリアを拡大し、一方の通常戦の方では正規軍が派遣され、その主な戦い方は詭動《マニューバー》を行ったり、特定の拠点を守ったりすることにあるのだ＊50。

毛沢東の教えは、上述したクラウゼヴィッツの五つの要点（231頁を参照）と多くの共通点を持っていた。彼は「日本に対する中国の人民戦争は、中国本土内で行われるべきである」という点に強く同意しており、これは実際に広大な国土による「内陸部への撤退」に頼ることによって効果をあげることになった。また、人民戦争はたった一つの戦闘だけで決定されるべきものではなく、長期にわたる抵抗戦を通じて行われるべきものであり、パルチザン部隊は占領軍を中国全土に分散して、なるべく多くの場所で攻撃すべきであると考えていた。彼は政治的な動機、つまり「人民軍の教育」というものが決定的に重要であると考えており、パルチザンは田舎の厳しい環境にある場所を後退地《こうたいち》として最大限に活用すべきであることに同意していた。そこから出撃して、村々や後には都市などを奪取すべきだというのだ。

クラウゼヴィッツと毛沢東の違いは、拠点や基盤についての考え方に現れている。クラウゼヴィッツはパルチザンがそれらを設置するよう努力すべきだとは考えていなかったが、毛沢東は「戦争の長さと極度の緊張のおかげで、敵の後背地で根拠地《こんきょち》を持たずにパルチザン戦争を持続させるのは不可能となっている」と言明している。彼が思い描いていた「根拠地」(hinterland) というのは、

パルチザン部隊の戦略的な任務の遂行を助け、敵を殲滅もしくは追撃する合間に、自身の部隊を維持したり補充するという狙いを達成するための、戦略的な基盤のことだ。このような戦略基盤がなければ、われわれはあらゆる戦略的な任務の結果、そして戦争の最終的な狙いの結果を生み出すための支援が得られないことになる……根拠地がなければ、パルチザンの戦いは続けられないし、展開もできない*51。

興味深いことに、スターリンは第二次ギリシャ内戦（一九四六〜四九年）の際に、ギリシャ共産党に対して、根拠地を制圧して維持する必要性を教えた毛沢東のドクトリンを採用するように迫っているが、これはギリシャのパルチザンたちが活動しているはるかに狭い土地にとって完全に不適切なものであった。ギリシャの共産党の活動が破綻《はたん》した理由の一つが、このスターリンからの命令にあると言われている。一九五六年に毛沢東はラテン・アメリカの革命勢力に対し、彼らと中国の状況は大きく違っていることを踏まえて、自身の「根拠地ドクトリン」を盲目的に使うことは止めるよう警告している。

中国での革命の経験、つまり農村を拠点とし、都市を農村で包囲《ほうい》し、最後に都市を奪取するやり方は、あなたがたの国々の多くには簡単に応用できるものではないかもしれません。しかしこれらは、あなたがたのやり方を考える上では参考になるかもしれません。私は、中国の経験をそのまま模倣《もほう》するのは止めておくべきかと思います。異なる国の経験というのは、さらに考えを深めるための参考としてはいいかもしれませんが、決してドグマのように捉《とら》えてはならないのです＊52。

一九七五年に西ドイツのヘルムート・シュミット首相が北京を訪れた時に、毛沢東は彼に対してクラウゼヴィッツを尊敬していることを述べた上で、以下のようなことを言っている。

マルクス、エンゲルス、そしてレーニンたちは、クラウゼヴィッツの「戦争は特別なものではない」という意味で、「戦争は他の手段による政治の継続である」という有名な格言を解釈しております。しかし私は、この格言を軍事における教訓として読む方が良いと思っております。ルーデンドルフが考えたのとは反対に、戦争においては、軍ではなく、政治のリーダーシップが優位に立たなければならないということです。よって私が結論として至ったのは、戦争は政治のリーダーたちにとって多くの選択肢の内のたった一つである、ということです。決して戦争を「唯一の選択肢」と考えてはならないのです＊53。

マーチン・ファン・クレフェルトによる批判からも明らかなように、クラウゼヴィッツのゲリラ戦争についての理解は広く過小評価され、それは「正規戦」、もしくは「古典的」な国家間戦争だけに関連付けられる傾向がある。たとえば西ドイツの作家であるセバスチャン・ハフナー（Sebastian Haffner）は、冷戦時代に数多くの「限定戦争」についてコメントしており、毛沢東の戦争観(ハフナー自身が「クラウゼヴィッツ式」と認めた政府間の「古典的」な戦いではなく、敵の殲滅や奪取を狙うもの)は、現実に起こったことからも実証されていると指摘している。ところが驚くべきことに、ハフナーはフランス革命戦争を「古典的なクラウゼヴィッツ式の戦争」というジャンルからはずしている。ハフナーは「旧体制《アンシャンレジーム》」として知られていた国同士の国家間戦争や、一九世紀後半にヨーロッパで行われた戦争について書いているようなのだ。ハフナーは毛沢東の戦争観を、全国民が動員される「革命戦争」や「人民戦争」と同等視《どうとうし》している。彼は「通常戦争(クラウゼヴィッツ式のもの)は、常に一方の政府がもう一方の政府の実行しようとすることを阻止しようとして行われるものだ。ところがこれは(近代の)戦争の手段としては明らかに不可能である。最近の戦争は、一つの政権が別の政権を滅ぼして乗っ取るようなものになっている」と書いている。この文脈から言えば、通常戦争を制限する意味で使用される「戦争の五原則」は無効であることになる。

1. 古典的なヨーロッパの戦争は、規律の整ったプロの軍人たちによって戦われ、彼らの政治的視点はその戦いに無関係なものであった。それに対してハフナーの言う最近の毛派の「トータルゲリラ」では、たしかに規律と服従は一定の役割を果たしているが、その重要性は低下しており、ゲリラ軍は「服従」だけでなく、「信念」によっても機能する。
2. 古典的な戦争では、軍人と非軍人の間に明確な区別があったが、「トータルゲリラ」ではこの二つが意識的に混合されている。ゲリラのメンバーたちは、自分たちを支持する一般市民の中に紛《まぎ》れ込むことができる。
3. 古典的なヨーロッパの戦争というのは敵国に対して戦いを挑《いど》むものであったが、ゲリラ戦争ではその反対に、ゲリラが集結している国の中だけに戦いが限定される。

４．古典的なヨーロッパの戦争では、ヨーロッパの軍隊と政治のリーダーたちは戦いを短期的なものにしようとするが、その反対にゲリラ活動の強みは、勝機の高い正規軍を持つ国が戦争を終わらせようとするのを阻止するところにある（当然のように、毛沢東はゲリラ側が勝ちそうな戦いの場合には戦争を早く終わらせることを主張している）＊54。

５．それに加えて「古典的」な戦争におけるヨーロッパの軍と政治のリーダーたちは、迅速《じんそく》な決断と主戦を求めていた。その反対に、ゲリラ側は正規軍が勝ちそうな主戦は避けようとしている。

ハフナーによればこの原則こそが、ゲリラたちが冷戦中のヨーロッパで古典的な戦争を不可能にしてしまった次の二つの要因を恐れる必要が全くないことを説明しているという。その二つの要因とは、「国民が完全に巻き込まれる」というものと、「現代の兵器テクノロジーが使用されることによって戦争がエスカレートする」というものだ。これはまたしてもゲリラや「国民軍」についてのクラウゼヴィッツの記述を無視した分析であり、ハフナーはこれを「毛沢東がクラウゼヴィッツのロジックを越えたもの」と推測して結論づけている＊55。ところが本書でも見てきたように、クラウゼヴィッツの考えをさらに発展させた毛沢東に対するこのような批判は、決して妥当なものとは言えないのだ。

＊　＊　＊

実際的な影響という意味でさらに重要なのは、クラウゼヴィッツの思想が、おそらく毛沢東を通じて共産主義の思想家たちに伝わったという点だ。興味深いことに、毛沢東の思想をラテン・アメリカに紹介した一人であるエルネスト・チェ・ゲバラ（Ernesto 'Che' Guevara）は、一九六二年に出版した『ゲリラ戦争』（*Tactics and Strategy of the Latin American Revolution*）の冒頭で、クラウゼヴィッツの戦略や戦術について、狭い定義を振り返りながら細かく議論しているのだが、クラウゼヴィッツ自身の「小規模戦争」や「国民戦争」などの分析は参考にしていない*[56]。そして北ベトナムの共産主義の思想家であるチュオン・チン（Tru'ông-Chinh）は、ベトナム戦争中に書いた『人民戦争は勝利する』（*The Resistance Will Win*）の軍事的なトピックについて書いた章の中で、クラウゼヴィッツ式の戦争と政治の密接なつながりについて繰り返し言及している。彼は「正しい政治目標に感化されたものでなければ、いかなる軍事的な成功も達成できない」と論じており、その反対に「軍事的な手段が適切に使用されなければ、多くの場合において政治は成功しない」としている*[57]。マルクス・レーニン主義の伝統を引き継いだゲリラの思想家たちの中には明らかにクラウゼヴィッツの影響が見てとれるが、毛沢東ほどそれを精緻《せいち》化させて、その体系的な考えを実行した人間はいなかったのである。

第7章
核時代のクラウゼヴィッツ

＊ソ連の戦略 ―― クラウゼヴィッツと戦争の必然性

本書では、クラウゼヴィッツの教えがマルクス・レーニン主義の教義の一部となってきた歴史を見てきた。『戦争論』は、二〇世紀半ばまでにソ連で五度出版された*1。このような事情から、ソ連政治の研究者であるクリストファー・ドネリー（Christopher Donnely）は、ソ連を「クラウゼヴィッツの継承者」とさえ呼んだほどだ*2。

ところが核時代初期のソ連におけるクラウゼヴィッツの立場は、どん底まで落ちることになる。その理由は、スターリンがクラウゼヴィッツのことを「二〇世紀の間に二度もロシアを破壊して大量の死者を出したプロイセン／ドイツ軍国主義の邪悪な伝統の一部」と見なしたからだ。一九四四年にはスターリンの命令により、ソ連軍の報道機関はクラウゼヴィッツの考えを激しく非難している*3。一九四五年七月にはソ連国防省の秘密機関が発行する『軍事思想』（*Voennaja Mysli*）誌上でメシチェリヤコフ（Meshcherjakov）大佐が、クラウゼヴィッツと彼を称賛していたレーニンを批判しつつ、「クラウゼヴィッツは階級闘争の本質を全く理解できていなかった」と指摘している。ソ連の軍事史の研究家であるラージン（E. A. Razin）大佐は、この記事に対するコメントとして、一九四六年一月にスターリンに直接手紙を書いている。大佐は手紙の中で最高指揮官であるスターリンに対し、（結局のところ、クラウゼヴィッツのことを最も優れて偉大な特筆すべき軍事知識人の泰斗《たいと》と呼んだことがある）レーニンとメシチェリヤコフのどちらの方が「クラウゼヴィッツの権威」として将来認められることになるのか尋ねている。ちなみにラージン自身も、メシチェリヤコフの記事はあまり重要なものではなく、むしろソ連赤軍の士官や将軍たちを混乱させるもの、つまり「有害なもの」だと見なしていた。

スターリンは一九四六年二月二三日に、ラージンの問いに対して公開書簡の形で返答している。その中でスターリンは、「クラウゼヴィッツ、モルトケからカイテルに至るまでの、すべてのドイツ人戦略家を批判的に見るよう」忠告している。なぜならドイツは、このような人物の教えを参考にしたために、過去三〇年間で二度も残虐な戦争を起こし、しかも二度とも負けたからだ。スターリンはその手紙の中で、「レーニンはクラウゼヴィッツを軍事レベルではなく政治レベルにおいて賞賛していたのであり、その軍事面での教えを決して賞賛したことはなかった」と書いている。ブレスト・リトフスク条約に際してレーニンはクラウゼヴィッツを引用したが、これは攻撃よりも撤退することの必要性を正当化するためであった。さらにスターリンは以下のようにも述べている。

クラウゼヴィッツに関して特に指摘しておかなければならないのは、「軍事思想の権威」としては時代遅れの存在になっているという点だ。厳密《げんみつ》に言えば、クラウゼヴィッツは手工具《しゅこうぐ》（産業革命）の時代の戦いを代表する人物だ。しかし今は、機械による戦争の時代となった。そしてこの機械の時代においては、間違いなく新しい軍事思想家が必要とされている。したがってこの時代にクラウゼヴィッツの教訓を引き出そうというのは馬鹿げている…われわれはマルクスの理論を、すべて完ぺきな「不磨《ふま》の大典《たいてん》」のようには見なしてはいない。その反対に、この理論はすべての社会主義者たちの考えをあらゆる方向へ拡大・発展させるための土台になっていると捉えているのだ（時代に取り残されたい者は除いて）＊4。

さらにスターリンは、エンゲルスも産業革命の時代の戦争について書いた者であり、彼の著作は現代にほとんど応用できないとして、直接的に批判している。

この公の場での非難の後、ラージンはソ連共産党第二〇回大会においてスターリン批判が行われるまで、クラウゼヴィッツに関する議論について口を閉ざしている。その他のソ連の文献では、クラウゼヴィッツは注意と軽蔑《けいべつ》を持って扱われた。一度だけ間接的に参照されたことがあるが、その時もクラウゼヴィッツは一九三〇年代に遡《さかのぼ》るソ連の縦深作戦と一部関連性のあるドイツ電撃戦の始祖として渋々引用されただけであり、それ以外の賞賛は存在しなかった＊5。実際のところ、一九五〇年代から七〇年代にかけて、ソ連の一部の学者たちは、欧米の「レーニンはクラウゼヴィッツの信奉者だ」という主張に対していらだちを表明している＊6。L・M・レシンスキー（L. M. Leshinsky）は一九五一年に「ドイツ帝国主義者たちの軍事思想の崩壊」という記事を書いているが、これもスターリンのクラウゼヴィッツ拒否の考えに沿っていた＊7。クラウゼヴィッツは技術革新が戦争の遂行に与えるインパクトをほとんど無視しており、「兵学の領域におけるもろもろの新現象のうちには、新発明や新思想に由来するものは極めて少なく、大半のものは新しい社会状態や社会関係に由来しているものである」と述べている＊8。これはクラウゼヴィッツが矛盾したことを述べている一つの例である。なぜならクラウゼヴィッツ自身は『戦争論』の中で、自分の生きている時代と中世における火力の影響を比較しているからだ＊9。ところがソ連の戦略家や理論家にはこの点が取り上げられることはなかった。ソ連内のクラウゼヴィッツの支持者たちはスターリンの時代が終わってからようやく復権したのだが、彼らは「核兵器の出現は（合理的な）政治の延長としての戦争の本質を決して変えるものではない」と推測したのである。

一九五四年三月一二日にG・M・マレンコフ（G. M. Malenkov）は核戦争についての議論に火をつけることになったのだが、その時の主張は、そのような戦争が起これば共産圏を含む全世界の人類に滅亡をもたらすことになるので到底受け容れられない、というものであった＊10。その後、レーニンの「戦争の必然性」についての主張がソ連内で言及されることはほとんど無くなった＊11。

それから二年後の第一八回ソビエト連邦共産党大会では、スターリンの多くの教えを全般的に否定するチャンスが生まれた。その後の一九五七年の一月二七日の演説において、毛沢東がマルクス、エンゲルス、そしてレーニンの知的功績を称えたのだが、その理由として、彼が古典的なドイツ哲学、イギリスの古典政治経済学、フランスのユートピア社会主義を受け入れたことを挙げながら、スターリンの欠点について以下のように指摘している。

この点においては、スターリンはそこまで優秀ではなかった。たとえば、彼はドイツの観念主義の哲学を「フランス革命に対するドイツの貴族による反発だ」と指摘している。この評価はドイツの古典的な観念主義を否定するものであった。スターリンは、ドイツの軍事学を否定した。ドイツは結局のところ敗戦国なので、この哲学の教えに価値は無く、クラウゼヴィッツをこれ以上読む必要はないと述べたのである＊12。

毛沢東はさらに続けて、スターリンのような見方からすれば「戦争は戦争であり、平和は平和である。

この二つは相互排他的なものであり、決して関連性はないことなる。（その視点によると）戦争は平和へと変化せず、平和も戦争につながらない。（それとは反対に）レーニンはクラウゼヴィッツを引用しながら、〈戦争は他の手段をもってする単なる政治の継続にすぎない。平時の戦いも政治であり、戦争も政治である〉と述べている。平時に戦うのは政治であり、たしかにその手段は特殊なものだが、それでも戦争というのは政治でもある」と指摘している＊13。

この新しい環境下で、ラージン大佐は彼の本来の立場に戻ってクラウゼヴィッツの名誉を挽回《ばんかい》する時期にあると感じた。一九五八年には、偉大なプロイセン人であるクラウゼヴィッツが「軍事学と軍事の実践の発展に影響を与えた」と記しており、クラウゼヴィッツが戦争を「社会的な営み」として認識していたとも指摘している。彼の考えを否定することは、「彼の軍事理論と軍事史の功績を、反動勢力に丸ごと渡す」ようなものであり、ラージンはその代わりにソ連国民に対して、クラウゼヴィッツの『戦争論』を注意深くかつ徹底的に研究するよう提唱したのである＊14。

この議論はさらに続いた。一九六一年にタレンスキー（Talensky）将軍は、戦争というものはもはや軍事的な意味では合理的な政治手段とはならないと記した。しかしその一年後には「次の世界戦争は社会経済の要因により決定される」という典型的な考えを述べており、社会主義勢力のほうが社会経済の秩序がより進歩的なものであることを考えると、戦争には必然的に勝つはずだ、と強調した＊15。一九六二年の一二月一二日の「ソ連の現状と外交政策」というスピーチの中で、フルシチョフは自ら「核戦争に勝てるかどうかは疑問である」と表明している＊16。逆説的ではあるが、フルシチョフはこの演説によって、クラウゼヴィッツの政治とそのツールとしての軍事手段にという教えの有効性について疑念を抱いた、スターリンの賛同者となってしまったのである。

共著者の一人であるV・D・ソコロフスキー（V. D. Sokolovskiy）の名前によって知られている成文化

されたソ連の戦略において、クラウゼヴィッツの教えはソ連のドクトリンの基本要素として全面的に採用され、これを土台として「政治の延長としての戦争の基本的な本質は、変わりつつあるテクノロジーや兵器によって変化するものではないということは広く知られている」という有名な原則が表明された。これは必然的に、核兵器の登場でも戦争の本質は不変であることを示したわけであり、核兵器を「政治の合理的な手段」とみなすソ連の伝統的なドクトリンの中にそれが引き続き残ることになった*17。興味深いことに、核兵器が使用された時の毛沢東の最初の反応も、これと同じであった。彼は「兵器そのものは人間と比べてあまり重要ではない。なぜならその兵器を使うのは、結局のところは人間だからである」と論じている。一九四六年に毛沢東は、米国人ジャーナリストであるアナ・ルイーズ・ストレング（Anna Louise Streng）に対して「米国の核兵器は張《は》り子《こ》の虎《とら》である。人々を恐れさせるために使うものだからだ。たしかに非常に恐ろしいもののように見えるが、実際はそうではない。もちろん核兵器は大量破壊兵器である。しかし戦争の終わり方を決めるのは人間であり、新種の兵器そのものではない」と告げている。また、その他の機会においても彼は核兵器を「張り子の虎」であると言及している*18。

そしてこれは、激しい議論を巻き起こすことになった。一九六二年にタレンスキー将軍は、大胆にも「政治が戦争を弄《もてあそ》んだり、そしてその規模や戦闘の形態を決定できたような時代はすでに過去のものとなった」と主張した。なぜならクラウゼヴィッツが正確に認識したように、戦争は暴力を極限までエスカレートさせる傾向があるからだ*19。同じ年に起きたキューバ危機は、世界中の人々にショックを与えた。ボリス・ディミトリエフ（Boris Dimitriev）は一九六三年九月二四日のイズヴェスチヤ紙のコラムで、「戦争とは単なる愚行《ぐこう》の延長かもしれない」と記している。P・トリフォネンコフ（P.Trifonenkov）大佐は一〇月三〇日のソ連軍の機関紙（Krasnaya Zvezda）において「マルクス・レーニン主義者にとって、政治の延長として戦争という解釈は、決して疑いようのないものだ*20」と反論しており、これによって保守的な立場を取る者からの信用を勝ち取ったと言える。そして一二月一一日には、セルゲイ・ビリュゾフ（Sergej Birjusow）元帥兼ソ連軍参謀総長が、イズヴェスチヤ紙上において、この伝統的な見解を力強く支持する意見を発表している＊21。ところがスシュコ少将とコンドラトコフ（Kondratkov）少佐は、一九六四年の一月にこのドクトリンに異義を唱えており、「核戦争は、その破壊と殲滅という明白な特徴によって、政治目的が何であれ、これを達成するための信頼できる手段ではなくなった。つまり戦争は、政治的な狙いがどのようなものであれ、それを達成するための手段としては非合理的なものとなり、非常に危険で冒険的なものとなった」と主張したのである。結果として、スシュコとコンドラトコフはタレンスキーのように批判の対象となった＊22。その他にはV・ツヴェトコフ（V. Tsvetkov）が、クラウゼヴィッツとその著作を擁護《ようご》する側にまわっている＊23。それにも関らず、コンドラトコフは立場を変えず、核時代におけるクラウゼヴィッツの理論に対する批判を頻繁《ひんぱん》に繰り返した＊24。

一九六五年から繰り返し見られた典型的な伝統的見解は、以下のようなものだ。

「核戦争は政治の手段ではなくなった」という主張は、世界の問題や矛盾を戦争によって解決するのが不可能になったという場合にのみ正しいと言える。現代において、われわれには核兵器の使用を正当化できるような争点は一つも存在しない。それでも、戦争が社会と経済、政治の関係性の本質を変えたことを意味するわけではない…(核戦争)は、帝国主義者たちが自らの目的を追求する際に使用する犯罪的な政策の延長であり、表現であり、ツールであり、そして結果なのかもしれない＊25。

ソコロフスキフ（Sokolovskiv）の主張には、以下のようなものもある。

「軍事的な手段を用いた政治の延長」としての戦争のエッセンスや特定の戦争の本質は、過去よりも今日の方がより明確であり、そして現代の暴力手段は、かつてないほど重要性を増している…ここで強調されるべきなのは……レーニン式の「強制手段を用いた階級政治の継続」という戦争の捉え方や、究極的な政治目的の名の下に行われる武力衝突としての戦争という考え方が、今日においてもいまだに効力を持っているということだ*26。

一九六六年の第二三回ソビエト連邦共産党大会において、ソ連陸軍大将及び政治中央委員も務めたエピシェフ（Yepichey）は、この伝統的な教義を支持している。つまり、核兵器は将来の戦争においても社会主義勢力の勝利の必然性を変えるものではない、ということだ*27。一九六九年にもエピシェフは以下のような主張を繰り返し述べている。

よく知られていることだが、帝国主義者のイデオローグと資本主義国の政治家や軍人は、「暴力手段による政治の継続」というレーニンの考えが時代遅れであり、核戦争にこの考えを応用するのは不可能であるということや、そのような戦争にはあるはずの階級政治的な争点はもはや消滅し、国家や異なる階級による政治の継続ではないことを必死に証明しようとしている。この主張の目的は、政治階級に関して起こりうる戦争の本当の狙いとその影響について、大衆を欺《あざむ》くことにある。さらに、戦争準備と実際の戦争の勃発における帝国主義の攻撃的な政策の役割を隠すことである。（ところが）レーニンが示した戦争の本質についての古典的な定義は、起こりうる核戦争の社会・政治的な本質や、その独特な特徴を、科学的な観点から論理的に分析するための基本原則なのだ。もし帝国主義者たちがあらゆる障害を乗り越えて第三次世界大戦を勃発させれば、この戦いは二つの対照的な社会システムの決定的な衝突となるだろう。帝国主義者に関する限り、この戦争は帝国主義の、犯罪的で反動的、そして攻撃的な政策の継続となるだろう。ソ連と社会主義国家に関していえば、この戦いは社会主義国家の自由と独立のための革命政策の継続であり、社会・共産主義の建設の維持、そして侵略に対する正当なる抵抗となる＊28。

ルイプキンやソ連邦元帥であるクリコフをはじめとする人々は、その後も似たような意見を展開している。たとえば「社会主義の究極的勝利」という結果をもたらす核戦争を否定するような平和主義者は、帝国主義者たちの術中にはまった敗北主義者であり、反帝国主義の戦いを弱体化させていると批判している＊29。したがってクラウゼヴィッツの考えは伝統的な保守派のタカ派たちに非常に好まれたのであり、フルシチョフ退任後には、その数と影響力の面で、批判者よりも明らかに優勢となった。

その証拠に、一九七〇年代前半にはＶ・Ｙ・サフキン（V. Y. Savkin）といった軍事学者が、クラウゼヴィッツを「ドイツの資本階級の思想の頂点」を示しているとしながらも、「階級闘争の本質についての理解には欠けているが、戦争を政治と関連させることによって戦争の理論を進歩させた」と主張している＊30。また、一九七二年に出版されたレーニンの哲学的な面を扱った著作の中で、Ａ・ミロヴィドフ（A. Milovidov）をはじめとする人々が「核戦争は、他の戦争と同じように階級闘争の継続であり、戦争の政治目的は、これらの新しい技術手段によってもたらされる可能性を考慮に入れた方が良い」と再び強調した＊31。

『ソビエト大百科事典』の第三版では、クラウゼヴィッツが「戦略や戦術の次元のみに限定せずに、戦争の一般理論化を試みた最初の人物であり、たしかに戦争の階級闘争的な部分を理解せず、単なる外交政策にまでに矮小化《わいしょうか》してしまったが、それでも戦争を暴力的な手段による政治の延長であると定義した」ことで有名である、と肯定的《こうてい》に記している＊32。

「戦争術の創始者の一人」であるこの「プロイセンの将軍の主張は、いまだに有効性を保っている。マルクス・レーニン主義の古典的著作では、彼の思想の貢献が高く評価されていた。クラウゼヴィッツの学術的業績の核心は、戦争と政治の関係性についての主張にある。「戦争は他の手段による政治の継続」であり、政治は将来の戦争において、隠れて見えないが、それでも中心的な役割を果たすのである。レーニンによれば、マルクス主義者たちはこの考えを、あらゆる戦争を考える上での理論的基盤になるものとして正確に認識していた。クラウゼヴィッツは、時代ごとに独自の戦争があり、戦争術の変化は新たな社会状況と社会関係から発生する、と正確に主張していた」のである＊33。

核時代における戦争と政治の関係性に関する議論は一九八〇年代に再燃したが、これはまさに一九六〇年代の議論の再現のようであった。ヨーロッパミサイル危機の最中にあった一九八二年には、ソ連赤軍のG・V・スレディン（G. V. Sredin）将軍が以下のように記している。

マルクス・レーニン主義の「戦争は軍事的手段による政治の継続である」という前提は、軍事上で根本的な変化が起こった状況においても、いまだにその正しさを保っている。資本家の中には「核兵器は戦争を政治の領域から剥《は》ぎ取り、実際のところ、核戦争は政治によって統制できなくなった今、もはや戦争は政治のツールではなく、政治の延長でもない」という見解もあるが、それは理論的にも誤っており、政治的にも反動的なものだ＊34。

しかしながら、その翌年には『哲学百科事典』に、イズベスチヤ紙の政治評論家であるアレクサンドル・ボヴィン（Alexander E. Bovin）の記事が掲載された。この中でボヴィンは、戦争は社会の階級政治の延長であり続けるが、合理的な政治の手段としての役割はもはや果たさなくなったとしており、その理由として、社会・政治、そして軍事・技術という要因が客観的に世界規模の核戦争の可能性を減らしたからだと論じている。

一九八五年にはソ連の上級大将で参謀本部副長であり、フルンゼの公式の伝記の作者でもあるガレエフ将軍（M. A. Gareyev）が、「戦争は今日においても論理的に政治の延長であるのかもしれなく、核兵器による報復攻撃は正当化できる手段である」という伝統的な立場を強調した。クラウゼヴィッツの理論を否定することは社会を困惑させ、帝国主義勢力の攻撃的な政策を覆《おお》い隠すことを意味するというのだ。ガレエフは「クラウゼヴィッツを反動的な要因や、産業革命時代の軍事思想家という理由だけで否定することは容認できない＊35」と記している。

チェルノブイリ原子力発電所の事故が起きた年に、クラウゼヴィッツの考えに対する（主に民間人の間で）疑念が強まったという話もある。一九八六年にアレクサンドル・ボヴィンはソ連の専門誌である「共産主義者」（Kommunist）で、クラウゼヴィッツへの批判を復活させ、「核時代においては政治目的を追求する戦争はもはや無意味となったのであり、したがってクラウゼヴィッツは時代遅れになった」と記した。L・フェオクチソフ（L. Feoktisov）もボヴィンと同じような考えを同誌において支持しており、「もし戦争が原則として他の手段をもってする政治の継続とするならば、これらの手段は今日において、水爆戦争を全人類をおびやかす自滅的かつ犯罪的な政策の継続とするような役割を果たすことになる＊36」と記している。一九八七年にソビエト連邦共産党中央委員会のメンバーであるV・ザガルディン（V. Zagladin）は、「核戦争は政治の継続にはなり得ない＊37」と述べ、批判的な立場の側を支持している。ミハイル・ゴルバチョフが頻繁《ひんぱん》に助言をもらった研究機関の出身であるアナトリー・ウクチン（Anatoli Uktin）とダニイル・プロエクトル（Daniil Proektor）は、「クラウゼヴィッツの理論は、今日において全ての意義を失って〕おり、「天才的な戦争の師であるカール・フォン・クラウゼヴィッツは、ヨーロッパにおいては時代遅れとなった*38」と書いている。ほかにも、ゴルバチョフは自著の『ペレストロイカ』（*Perestroika*）の中で、以下のように記している。

クラウゼヴィッツの「戦争は他の手段をもってする政治の継続」という格言は、彼の生きた時代にはよく当てはまるものであったが、今日ではおそろしく時代遅れのものとなっている。彼の本（戦争論）は図書館の棚の中で眠らせておくべきものであり……核戦争は、決して政治、経済、イデオロギー、もしくはその他の目的を達成するための手段とはならない*39。

一九八七年一二月七日にゴルバチョフは、この問題に決着をつけた。彼は国連総会において、「軍事力の行使、もしくはその行使の威嚇《いかく》が、対外政策における手段ではないし、そうあるべきでないことは明白である」と語ったからである*40。

それでもソ連のタカ派たちは反論した。V・セレブリャンニコフ（V. Serebjannikov）中将は、戦争はこれまで以上に「政治化し、技術化した*41」と論じている。そして彼の同僚の一人であるタブノフ（Tabunoy）は、クラウゼヴィッツの原則を軽率《けいそつ》に捨てないよう強く警告している*42。ところがゴルバチョフによる政治的な判断によって、ワルシャワ条約機構の戦略は防御的なものとなり、この方針は中距離核戦力全廃条約（ＩＮＦ）とヨーロッパ通常戦力条約（ＣＦＥ）によって明確になった。このレーニン主義とクラウゼヴィッツの理論を受け容れることが困難となったことで、マルクス・レーニン主義自体に疑問が持たれるようになり、これが最終的に一九九〇年のワルシャワ条約機構や、一九九一年のソ連邦の崩壊をもたらすことになったのだ。

❊クラウゼヴィッツと冷戦期の西洋の戦略

ソ連の戦略家たちはようやく冷戦期末期に「核戦争はとても政治の合理的な継続とはならない」という結論に達したのであったが、西洋のほとんどの戦略家たちはかなり早い段階でこの結論にたどり着いていた。その典型的なものが、アメリカの戦略史の専門家であるラッセル・ウェイグリーの以下の言葉である。

広島と長崎における核爆発は、クラウゼヴィッツの現実的で包括《ほうかつ》的な戦略の定義としての「戦闘の使用」を時代遅れにしてしまった。(敵の)殲滅という戦略は、いまやほぼ完璧なレベルに到達してしまったために、敵の国土を砂漠に変えることが戦争目的でない限り、核兵器を含めた戦闘の使用はもはや戦争目的のための手段としては有効的なものではなくなった。したがって、国家政策の合理的な目的とはならなくなったのである。さらにいえば、万が一アメリカが一九四五年に獲得した核兵器の独占を失うようなことがあれば、核兵器による「戦闘での使用」は、アメリカの敵国を理性的な目的を越えてほぼ確実に破壊するだけでなく、アメリカ自身をも滅ぼすものとなるはずだ＊43。

レイモン・アロン(Raymond Aron)も、「核時代の戦争は、もはや他の手段をもってする政治の合理的な継続ではない」という意見に同意している。彼によれば、クラウゼヴィッツの批評家たちは「現代のわれわれが抱えている逆説から逃れられない。脅威が発せられなくても無制限の暴力が発生する可能性があるからであり、その事実が実質的に暴力を制限しているという状態にある＊44」と主張している。

結果として、西洋では引き続き多くの戦略家たちが核抑止を「大規模戦争に対する有効的な防止策である」と見なしていたにも関わらず、核戦争が政治の合理的な継続かどうかという問いにはそのほとんどが否定的な答えをしたのだ。このことは「核兵器がクラウゼヴィッツの戦争観を歴史的なものとした」と論じる立場と、その反対に「核兵器は大規模戦争を避けることを狙った国家の合理的な政策のためのツールである」と強調する立場の二つの議論のパターンを生み出した。相互確証破壊（ＭＡＤ）をアメリカと北大西洋条約機構（ＮＡＴＯ）が採用した（一九七二年の弾頭弾迎撃ミサイル制限条約において、実質的に弾道ミサイル防御手段を制限することが合意された）ことによって、米ソ間では「第三次世界大戦は容認できない」という共通認識があると解釈されるようになった＊45。

それとは反対に、キース・ペイン（Keith Payne）とコリン・グレイ（Colin S. Gray）を含む英米の「戦闘派」（warfighting school）の核戦略家たちは、「戦争は政策の手段であることを認めながらも「勝利」は基本的には軍事計画の目的であるべきであり、軍事計画担当者は核時代でも選択の余地はなく、勝利を想定して計画を立てなければならない」と論じた＊46。彼らの影響は、一九八〇年七月に発令された大統領指令第五九号（the Presidential Directive No. 59）における「相殺戦略」（Countervailing Strategy）の内容にも見て取ることができる。ある批評家が述べたように「この考えにより、クラウゼヴィッツは非常に大規模な核戦争を含む、すべての次元の戦闘において勝利できるように勧めるアイディアの提唱者となった＊47」のである。

ところが相殺戦略は、米国以外のＮＡＴＯ参加国には決して受け容れられることはなかった。アメリカの主要な同盟国である一国の公式見解では、核兵器という選択肢は以下のようなものとして指摘されている。

ＮＡＴＯには軍事上の決定権は存在しない。「必要な活動」を決定し、どの手段が適切であるかを決め、それらを軍の指導者にとって使いやすいようにするのは、政治の役目だからだ。このことは特に核兵器の場合によく当てはまる。大規模な核兵器の撃ち合いは、政治目的達成のために行われる「戦争における意義ある行動」であるはずがない。攻撃側と防御側、つまり両者を全滅へと導くことになるからだ。政治側がこのことを認識し続ける限り、核戦争が起こる可能性は低くなる。つまりクラウゼヴィッツは……核兵器とは……結局のところ、核戦争を防ぐための政治兵器であると信じていたということだ。核兵器は、二者のうちの一方が持っていれば必須のものとなり……限られた数での使用や、その影響をよく計算した上での慎重な攻撃目標の選定の場合にのみ、政治目的に貢献できることになる……核兵器はどんな方法で使われたとしても、結局はそれが政治的であるからこそ価値を持つのであり、軍事的には二次的な価値しか持たない。政治目的はこの期《ご》に及んで、軍事作戦だけでなくそれに使用される手段の種類を選択して、その目的と手段を合致させるための唯一の基準となったのである。したがって核時代は、クラウゼヴィッツを否定したのではなく、むしろ（彼の教えを）最大の説得力をもって強調したのだ。「政治的意図は目的であり、戦争はあくまでも手段だからだである。目的のない手段などとはおよそ考えられないことを見ても以上のことは明らか」なのである＊48。

西洋の政治家たちはすぐさま「抑止《よくし》」という教義を信奉するようになった。つまり、核戦争という恐怖が相手側が意図的に大戦争を始めることを防げると期待した。欧州人はこの教義に対する信奉をさらに積極的に公言している。彼らの典型的な主張として挙げられるのは、「核時代には、戦争はこれまで以上に政治的考慮によって制御されなければならない」というものだ。このような主張は、例えばクラウゼヴィッツの格言を要約してまとめた西ドイツの出版物にも見て取ることができる＊49。ところが「核戦争は事故や誤解から発生し、小さな衝突からエスカレートする可能性がある」という危険性も認識されるようになった。結果として、クラウゼヴィッツは「エスカレーション」という概念の基礎をつくった人物と見なされるようにもなった。

❇冷戦期の西洋の戦略家とクラウゼヴィッツの遺産

核時代の西洋の戦略家たちは、両世界大戦からいくつかの重要な教訓を引き出そうとしている。例えばバーナード・ブローディ（Bernard Brodie）は第一次世界大戦を「近代において最も悲惨な大惨事であり、第二次世界大戦よりも将来に対する多くの教訓を含んでいるかもしれない。実際のところ、これは第二次世界大戦を生み出しているからだ」と主張している*[50]。「第一次世界大戦は明確な目的のない戦争であった。この戦争をどうやって防ぎ、いったん開戦した後には誰もどのように終わらせればいいのかを知らなかった」からである*[51]。ではこの大惨事は核時代でも再び繰り返されるのだろうか？

識者の中には、『戦争論』の第一篇において明示されているクラウゼヴィッツの「絶対戦争」という概念のせいで（これは摩擦のない状態での力の開放という抽象的な考えとして説明されているが）、クラウゼヴィッツが「大惨事の預言者」や「全面核戦争による第三次世界大戦という滅亡的な未来を見通した歴史家」になったと論じる者も出てきた*[52]。クラウゼヴィッツは否定的な意味で引用されることも多くなり、もし戦争によって生じる結果がいかなる政治目的にとっても不釣《ふっ》り合《あ》いなものとなるのであれば、戦争は他の手段をもってする政治の**合理的な**継続でありえるのかが疑問視されるようになったのだ。ブローディはすでに一九四五年の時点で、以下のように記している。

核時代におけるアメリカの国家安全保障計画において、まず最も重要なことは、起こりうる核攻撃に対して一種の報復措置を行えるよう確実に準備することである。私は現在、核兵器が使われる次の戦争において誰が**勝者**となるのかについて関心を持っていない。これまでのわれわれの軍事組織の主目的は戦争に**勝つ**ことにあった。ところが今後は、その主目的を戦争の回避《かいひ》とすべきである。それ以外に有益な目的は存在しないからだ＊53。

そしてブローディは以下のように結論づけている。

クラウゼヴィッツの単純な前提……つまり「戦争は軍事作戦と調和する合理的な政治目的を必ず持たなければならない」という前提に立てば、われわれは水素爆弾による「全面戦争」を決して起こしてはいけないという前提を遵守《じゅんしゅ》しなければならないのだが、それと同時に、いつでもその戦争が始まっても良いように、物理的な準備が必要であるということにも気付かされる。もちろんこの前提に取り組むことは非常に難しく……大規模な通常戦もその解決策とはならない。新たな外交には必要な要件があるのだが、すでにその外交は始まっている……われわれはイヴァン・ブロッホが提示した過去の重要な課題、つまり今日や将来にわたって国家の滅亡をもたらす**可能性**のある戦争について、クラウゼヴィッツが生きていた当時には存在しなかった条件を考慮しつつ真剣に取り組まなければならない＊54。

ブローディは「大量の核兵器が存在することにより、両大戦のような通常兵力の使用と必要性は時代遅れのものとなった」と繰り返し主張している＊55。ブローディは不運な広島と長崎に対する原爆の使用からこの結論を導き出した多くの識者の中でも、いち早くこのことに気付いた一人であったにすぎない。ヴエルナー・ゲンブルッフ（Werner Gembruch）が指摘し、われわれがすでに見てきたように、クラウゼヴィッツは「兵器の技術は異なる時代の戦争を区別するのに役立つ」と考えていたのだが、全体的には戦いにおける軍事技術の重要性にほとんど注意を払っていなかった。ゲンブルッフはこの問題について疑問を持った多くの識者の一人である。

政治の任務としての戦争術の役割がどのようなものであれ……現代の科学技術の進歩、つまり空間と時間において完全な破壊力を秘めたミサイルや核兵器の存在を考慮した場合、戦争は、今もなお政治問題を解決する手段となりえるのだろうか？……技術は戦争を段々と破滅的にすることで戦争を消滅させてしまうのであろうか？その殲滅を可能にする破壊力によって、少なくとも「大規模戦争」を不可能にしたのだろうか？＊56

もしその答えが「ノー」であっても、実は「エスカレーション・ドミナンス」（escalation dominance）によって、戦争が極限状態まで達するのを阻止できるかもしれない。この概念を説明するには、エスカレーションという概念の発展にクラウゼヴィッツが果たした役割りを振り返る必要がある。

❄クラウゼヴィッツとエスカレーション

早くも一八一〇年から一二年の間に行われた皇太子への御進講の中で、クラウゼヴィッツは戦争における「損益計算《そんえきけいさん》」というアイディアを展開している。その証拠に、「戦争においては、もちろん、常に物理的なものであれ、精神的なものであれ、その優位を計算して確率上の結果が自軍に有利になるように努めるものである。ところが、これは常に可能であるとは限らない。特に、何か他によい手段がない場合には、しばしば確率に反する行動に出なければならない」と書いている＊57。

さらに『戦争論』の第一篇で、クラウゼヴィッツは以下のように書いている。

博愛《はくあい》主義者たちは、敵に必要以上の損傷を与えることなく巧妙に武装を解かせたり屈服させたりすることができ、それこそが戦争技術の求めてきた真の方向であると考えたがるだろう……戦争とはそもそも危険なものであって、これを論ずるに婦女子の情をもってするほど恐るべき誤りはない……一方が何ものをも躊躇《ちゅうちょ》することなく、いかなる流血にもひるむことなくこの暴力を行使するとし、他方が優柔不断でよくこれをなし得ないとすれば、必ずや前者が優位に立つにちがいない…（しかし、もし両者がこのような方法で行動した場合）両者の暴力行使は交互に増長して際限《さいげん》のないものとなる。

われわれは前述の命題を繰り返して述べておきたい。つまり戦争とは暴力行為のことであって、その暴力の行使には限度のあろうはずがない。一方が暴力を行使すれば他方も暴力でもって抵抗せざるを得ず、かくて両者の間に生ずる相互作用（戦争の本質）は概念上どうしても無制限なものにならざるを得ない、と＊58。

もしその戦争を限定的なものにできるのなら、それは「交渉取引《バーゲニング》のプロセス」となる。「戦争の目標は敵の武装解除」であるが、「現実主義者のクラウゼヴィッツ」は、これが理屈上の想定であり、実際にはこのようなエスカレーションを避けることができる、と主張したのである。

敵にわれわれの意志を強要しようとするならば、われわれが敵に求める犠牲よりも敵を大きく不利な状態に置かなければならない……たとえどれほど軍事行動を続行しようとも、ますます不利なる状態に追い込まれるばかりであることを敵に覚《さと》らせるようなものでなければならない……戦争当事者が陥る最悪の事態は、完全な無抵抗状態に追いやられることである。それゆえ軍事行動によって敵をわれわれの意志のもとに屈服《くっぷく》させようとするなら、敵を事実上無抵抗状態に追いやるか、あるいはそのような状態に追い込まれるかもしれないと敵に危惧《きぐ》の念を起こさせることである*59。

まさにこのようなエスカレーションの脅威を使って取引を行う能力こそが、戦争が極限状態に向かうのを阻止するのである*60。同じく第一篇の第二章では「われわれが敵に要求する犠牲が小さければ小さいほど、敵のわれわれに示す抵抗力はそれだけ小さくなる。しかも敵の抵抗力が小さくなればなるほど、われわれの方の示すべき力も小さなもので済ませられるようになるのは言うまでもない*61」と記されている。さらにクラウゼヴィッツは、以下のような議論も行っている。

敵の戦闘力を壊滅させないで、勝利の成否に関する敵の推測に影響を与える独特の一手段、すなわち直接的に政治的な権謀術数《けんぼうじゅつすう》について述べなければならない。敵の同盟者を離反させ、彼らの活動を不活溌ならしめ、また味方の新しい同盟者を獲得し、あるいはまたわれわれにとって最も効果的な政治的機能を発揮する等の権謀術数を弄《もてあそ》ぶことができたなら、これがどれほど勝利の成否に関する敵の推測に影響を及ぼすか、そしてまた敵の戦闘力を壊滅させることよりも一層これらの方が目標への近道となるか、おのずから明らかなことであろう*62。

（究極の場合）このような場合なら、戦闘以前に戦力の乏しい者が直ちに譲歩《じょうほ》してしまうだろう*63。

また、『戦争論』第八篇の第二章には以下のようなことが書かれている。

戦争を始めるにあたっては、いや、合理的に始めるにあたっては、戦争によって何を達成し、戦争のうちで何を獲得するつもりなのかがはっきりしていなければならない。前者が目的と呼ばれ、後者が目標と呼ばれる。この根本思想によって一切の方針が与えられ、手段の範囲、エネルギーの量が決定され、これがまた行動の隅々《すみずみ》にまでその影響を及ぼしてゆく＊64。

つまりクラウゼヴィッツは、戦争に挑む前にあらゆるエスカレーションの可能性を考慮すべきであると強調したのだ。彼はこの考えを第八篇の第三章Aで以下のように繰り返している。

あらゆる戦争において……政治的な勢力や関係から生ずる戦争の性格や大雑把な輪郭《りんかく》をできるだけ正確に把握することが理論上要求されるに至った。その性格が絶対戦争に近似《きんじ》すればするほど、そしてその輪郭が交戦国の全体を包み、これを戦争に巻き込む範囲が広くなればなるほど、諸事件の連関はさらに緊密となり、交戦第一歩を踏み出すにあたってまず最終結果を考慮することがいよいよ必要となるに至ったのである＊65。

これがつまり、クラウゼヴィッツのエスカレーションという概念の基礎である。当然ながら、クラウゼヴィッツはこの概念によって、核時代においても極めて興味深いアイディアを提供した存在となったのである。もしこのような戦争のエスカレーションの最終段階に核兵器の使用があるとすれば、誰もが最初の一歩を踏み込むのをためらうようになることが想定される。ところがこのような想定は、そもそも核兵器が存在しなかったとしてもすべての大戦争に当てはまるものだ。第一次世界大戦を始めた皇帝たちや政府、もしくは第二次世界大戦前夜のヒトラーや大日本帝国政府たちが、「最終段階」や、そこまでに至る可能性を予期していたとは信じ難い。さらにはクラウゼヴィッツ自身もこのような大規模戦争を体験し、それについて記した人物でもある。第一次世界大戦前にブロッホが主張したように、産業時代、またはポスト産業時代の社会にとっても戦争は十分耐えがたいものであったし、その「耐え難さ」を感じるには大量破壊兵器の存在は必要なかったのである。

冷戦期の西洋の戦略家たちは、核のエスカレーションの危険性を自らの側に有利となるように取り組む上で、クラウゼヴィッツの考えを応用している。

その中で最も有名な人物は、ハドソン研究所のハーマン・カーン（Herman Kahn）であろう。彼は「エスカレーション」を「国際危機の状況において紛争のレベルが高まること」と定義しており、「エスカレーションの典型的な状況」とは以下のようなものであると説明している。

> 二者の間で行われる限定された紛争において、「リスク・テイキング（risk-taking：トーマス・シェリングの造語と言われる）の競争」や、少なくともその決意、そしてそれに対する資源の適合が起こる。大抵の場合、この対立はどちらか一方が何かしらの形で力を増大することによって決着がつくのだが、それは**相手もそれ以上に力を増大しない場合にだけ成り立つ**ものだ。また、多くの場合からも明らかなのは、一方の増強に相手が対抗できずに勝負が決まれば、これは「勝利をもたらした増強の際のコストが低い」ことになるということだ。つまり、相手が反応（というか過剰反応）するかもしれないという恐怖こそが、エスカレーション抑止の可能性を最も高めるのであって、エスカレーションから生まれる望ましくない状況や、その際のコスト自体が相手を抑止するのではない。「リスク・テイキ

ングの争い」とその決意というものが発生する理由は、まさにここにある。

カーンはクラウゼヴィッツの「二つの対立する意志による弁証法的な戦争」という考えを土台にして、さらに以下のように論じている。

いかなるエスカレーションの状況においても、二つの基本的な要素の組み合わせは常に作用している。一つは特定の戦争における政治、外交、そして、軍事上の問題である。もう一つは戦われている紛争の暴力と挑発行為のレベルである。後者はエスカレーションの増大という可能性、もしくはより大規模な暴力につながるという懸念と交わることになり、それには意図的、誘発的、偶発的な紛争の発生が世界規模の戦争へと直接つながるような可能性も含まれる。エスカレーションにおいては二つの基本的な要素の組み合わせがあるように、そこには双方が使用可能な二つの基本的な戦略が存在する。一つは、有利な立場を獲得するために特定の「合意された戦闘」を利用するものだ。もう一つは、この「合意された戦闘」から発生したエスカレーションの危機や脅し、そして暴発そのものを使用する戦略である＊66。

カーンの弟子の一人であるスティーブン・シンバラ（Stephen Cimbala）は、『クラウゼヴィッツとエスカレーション』（*Clausewitz and Escalation*）という本の中で、紛争においてプレゲーム（Pregame）、ミッドゲーム（Midgame）、そしてエンドゲーム（Endgame）が存在すると論じている。「プレゲーム」での目的は、重要な政治目的を諦《あきら》めずに戦争の勃発を避けることである。「ミッドゲーム」の目的はエスカレーションの管理である。そして「エンドゲーム」の目的は、政治目的を維持、もしくはそれを達成しつつ、なるべく損害を発生させずに戦争を終結させることにあるという*67。

第3章で議論したように、クラウゼヴィッツの「三位一体」の二重構造として、暴力と激情の盛り上がりは国民全般に、不確実性やチャンスは軍の指揮に、そして政策決定は政府との相関関係にあったことを思い出してほしい。シンバラはこれを自身の分析の出発点として、「核時代では、政府や軍のリーダーたちにとって、不確実性とチャンスがその課題となる」と主張している。シンバラ自身は、核保有国の戦争計画は実際には実行不可能であったと確信している。なぜなら「アメリカの核戦略の前提は、総力戦への準備によってより小規模の戦争の発生を抑止できる、というものであった」からだ。したがってアメリカとNATOの戦略では、総力戦にまで至らずに破壊も少ないまま戦争の終結へとつながるようなオプションが支持されたのである。

これらの戦略は、その提案とは裏腹《うらはら》に、実際にはアメリカとNATOの意志決定に対しては全く影響力がなかったのであり、アメリカとその同盟国の指導者たちは、たとえ小規模の核戦争でもただちに部隊と現場指揮官の意志に破滅的な影響を与え、政治指導者の意思決定を麻痺《まひ》させることになるだろう。クラウゼヴィッツの考えを土台にすれば、被害の限定や対戦力(カウンター・フォース)、さらには核戦略における「エスカレーション・ドミナンス」などから、戦争と政策の関係についての有益なつながりを見ることができるのかもしれないが、このような見方は間違っているといえよう。

アメリカの戦略家たちにとって「エスカレーション・ドミナンス」(escalation dominance)とは、都市爆撃に至るまでの全面的なエスカレーションをギリギリまで避けつつ、相手と交渉するために限定的な核攻撃を使用するような核戦略の側面を意味していた。こうすることによって相手にNATO加盟国の都市に対して攻撃させないような方策をとると同時に、自分たち側の損害を限定できるというのだ。このような方策には、敵の（核）戦力に対する攻撃（カウンター・フォース攻撃）が含まれ、しかも相手にとって最も重要なもの、つまり敵の都市と産業（価値目標）への（カウンター・バリュー）攻撃を避けるものだ。

シンバラにとって、クラウゼヴィッツの「摩擦」という概念は、あらゆる核戦争が容易に制御不能の状況に陥るかもしれないという疑念を生じさせることになった＊68。そこからシンバラは「摩擦」をいくつかの種類に分類している。一つが「単純摩擦」（simple friction）であり、もう一つが「複合摩擦」（compound friction）なのだが、この複合摩擦とは人間、計画、そしてテクノロジーの予測不能な相互作用を意味している。三つ目の「複雑摩擦」（complex friction）は、これは「複合摩擦と重なっており……不十分、または誤ったインテリジェンスの評価、敵の戦略・作戦術・戦術についての誤った推測、そして通信におけるその他の誤った情報伝達や情報検索」を意味するものだ＊69。さらにシンバラは「不確実性」の重要性だけでなく、クラウゼヴィッツの時代よりも核時代において一層重要となった、欺騙《ぎへん》や諜報活動の重要性も強調している＊70。このようなことから、シンバラは「核時代においては、攻撃と防御を区別化することはほとんど不可能である」という結論に達している。（消極的な狙いの）「抑止」は（積極的な狙いがある）「強要」と互角の関係にあり、しかもこの二つは核時代に両立しているからだ＊71。彼はさらに続けて以下のように書いている。

哲学への造詣《ぞうけい》と従軍経験のおかげで、クラウゼヴィッツは戦争の理論とその実践に関して有益かつ独創的な議論を展開できた。彼の多くの重要な見識の中には、エスカレーションの問題についての鋭い知見も含まれる。ところがクラウゼヴィッツにも限界があり、戦略全般についての説明や、とりわけエスカレーションの問題に関しては十分に解明できていたとはいえない。第一に、クラウゼヴィッツには自身の経歴や生きていた時代の面で限界があった……彼は国家中心の戦争や抑止、ヨーロッパの勢力均衡体制や王族支配という国内の原理にしばられていたからだ。第二に、クラウゼヴィッツは多くの技術が発展する前の時代に生きていたのであり、その後出現した技術は戦争の程度を変えた。とりわけ核兵器の登場は、戦争そのものの性質を変えたという点だ。第三に、彼は理論上の戦争に関する抽象的な考えと実際の戦争についての細かい分析の間を埋める、いわば「中間的な理論」を示さなかった。このような限界は、『戦争論』から導き出される核抑止とエスカレーションに関する知見に大きな影響を与えている*72。

シンバラは、クラウゼヴィッツが生きていた時代とは違って、核時代の初期から「戦略的奇襲」(strategic surprise) が非常に現実的なものになったと指摘しているが*73、それでも以下のように述べている。

クラウゼヴィッツはエスカレーションの問題について三つの側面を指摘している。第一が、感情とその他の意志決定の判断基準である。第二が、敵対国の指導者同士の意思と目標をめぐる相互作用である。第三が、一方のエスカレーションが他方の「次のエスカレーション」への想定に対して与える相互作用である。このエスカレーションの問題についての認識は非常に先見《せんけん》の明《めい》があったと言えるのであり、核の危機管理や今日の戦争（核戦争を含む）におけるエスカレーションのコントロールについて、実に多くの示唆を与えている。

そして、全般的に、

クラウゼヴィッツの戦争と政策の関係性や、戦争を拡大または縮小させる力学についての理解は、核戦略におけるエスカレーションやコントロールを研究する人々に対して、大きくわけて三つの興味深い分類を示している。

第一に、平和から戦争、そして強制から実際の軍事力の使用へと境界線を越えることは、核保有国にとって核兵器を最初に使用することよりもさらに重要であるということだ……クラウゼヴィッツは、平時と比べて戦時の状況がいかに特殊なものかに注目すべきだと繰り返し述べている。

第二に、アメリカを始めとする国々の研究者たちは、小規模戦争が大戦争へと拡大したり、危機が戦争へと発展する理由について、紛争の「スパイラル・モデル」と「抑止モデル」のどちらの方がより明確にこの現象を説明できるかを議論している。もちろんどちらのモデルも、エスカレーションを完全に説明するためには必須である。ところがこの二つは、注目点において決定的な違いがある。「抑止モデル」は、相手に受け入れられない懲罰《ちょうばつ》を負わすことができるという信頼性《クレディビリティー》のある脅威を、相手にしっかりと伝達することが安定性につながることを強調している。もう一方の「スパイラル・モデル」では、抑止の脅威のもつ信頼性《クレディビリティー》が、脅しをかける側が防ごうとする行為は「抑制的」というよりも、むしろ「挑発的」であるとしており、その危険性が強調される。つまり、脅しの中にはあまりにも真実味を持つものがあるということだ。例えば、米ソ両国の指導者たちの危機の想定では「相手側のほうが確実な先制攻撃能力を持っている」とされており、これによって先制攻撃をしかける衝動を抑制するよりも、むしろそれをしかける動機にもなり得たのだ……

クラウゼヴィッツの考えからは「スパイラル・モデル」と「抑止モデル」という二つの「エスカレーションの抑制」についての推測が可能だ＊[74]。

ここでもあらためてクラウゼヴィッツの考えの影響力が明確になったわけだが、このようなクラウゼヴィッツ主義者の「考えられないことを考える」という試みに対して、誰もが好意的であったわけではない。たとえばアナトール・ラパポート（Anatol Rapoport）は、ハーマン・カーンやレイモン・アロンを始めとする「新《ネオ》クラウゼヴィッツ主義者」（Neo-Clausewitzians）の姿勢を批判している。ラパポートの考えでは、これらの者たちはいくつかの重要な点において「師」であるクラウゼヴィッツの考えを誤って理解していたというのだ。

彼らは核戦争や抑止論を、ゲーム理論のような数学的なテクニックとして解釈できるような、計算可能の合理的モデルに変えようとしたのである。ところが……クラウゼヴィッツ自身が反対していたのは、まさにこのような戦争の知性化や、残虐な悲劇を数学上の問題に置き換えること、そしてこの複雑な問題からすべての道徳的・政治的な問題を排除することであった。カーンと彼の仲間たちは自分たちの研究において、クラウゼヴィッツの「三位一体」における三つの要素をすべて無視したのである。つまり国民の激情や、軍事環境におけるリスクと不確実性、そして戦争によって達成すべき政治目的である。彼らの計算は、人類が知りうるこれまでの歴史上の戦争とは全く無関係なものであった＊75。

❈政策提言か、深淵なる理論か

皮肉なことだが、コリン・グレイは一九七一年に「民間人の戦略家が追究するのは真実のみであり、具体的な政策の方策の提案や実行可能な解決案ではない」と述べているが、彼自身はその一〇年後にレーガン政権の政策アドバイザーになっている。グレイによれば、アメリカは「両極端の状態に陥ってしまった」のであり、その理由は「理論を現実の世界に移し替えても実行可能なものだ」と過剰に期待してしまったからだという*76。バーナード・ブローディはクラウゼヴィッツを引用しつつ「戦略理論は行動のための理論である」と主張し、この考えに反論している。ブローディによれば、グレイの姿勢は「本来のクラウゼヴィッツからの哀れな後退」であり、自らも「戦略の理論の役割は、実現可能な解決策を追求する中で行われる真実を発見することにある。この観点からすると、戦略論は他の政治学や応用科学の分野にも似ていることになる。そして純粋科学ではないこれらの分野における理論の役割は、ものごとを概説し、まとめ、それを説明することにあり、解決策を示すことではない*77」と主張したのだ。

マイケル・ハワード（Michael Howard）は、ピーター・パレット（Peter Paret）と共に非常にタイムリーな形で出版された『戦争論』の英語版を手掛けたことで知られた人物であり、この本はベトナム戦争失敗後のアメリカの軍事思想に大きな影響を与えた。ハワードはＮＡＴＯ内での核兵器に関する議論において、クラウゼヴィッツの考えに基づいて積極的に発言を行った。ハワードはまさにフクロウ派（owl：中間派）として知られており、ハト派（軍備縮小主義者及び平和主義者）とタカ派（コリン・グレイのような核戦争派を含む）の間の立場をとっていた。たとえばタカ派である一部の同僚に対しては「国家意思と政治的文脈という要素を無視している」と非難し、「戦略核の使用が国家にとっての合理的な政策であるわけがない」と批判している。したがって、ハワードはグレイの「（核）戦争の勝利のための能力」の必要性についての訴えを非合理的だとして退けており、グレイや彼と似たような考えを持つ戦略家たちがそのように考えるのは、「彼らの指導者が、敵国家の根絶《こんぜつ》という重大な政治的動機を持っているからではなく、恐ろしい論理《ロジック》の逆転によって手段が目的を決定づけてしまったからだ」と主張している。したがってハワードは通常兵力の増強を支持し、通常兵力だけでも意義ある防衛力の構築が可能であり、クラウゼヴィッツ的な感覚からもこれは意義あるものだと見なした＊78。

ブローディやハワードと同じように、グレイも二〇世紀の末にクラウゼヴィッツの考えを土台にして『現代の戦略』（*Modern Strategy*）という著書を執筆した。この本では全体的にクラウゼヴィッツの格言が多く用いられている。そしてクラウゼヴィッツと同じように、グレイ自身もジレンマに陥っている。たとえば一方で、グレイは「戦略の本質」とあらゆる「歴史上の戦略経験の一貫性」を強調しているのだが＊79、もう一方で、紛争というものはそれぞれが異なるものであり、利用可能な手段と文化的特徴によって影響を受けていると指摘しているからだ。さらに加えて、グレイは核兵器について書いた章（「クラウゼヴィッツと核兵器」の項を含む＊80）において、まず「クラウゼヴィッツ用語である〝交戦〟が〝抑止〟〈行動〉を含むもの、つまり抑止されるべき対象の頭脳の中で、脅しと潜在的な脅しを働かせることであると解釈」できる点で、核兵器には戦略的有用性があると述べている。しかしその一方で、「クラウゼヴィッツ式の考えである〝政策のためのツール〟として本当に扱えるのか怪しい核兵器を、なんとか手なづけて使おうとする以外に実践的な選択肢はありなかった」と論じており、「一九六〇年代半ば以降の東西双方の政治リーダーたちやプロの軍人たちは、自分たちが生み出した核兵器という怪物に脅威を感じるようになっていた。彼らは核戦争（ただし核兵器ではない）は、クラウゼヴィッツの言うような形の〝国家の政策の合理的なツール〟にはならないことに気づいたからだ」と記している＊81。つまり核兵器の場合、その問題は**国家政策のツールかどうか**ではなく（核兵器は間違いなく国家政策のツールである）、核兵器が国家政策のツールとして合理的なのかという点にある。さらに論理的にその解釈を拡大して考えてみると、ここでの本当の問題は、われわれが考える「合理性」というアイディアが決して普遍的《ふへんてき》なものではなく、世界中の「ドクター・ストレンジラブ」（訳注：キューブリックの映画の登場人物）やオサマ・ビン・ラディンのような人物に共有されていないのが確実であるという点だ。われわれが気をつけておかなければならないのは、自分たちにとって合理的に思えるものでも、それが他の文化圏や他国の意思決定者たちにとっても重要事項であるとは限らないということだ。

❊限定戦争と西洋の新クラウゼヴィッツ主義者

朝鮮戦争（一九五〇～五三年）の勃発により、核時代の戦略思想家の間ではクラウゼヴィッツの「限定戦争《リミテッド・ウォー》」に関する概念が広まった。バーナード・ブローディはこの戦争を「現代初の限定戦争＊82」と呼んでいる。冷戦当初は、ある戦いが「熱戦」に拡大した場合、それが最終的に総力戦（最低でも大規模戦争）になると広く信じられていた。そして朝鮮戦争が勃発すると、ＮＡＴＯ内の実務者たちは、これこそがその後のヨーロッパにおける大規模な戦争を含んだ一連の紛争につながるはずだと考えたのだ。ところが朝鮮戦争はヨーロッパの状況とは無関係な形の局地戦争のまま推移《すいい》したので、戦略の専門家たちはこの現象を説明するためにクラウゼヴィッツに立ち返り、とりわけ「現実主義者のクラウゼヴィッツ」の限定戦争についての言葉に立ち返ったのである。

すでに本書で見てきたように、第一次世界大戦の直前にはフランスのコリン将軍などを始めとする人々によって、クラウゼヴィッツの「限定戦争」という概念は時代遅れになったと断言されていた。ところが朝鮮戦争が発生すると、ウィリアム・カウフマン（William Kaufmann）やロバート・オスグッド（Robert Osgood）、そしてモートン・ハルペリン（Morton Halperin）のようなアメリカの国防の専門家たちが、クラウゼヴィッツの考えを再発見して精緻化《せいちか》させている。ところが奇妙なことに、これらの専門家たちは、アメリカとソ連（もしくは中国）との間で行われる限定戦争だけを想定していた。つまり現実における限定戦争についてのアメリカの政治学の「一般原則」は、この特殊な冷戦下におけるアメリカとその軍事政策だけにしか応用されなかったのだ。

カウフマンは、危機を核戦争まで（クラウゼヴィッツの言う）エスカレートさせたくないのであれば、アメリカは共産主義勢力と妥協する意欲を示すべきだ、と論じた。なぜならヨーロッパ大陸においてはそのような譲歩は実現しそうになく、そのために限定戦争も起こりにくいと考えたからだ。ところがカウフマンのこの状況に対する「現実主義者」的な評価の問題点は、共産主義と西洋の民主主義のイデオロギーは相反するということをまったく考慮していなかったところにある。彼の妥協についての考えは、両者が相手の存在を容認できて、しかも部分的に相手が目的を達成することさえも許容するということを前提にしていた。これは両陣営が互いに対して排他的《はいたてき》なイデオロギーを持ち、そこでは互いの破壊が標榜《ひょうぼう》されているような緊張関係にあったことを考慮すれば、極めて困難なことであった。当然だが、この状況は一八世紀や一九世紀の欧州における国王間の対立とは大きく異なる。この時代の国王たちは、そもそも相手の社会の破壊ではなく、互いの君主制を頂点とする構造の継続を望んでいたからだ*83。カウフマンは冷戦下の状況や、限定戦争の狙いを考慮すれば、両者が「伝統的な意味での勝利の達成を諦め、われわれは侵略的なアイディアを放棄する必要がある」と鋭く論じていた。ところが実際のところ、勝利の追究を諦めたのは西側だけであった（しかもアメリカが相殺戦略を試していたことからもわかるように、彼らでさえこの考えを完全に放棄したわけではなかった）。ワルシャワ条約機構は一九八七年まで勝利の追求に執着《しゅうちゃく》していた*84。これについてカウフマンは以下のように論じている。

東西両勢力がそれまで保持していた兵器システムを考えると、この状況（限定戦争）に当てはまる形の紛争は、その範囲と方法を制限したものである。理想的には、それが及ぶ範囲やターゲット、兵器、マンパワー、時間、そしてテンポなどの面で限定的なものを望みたいところだ。ところが同時に、そこまで多くのものに制限をかけたり維持できるかどうかというのはかなり怪しい。おそらく実現性が高いのは、地域と兵器の限定くらいであろう……当然だが、ここでは王位継承戦争《おういけいしょうせんそう》のような、上品で無血のカドリール（一八世紀に流行したトランプ遊び）のようなものは期待できない。想像の域を出ないが、おそらく実際の限定戦争は、明確なゲームのルールがあって審判がいるような争いではなく、荒々しくてそれなりの覚悟が必要な戦いになるだろう。これは場所によっても性格が変わるだろうし、その特定の状況に対応する制限の枠組みの中で行われる*85。

カウフマンは読者に対して、一八世紀の戦争には政治、経済、技術やその他の要因による制限があったことを思い出させてくれる。ところがカウフマン自身は、核保有国が限定戦争を行うのは難しいと考えた。なぜなら核保有国が限定された手段を使っても、事態が行き詰ってしまった場合、これ以上「掛け金」を釣り上げようとするのを思いとどまらせるのは「費用対効果の計算」だけだからである。すでに見てきたように、カウフマンとその同僚たちは、米ソ間、もしくは米中間での限定戦争だけを想定して書いてきた。ところがその二つの例においても、核保有国が絡《から》んでくるため、敵軍の完全な殲滅を避け、できれば敵軍に対する断固とした消耗戦を仕掛けることのほうが望ましいとカウフマンは考えたのだ*86。

カウフマンの同僚のロバート・エンディコット・オスグッドは、一九五七年に『限定戦争』（*Limited War*）という著名な本を出版した。その副題にあるように、オスグットは限定戦争を「アメリカの戦略上の課題」（*a Challenge to American Strategy*）だと見ていた。朝鮮戦争は、その他の冷戦期の熾烈《しれつ》な戦争と同様に、実際のところは「内戦」であったのだが、オスグッドは戦争を「自らの意志を相手に強要することを追求する、軍事力を用いた独立国同士の組織的な衝突」と定義した。つまり戦争は、国家意志の戦いだというのだ。この部分の言葉は、単にクラウゼヴィッツの繰り返しではない。オスグッドは戦争を「国際紛争における強度と範囲の規模において最高度に達したもの」と呼んだ。そしてクラウゼヴィッツの「政治交渉の一部としての戦争」という考えを明確に引用しつつ、「戦争における政治の優位とは、単に具体的、限定的、そして、達成可能な安全保障目標を達成するために軍事作戦を行うべきであることを教えている。こうすれば、戦争の破壊と暴力を国家政策の正統的な目的に向かって合理的に使えるかもしれないからだ」と主張している*87。この本を書く上でのオスグッドの主な関心は、戦力の大量投入と敵の完全な敗北を目指すような、従来のいわゆる「アメリカの戦争方法」とは反対に、限定戦争では「勝利そのものが目的ではなく……戦いのやり方全体――戦略、戦術、その終結――が国家の政治目的の性質によって決定されるものであり、軍事面での勝利の栄光という基準で決定してはいけない」ということを説明することにあった。オスグッドはクラウゼヴィッツの言葉をほぼそのまま言い換える形で、「戦争は、政治にとって限定的な選択肢しか与えず、このような制限を考慮しながら政治面で妥協を受け容れなければならないもの」としており、しかも「そのような妥協の知恵でさえも、上位の政治目的との関係性から判断されるべきものである」と記したのだ*88。

しかしオスグッドは、クラウゼヴィッツのように、政治の手段としての戦争は、極限の状態へ発展したり、当事者たちの当初の政治的意図を超えてしまう傾向があるとも指摘している*89。よって、オスグッドの助言は以下のようなものになる。

1. 国家のリーダーは戦争の政治目的の支配を徹底すべきであり、敵に対して、これらの目的は本質的に制限されているものであることを明確に伝えるべきである。
2. 政治家は、限定的な目的を土台とした交渉による戦争の終結まで、活発な外交交渉を維持できるようあらゆる努力をすべきだ。

３．政治家は狙った目的の達成のために、戦争の物質的な面を制限するように厳格に努めるべきである。戦争を政治的に支配できるチャンスは…戦争が拡大するにつれて減少する傾向にあり、逆に戦争が縮小するにつれて増加するものだからだ＊90。

結論として、オスグットは次のように説明している。

限定戦争を正当化するための最も重要な論拠は、国家政策の合理的手段としての「軍事力の効果的使用のチャンスを最大化する」という事実にある。この論拠に従えば、限定戦争は核兵器が開発されていなかったとしても、それと同じくらい望ましいものであったはずだ。ところが核兵器をはじめとする大量破壊兵器の存在は、制限の必要性を明らかに高めている。核兵器が登場する以前の時代には、国家は仮に国家総力を用いてでも、その犠牲に釣り合うような価値のある目的を達成できた。ところが今や核戦争で生じる甚大《じんだい》な破壊力により、そのような戦争を戦うことを想定することさえ難しくなった。このような戦争を戦う唯一の価値があるとすれば、瓦礫《がれき》の中においても国体としての国家の存続――もしくは残骸《ざんがい》からの文明の救済――くらいであろう。戦争が極限の状態になる危険性を最小限に留めることができるのは、いまや国家が戦争の規模を慎重に制限する場合だけになってしまったのだ＊91。

その二〇年後に、オスグットは自身の限定戦争に関する理論を部分的に修正している。その中で、彼は一九四五年以降に起こったほとんどの戦争は内戦的なものであったことや、米ソ両国による介入という要因が予見できたにもかかわらず、それらが自身の著書の中で記述したような主権国家同士の戦争ではなかったことを認めている＊92。世界の大国としての視点から、彼は限定戦争の理論には二つの学派があり、これらが広く議論されるようになったと説明している。

一つ目の学派は、クラウゼヴィッツの考えに触発されたものであり、西洋の政治学者と軍事専門家たちによって提唱され、戦争と抑止の両方において軍事力を活用しながら、ソ連や中国、それに世界中の共産主義者たちに対して有効的な「封じ込め」を追求することが狙われていた。もう一つの学派では、毛沢東と第三世界の民族主義に触発されたものであり、革命国家主義者たちによって提唱され、欧米の植民地主義と覇権主義を廃止するためにゲリラ戦を試みるものであり、表面上は社会正義の実現を目指した新国家の樹立が狙われていた＊93。

この限定戦争理論の二つの学派が意図したのは、通常戦争へのエスカレーションをなるべく避けることであった。ところが同時に、その暴力以下のレベルでは軍事力の政治面での有用性を最大化することも狙われていた。オスグッドによれば、その結果として「相手国家の意思の屈服には程遠い目標を狙って戦わなければならない。この際、国家が持てる軍事力の総力とは程遠い手段を用いつつ、両国民の生活と軍隊にはほぼ無傷の状態にするような戦いをしなければならない」のである＊94。

オスグッドによれば、西洋社会では「限定戦争は非常に危険なものである」という認識の下で戦われており、局地戦が共産主義拡大へのきっかけとなり、封じ込めが不可能であることが証明され、アメリカの核抑止力が限定戦においては有効ではないことが露呈《ろてい》する恐れがあったという。このためヨーロッパでは、アメリカの「核の傘」がＮＡＴＯ加盟国を守れていないのではないかという不安を生じさせた。したがって一九五〇年代初期には「限定戦争戦略は当時広まっていたアイゼンハワー＝ダラスの核抑止への依存度を高める戦略への対案として注目されはじめた」というのだ＊95。再びオスグッドの説明によれば、

限定戦争戦略を生み出すことになった主な動機は、核時代において軍事的な「封じ込め」が必要であることが強く認識されていたことにあるのだが、学者のような専門家や、政治家たちによって提唱されたその根底にある理屈そのものは、冷戦だけにしばられるものではない。これは「軍隊は国家目標のために役割を果たさなければならない」とするクラウゼヴィッツの原則に基づくものであり、戦争が国家の特定の政治目標に貢献するために暴力のエスカレーションによって制御不能にならないように制限、統制しなければならないし、そのためには政治的権益と状況に釣り合った適切な手段の使用が必要になってくる。この原則に従えば、戦争の目的とは単純に「敵の軍事的打倒のために最大の力を注ぐこと」ではないことがわかる。それはむしろ、敵の意志に対する望ましい効果を得るために、外交から戦争直前の状態、そして実際の戦闘に至るまで続くスケールの中で軍事力を使用することになるはずだ＊96。

「商取引」や「意思の衝突」というクラウゼヴィッツの使った喩《たと》えを再び使用しながら、オスグッドはさらに以下のように記している。

限定戦争の実行は、全般的な「紛争の戦略」の一部として見なされるようになった。ここでは敵同士が相互破壊に至らない状態で交渉的解決策を得るために、互いに作った境界線の枠の中で、段階的な軍事力の応答という手段（エスカレーション）を通じた交渉を行うのだ。戦争のエスカレーション

（つまり戦争の範囲と強度の段階的増加）は、その当初は制御不能の危機として恐れられていたが、時間の経過とともに、制御だけでなく回復まで可能なプロセスであるとみなされるようになった。これによって敵対国同士は、争われる問題についての妥当なコスト内での解決のために、互いの意志と度胸《どきょう》を試すことになるのだ＊97。

実際のところ、冷戦には限定戦争の例が豊富にある。一九六三年にハーバード大学教授であったモートン・ハルペリンは、米ソ間の紛争だけであるが、両国が直接、もしくは間接的に衝突した事例をリスト化している。一九六二年のキューバ危機、一九五五年と五八年の台湾海峡危機、一九五〇年から五三年の朝鮮戦争、一九四六年から四九年の国共内戦、一九五八年のレバノン危機、一九四六年から四九年のギリシャ内戦、一九四八年のベルリン封鎖、そして一九五八年から六二年のベルリン危機などである。これらの例では、そのすべてにおいて軍事力の実際の使用、もしくはそれによる威嚇《いかく》が使われた。それでもそれらはすべて「局地戦争」（local war）とされた。なぜなら米ソ両国の本土は互いに無傷なままであったからであり、もし直接攻撃されていれば「中央戦争」（central war）となっていたからだ。これら全ての危機は、地理的にも強度的にも「限定」されていた。ただしハルペリンは「中央戦争」でさえも限定戦争になる可能性があると考えた。なぜなら米ソ両国とも水爆戦争へのエスカレーションはさすがに防ぎたいと考えるはずだからだ。また、ハルペリンは状況の「爆発」（explosion）と、敵対関係の段階的・意図的「拡大」（expansion）を区別しており、この二つともエスカレーションにつながるものとしている。また、ハルペリンは「中央戦争」におけるどちらか一方の完全勝利の可能性には懐疑的《かいぎてき》であったが、限定戦争では限定的な軍事的勝利は可能であり、大規模なエスカレーションや、降伏以外の選択肢があることを教えている、と強調している＊98。よってハルペリンは、米ソ両国は水爆の存在のおかげで「爆発」と「拡大」

の両方を避けようとするはずだと説いたのだ*99。

多くの米国の戦略家と同様に、ハルペリンは限定戦争を「米ソ両国が互いを敵国とみなしながらも、全力で互いを破壊しない程度の軍事衝突」と定義している。彼の研究は、米ソとその支援を受けた冷戦の東西対立のみに焦点を当てており、冷戦後の一般的な限定戦争にはほとんど関連性がないと言えよう。ところが彼自身は、「局地的な限定戦争」、もしくは単に「局地戦争」と呼ばれるものについて書いたと主張している。「実際のところ、軍事・戦略関連の文献では『限定戦争』と『局地戦争』が同じ意味で使われている。ところが過去数年で明らかになったのは『中央戦争』、つまり二つの大国が互いの本土への攻撃を行うような戦争も『限定戦争』になり得る」ということであった。ハルペリンのほとんどの研究では「局地的な限定戦争」に焦点が当てられていたが、そこには「中央戦争」を制限する選択肢についての研究も含まれていた*100。ハルペリンは米ソ冷戦のパターンに当てはめられないような戦争や危機は、あえて研究対象から外した*101。

ハルペリンの使った言葉は「部分的にはクラウゼヴィッツ式」のものであったとも言えるが、トーマス・シェリング（Thomas Schelling）の場合は、自らを明確にプロイセンの伝統の線上に置いていた。シェリングは戦術核兵器と通常兵器の間の技術上の違いは取るに足りないと考えていたが、核兵器に対する国際的な嫌悪感を考慮すると、わざわざ制限しようとしている戦争において核兵器を使用するのは大きな問題になると説明している。

核兵器を特別のものとするのは、核兵器は他と「違う」という強い伝統である。伝統や慣習は単に戦争における制限の類推《るいすい》でもなければ、制限の興味深い点でもない。伝統、前例、慣習は制限の本質である。……伝統や先例や慣習こそ、限定性の本質にほかならない。限定戦争における限定は、両者が同じように権威ととらえ、そしてその権威が主として相互認識や「暗黙《あんもく》の交渉」が成立していることでもたらされるような、根源的には心理的、知的、社会的なものである*102。

シェリングは「戦略」という言葉を、力の効率的な**適用**として定義せずに、(『紛争の戦略』の中での定義のように)**潜在的な力の利用**という意味で使っている*103。つまりシェリングは、いかなる危機的な状況も駆け引きのプロセスになると見なしていた。ここでは両者によって様々な手段が脅威にさらされたり、暗示されたりするのだ。彼はクラウゼヴィッツの「戦争を商取引としてとらえる方法」を、ゲーム理論を使って発展させた。ブローディもこのアプローチを評価しており、「朝鮮戦争は、大国のライバル同士でも時として無制限ではなく、限定的な暴力によって互いの実力や決意を試し合うものであり、戦争を制限したままにしておくには大きな制限が必要となることを改めて証明した」と説明している*104。

ところがブローディやオスグット、それにその他の戦略家たちは、朝鮮戦争での経験を踏まえて「われわれにとってその戦争が(物質的限界および精神的な観点からの制限された)限定戦争であったとしても、敵やわれわれの同盟国たちにとってはそれが総力戦であったという可能性もある。よって、相手の決意の表明がわれわれのそれをはるかに上回っていることもあるはずだ」と結論付けている。またオスグッドは、戦う者の視点により、同じ戦争でもそれが制限的になったり無制限になったりすることがあると述べている。したがって、ベトナム戦争は南北ベトナムの両者にとって「限定戦争」とはとても言えないものであった*105。つまりここにきてクラウゼヴィッツの理論的枠組み(パラダイム)の改善の必要性が出てきたのであり、そこでは単に強度が制限から無制限へとスライドする戦争の違いがあるだけでなく、同じ戦争も、立場によっては別の意味合いを持つ可能性があることが認識されるようになったのだ。さらにブローディの言葉を引用すると「アメリカは間違いなく軍事大国であるが、戦闘手段が制限された状態で戦うことになると、相手が対抗できるだけの規模まで自らを自動的に制限してしまう。したがって、たとえそれが一時的なものであったとしても、戦争のコストを上げ、長期化させることになる」というのだ。もし対抗する力と抵抗する力が同じならば、手詰《てづ》まり状態に陥る＊106。朝鮮戦争は部分的にこの言葉を証明したわけだが、このクラウゼヴィッツの定義をより明確にあらわしているのは、やはりベトナム戦争の方である。

一九五七年一二月四日にアメリカ兵器協会（The American Ordnance Association）がニューヨークで主催した「限定戦争におけるアメリカの武器の能力と技術に関するセミナー」の中で、以下のような定義が提案された。それは、「限定戦争とは、限定的な目的を達成するために戦われる戦争のことだ。この目的を達成する上で、国家は自らの資源の限定的な使用を計画するだろう。そしてこの実際の遂行段階では、戦争を地理的に制限するだろう＊107」というものだ。ブローディは以下のようにも述べている。

われわれは、限定的な目標をもたずに限定戦争を行うことができない。この目標とは、妥協をベースとした講和条約の締結を意味する場合が多い。「戦争の目的は、相手にわが方の意志を強要するために行う力の行使である」というクラウゼヴィッツの古典的な定義は、少なくとも大量の核兵器を保有する大国にとっては修正が必要であろう。そのような大国を相手にする場合、その講和条件は相手にとって受け容れられやすいものであるべきであり、相手を憤慨《ふんがい》させて拒否する状態や、無制限の戦いを決意するまで追い詰めるようなものであってはならない。もしこの原則が守り続けられるのであれば、負けている側は、負けを受け容れるよりも常に制限を拒否しようとするので「限定戦争は不可能だ」という聞き飽きた議論を破棄すべきことになる。われわれはすでに、戦争を制限することは難しいということだとわかったはずだ。ところが明白な勝利を抑制することは、物理的な暴力を抑え、耐え難いレベルのものにならないようにするためにわれわれが支払うべき対価であり、このことは明確にしておくべきである。そしてこの因果関係は、決してその逆にはならないのだ*108。

レイモン・アロンも同じようなアプローチから、クラウゼヴィッツの「政治目的、軍事手段、そして政治的意図」の作用というように戦略を分解することが、二〇世紀の限定戦争の発展を理解する際に応用できることを示している。例えば、フランス軍とベトナムの共産主義者たちの間での政治的意志の強さの違いがわかれば、フランスのインドシナ半島での最終的な敗北がなぜ起こったのかを説明できる。これは米仏両国が軍事力で敵を圧倒していたにも関わらず、アルジェリアやベトナムで最終的に負けたのと同じことだ。クラウゼヴィッツの分析の枠組みを使えば、非対称戦の結末も説明できるのであり、しかも三つのすべてのレベル――目的、手段、意志――が考慮に入れられている。もちろん「クラウゼヴィッツはただ単にそのような分析の仕方のきっかけを示しただけだ」という指摘は正しいのだが、それでもその分析の中に「精神力」や「士気」という重要な要素を含めたために、結果的にはクラウゼヴィッツ自身も予見していなかった紛争の解釈にもその分析を当てはめることができたのだ*109。

❄ベトナム戦争 ―― クラウゼヴィッツ主義者からの批判

振り返ってみると、ベトナム戦争というのはアメリカにとっての限定戦争の実例であると同時に明白な失敗例であった。そして再びクラウゼヴィッツの考えは、何が起こったのか、そして何が間違いだったのかを理解するのに役立つものとして見直されることとなった。一九八二年にハリー・サマーズ（Harry G. Summers）元米軍大佐は『戦略論：ベトナム戦争の批判分析』（*On Strategy: A Critical Analysis of the Vietnam War*）を出版した。サマーズは自著のほとんどの分析が「一五〇年前に書かれたもの――つまりクラウゼヴィッツの『戦争論』――から引き出されたものであることは無意味なように感じられるかもしれない。ところがこれこそが利用できる文献の中で最新のものだ」と書いている。彼の見方では、経済学や政治学とは違って、最も偉大な古典である『戦争論』は、最近の文献にまだとって代わられるものではないというのだ。サマーズは「軍事科学の分野では……戦争論はいまだに重要な作品である」と記しており、「現代のほとんどの本は、クラウゼヴィッツの本ほどはベトナム戦争に関連することを何も言えていない」と述べることによって、バーナード・ブローディに同意している*110。ではアメリカがベトナムで失敗した理由は何だったのだろうか？　サマーズは長いリストを作成し、どこで失敗したのかを説明する際に、ことごとく『戦争論』の言葉を引用している。

サマーズが考える失敗の第一の理由は、クラウゼヴィッツが単に「戦争の準備」と「戦争の遂行」と呼んだ二つの考えを混同したことにあるという。後者では戦争中に戦闘力や装備などを知的に適用することが求められるもの、つまりは政策の目的を達成するための軍隊の使用を意味する。サマーズはベトナム戦争における政治目的そのものが間違っており、クラウゼヴィッツの見た戦略の適切な狙い、つまり「最終的な講和に導くための目標」の選択が存在しなかったというのだ*111。

サマーズによるアメリカが失敗した第二の理由とは、軍と米政府の文官の政治家との間にあった、一方的な服従・無批判な関係性であった。たとえばサマーズは序章において次のように記している。

クラウゼヴィッツは「軍事は常に政治に従順《じゅうじゅん》でなければならない」と警告した。もちろんこの前提は五〇年前に米国憲法に記されたので、アメリカ人にとっては特に目新しい話ではない。しかしクラウゼヴィッツはこの従属関係は、「政策側が自ら使用すべき手段を熟知している」という前提に基づいているとしていた*112。

サマーズの主張では、米政府の政治家は軍隊の能力とその限界を十分には理解していなかったのであり、しかも将軍達は文民の指導者たちにこの状況を説明する努力を怠っており、戦闘部隊が組織的に想定していなかった指示や、装備面からも実行不可能であった命令を単に受け入れるだけだったというのだ。サマーズによれば、軍のこの絶対的な服従は「第二次世界大戦後の核時代におけるわれわれの軍事戦略に対する無関心から生まれたものだ。当時の軍事戦略に関する専門文献のほとんどは、**文民の専門家**（政治学者や国防分野のシステムアナリストたち）によって書かれた」。バーナード・ブローディの『戦争と政治』（*War and Politics*）における主張のように、サマーズは「プロの軍人たちに戦略的な思想が欠けていた」と指摘している。軍の士官たちには戦略の作成が自分たちの担当であるという自覚が欠けており、ひたすら調達や訓練、それに予算配分だけに集中していて、実際の戦略は彼らの上司となる政府高官たちの間で作成され、しかもそれは予算面での考慮に引きずられたものであった」という*113。

しかも当時は「システム分析」という「エセ経済学的イデオロギー」が米国防総省ペンタゴンを支配していた。国防長官のロバート・マクナマラ（Robert McNamara）が頼った民間の「企画計画予算制度」（Planning, Programming and Budgeting System：PPBS）というシステム分析の専門家たちによるベトナム戦争の計画と実行への関与は大規模なものであり、彼らがうまくやれたのは「戦争の**準備**」の部分だけであった。「戦争の**遂行**」の面では、彼らは正確な命令を下すことができなかったのだ。このような状況を踏まえて、サマーズはクラウゼヴィッツの「兵学が闘争そのものと関係するところは、ちょうど刀鍛冶の技術が撃剣術に対するところと何ら変わりはない」という格言を引用している*114。それにも関わらず、当時の主要なシステム分析家たちは「戦略を分析・作成するのは軍人の仕事ではない」と主張した。これを言い換えれば、戦略は軍人に任せるには重大すぎるものであり、軍人は軍事作戦を実行するだけで満足すべきだということだ。彼らは「現代の戦略・軍備計画は、主に分析プロセスとなり、文官のほうが現代の分析手法に優れている」と考えたのである。サマーズが見たように、このようなアプローチの問題点は、「完全に動きを予測できる静的《スタティック》な敵」というものを前提としていたことにある。しかもこれはアメリカとベトナムにおける、戦車の生産台数の予測を元にした分析であり、損耗率《そんもうりつ》は火力や、すでに使用されている装備の質のような、既知《きち》の要素から簡単に類推できると想定されていた。ところがクラウゼヴィッツが分析したように、このような計算の根本的な問題は「戦争では相手の動きに反応するような動く目標に対して精神を集中させなければならない」という点にある*115。サマーズはさらに「ベトナム戦争の最後の段階になって有名になった逸話《いつわ》」として、以下のようなエピソードを紹介している。

> 一九六九年にニクソン政権が誕生した時、すべての北ベトナムとアメリカのデータ（人口、国民総生産、工業生産力、戦車、艦船、航空機らの数と軍隊の規模など）がペンタゴンのコンピューターに入力された。そして「アメリカはいつ戦争に勝利できるのか」という問いに対して、コンピューターは即座に「一九六四年に勝利しました！」と答えている*116。

サマーズは、このシステム分析における予測の失敗を説明するために、再びクラウゼヴィッツの言葉を引き合いに出している。

> その時の計算は固定された数値を対象にしていたが、実際の戦争においてはすべてのことが不確実であり、常に動く変数を考慮して計算しなければならない。彼らは物理的な量のみを計算していたのだが、あらゆる軍事行動というのは心理学的な力や影響が混じり合ったものだ。彼らは自分たちが行う、

いわば「単独行動」だけを考慮していたが、戦争というのは継続的な反発による相互作用によって成り立っているのだ*117。

結果として、米軍は与えられた任務に困惑することになった。ところが軍は何も疑わずに文民の指導者たちに従順な姿勢を維持し、自身が完全に理解できない、もしくは信じ込むことができない専門言語や戦略を使うことになったのだ。ヘンリー・キッシンジャー（Henry Kissinger）は当時を振り返りながら、軍は文民統制を叩きこまれていたために「あまりに唯々諾々《いいだくだく》と、システム分析家たちと同列に扱われるのを許した」と述べている。それと同時に、「新しいタイプの将校が現れた。この連中は新しい用語を勉強し、流行となったシステム分析の論点を、役人同士のやりとりで古い世代よりもっと明確に、またもっと巧妙に持ちだした。ある程度は、これによって文官と制服の間の関係が緩和《かんわ》された」のである。ところが別の面から言えば、それは軍事的な手段の不適切な使用を指示した、文官の戦略に対する根本的な批判を抑えることにもつながったのである*118。

サマーズが発見した三つ目の失敗は、アメリカ政府が戦争に対する国民の支持を得ることができなかったことだ。サマーズはこれを指摘する際に、クラウゼヴィッツが一八世紀の「内閣戦争」とフランス革命・ナポレオン戦争とを比較し、ここから後者の成功の原因が「国民の営み」になった部分にあるという分析を使っている。すでに本書でも論じたのでおわかりだと思うが、これはクラウゼヴィッツの「三位一体」の、いわば「二次的な要素」として取り上げられたものである。つまり戦略は「政府・軍隊・国民」の間の相互作用による影響を受けるというものだ。サマーズはこれを「断固たる戦争の遂行のためには、政府、軍隊、国民が、同じ目的と信念を共有しなければならない」という教義に発展させたのである*119。ベトナムの失敗は、そもそもアメリカがこの戦争を「ジョンソンの戦争」や「ニクソンの戦争」のように見なし、国家の重大事とは考えていなかったという点にあるという*120。国民の支持を得ることができなかったそもその原因は、将軍たちが「第二次世界大戦についての記憶がまだ鮮明であり…国家意思を動かすことを総力戦と同一視していたことや、核時代において総力戦は不可能だと信じていたという事実にある」という。彼らはアメリカが一九世紀に何度か限定戦争を闘っていることや、そのすべてにおいて国民の支持をとりつけたことを忘れていたというのだ*121。国民からの支持がなかったために、アメリカは敵よりも戦争に対するコミットメントがはるかに少なかった。これを論証するために、サマーズは再びクラウゼヴィッツを巧みに引用している。

戦争では、必ずしも相手が崩壊するまで戦う必要はない。どちらか一方が戦争への動機と緊張が弱い場合、少しでも負けが見えてきたとたんに敗北を認める可能性も出てくる。そしてもし一方がこのような状態を実現できると戦争開始の当初から感じたとすれば、長い時間をかけて完全な敵の破壊を目指すよりも、この可能性にかけて力を集中させようとするのは明白である*122。

サマーズの視点からすると、ジョンソン政権は、国民の代表が集まる米国連邦議会からの全面的な支持を得るために必要なことさえしなかったことになる。一九六四年に議会で承認された「トンキン湾決議」は、米国大統領に「米国の軍隊に対する武力攻撃を撃退するため、そしてさらなる侵略を阻止するために必要とされるあらゆる手段を実行するための」全面的な権限を与えたのだ。ジョンソンはこれを、その後の全ての東南アジアにおける軍事介入に必要な権限を得たものと解釈した。米国連邦議会が宣戦布告（合衆国憲法第一条・第八節）の権限を取り戻したのは、ニクソン政権中の一九七三年一一月になって「戦争制限法」を通過させてからだ。これによって議会が更なる軍隊の使用を許可しない限り、大統領が軍を派遣できる権利を最長で九〇日間まで制限できるようになった。この二つの日付を挟んだ期間において、アメリカ国内ではベトナムに駐在する米軍の正統性《レジティマシー》に関する政治的な議論が行われ、その結果として軍人たちの士気を挫《くじ》くことになった。つまり、クラウゼヴィッツの「三位一体」の二つ目の柱である「軍隊」そのものに影響を与えたのである。

またサマーズは、戦争を説明する際に発生する問題を指摘している。サマーズは、クラウゼヴィッツは「あらゆる精神的な要因」を排除することや、「すべてをいくつかの数式」に置き換えてしまうことに対する警告を行ったと指摘する。サマーズの見方からすると、軍の行動を説明するために使われた官僚化された言葉は、世論の批判を抑えようとするものであった。サマーズによれば「われわれは敵を殺したのではなく〝犠牲を課した〟のであり、われわれはモノを破壊したのではなく〝ターゲットを無力化した〟という」のである。同時に、このような婉曲的《えんきょくてき》な表現（もちろんこれらの言葉の多くはベトナム戦争に限ったものではなく、新しく使われた言葉ではないことは言うまでもない）の裏側の残虐な真実は、テレビの前の何百万人もの視聴者に毎晩届けられたのであり、政府と軍の使用する言葉と戦争の視覚的恐怖との間に存在する矛盾への国民の反応は、そもそも少なかった国民の支持をさらに低下させた。サマーズの分析によれば、「ベトナムでの戦いは冷酷《れいこく》なものであり、アメリカ国民はこれに耐えられなかった＊123」のである。

戦略の形成と戦争への適用、そしてその実行における失敗に関して、サマーズは再びその原因をいくつか特定している。アルバート・シドニー・ブリット（Albert Sidney Britt II）中佐によると、朝鮮とベトナムで行ったアメリカの戦争の方法の一部は、一八世紀の戦争から引き出されたものであった＊124。そしてサマーズによれば、当時のクラウゼヴィッツの批判は、米軍が軍事戦略よりもマネージメントの能力に秀でていたベトナム戦争の状況にもかなり当てはまるという。たとえば「戦争術」と「戦争科学」という言葉は、一八世紀では物理的な要素に関する知識と技術の総体を表すために使われており、武器のデザインと使用…軍組織の内部構成とその活動の仕組みは、この知識と技術によって構成されていた」というのだ＊125。そしてこれはベトナム戦争の時も変わらないという。

その一方で、文民によって作成された戦略には、現実的に達成可能な戦争目標を作り出すことができなかった。サマーズはジョンソン政権とニクソン政権を非難したが、その理由として、紛争のエスカレーションの危険や、その後の（朝鮮戦争の時のような）中国の介入、さらにはソ連の介入が核戦争へと拡大することを懸念しすぎていたことを挙げている。これについてヘンリー・キッシンジャーは以下のように分析している。

> われわれが朝鮮戦争に介入したのは、とりもなおさず、介入しなければ近い将来ヨーロッパで、もっと重大な危険の生ずることを恐れたがためだった。ところが、ヨーロッパでの全面攻撃を避けたいがために、われわれが朝鮮で優位に立つことを狙って冒せるリスクの幅は、著《いちじる》しく狭《せば》まったのである……。
>
> その一〇年後、われわれはベトナムで同じジレンマに直面した。またもアメリカは、インドシナにおける戦争を世界的に革命を狙う共産主義の戦略の一端と考えたために介入した。そしてここでもわれわれはリスクを最少化するために介入したのだが、その理由はグローバルな危機の一部であるインドシナ半島のベトナムは共産主義との決戦を行う場所とは思われなかったからである＊126。

このエスカレーションの恐怖は「限定目的による戦争」という概念を導入した一九五四年の「米国野戦教範」（*American Field Service Regulations*）にも反映されている。ここでは同時に戦争目的としての「勝利」（victory）という概念も排除されているが、その理由として「戦争の狙いとしての勝利というのは、それだけでは正当化できるものではない。なぜなら勝利そのものは、国家目標の実現を確約してくれるわけではないからだ」と記されている。これについてサマーズは以下のようなコメントを書いている。

勝利を「完全勝利」という意味で定義したことは(野戦教範の作成者の)戦略的失敗である。それを「戦争が行われる目的の達成」と考えるほうがむしろ正確だからだ。この定義だと、われわれが(国境線の現状が回復されたという意味で)朝鮮戦争に勝利したという事実を不明確にしてしまうだけでなく、ベトナムでの敗北まで決定付けてしまうことになる*127。

一九六二年の「野戦教範」(***The Field Service Regulations***)では、限定戦争が「限定的な手段」という概念に取って代わられた。そしてその本文では「アメリカ軍が目指すべき根本的な目標は、大(核)戦争まで拡大させないよう計算された最善の方法で、速やかかつ決定的に紛争を終息させることである」と書かれていた*128。その結果、アメリカはベトナムへの介入を、その当初から限定的なものとして宣言したのであり、そのおかげで敵はそれを自らの戦略に有利となるよう付け入ることができたのである。

サマーズによれば、その結果として出てきた戦略が、当初は北ベトナムだけに厳格に限定した航空作戦を使った、南ベトナムで極めて限定的な戦いを求めるものであったという。戦争を限定的なものにしたいとするアメリカの強い想いは、この戦いを、主に「南ベトナム解放民族戦線と南ベトナム政府軍の間の内戦である」という勘違いにつなげてしまった。たしかにフランスとベトミン軍の間で行われた第一次インドシナ戦争ではその構造が当てはまったが、それとは対照的に、第二次インドシナ戦争、つまり「ベトナム戦争」は、敵の能力に柔軟に対応した北ベトナムによる、南ベトナム征服のための長期的な作戦の一部であった。アメリカはすでに南ベトナムで活動していたため、北ベトナムはアメリカとの正面衝突は避け、主にベトコンを利用した烈度《れつど》の低いゲリラ戦を行っていた。ところが一九六八年の「テト攻勢」だけは高烈度の大攻勢であり、この時のハノイ政府は、多くのベトコン戦士の命を犠牲にすることを躊躇《ちゅうちょ》しなかった。アメリカが南ベトナムから安全に撤退した後、北ベトナム政権は高烈度の通常兵力による戦闘を開始し、これによって一九七五年に南ベトナムを征服したのだ。

アメリカ政府は、敵の「重心」である北ベトナムに集中するのではなく、長きにわたって南ベトナムの領土内に限定された作戦を行う、いわゆる「対反乱」(counterinsurgency) 戦略に固執《こしつ》していた。毛沢東の教え（思想闘争による純粋な形式の内戦）を土台とした革命を目指す「人民戦争」は、未来の戦争の形態と見なされたのであり、この時の知的努力のほとんどは、この限定的な地域の戦争に対する適切な**政治的**対応を見つけるために注がれることになった。ベトナム共和国大統領であったゴ・ディン・ジエム (Ngo Dinh Diem) のアドバイザーを務めた英国人ロバート・トンプソン (Robert Thompson) 卿が指摘したように、革命戦争というのは「ゲリラ・パルチザン戦と間違われることが多い……ところがこの決定的な違いは、ゲリラ戦は敵への嫌がらせや混乱を狙っており、これによって正規軍が通常戦で決着を付けられるようすることとなのだが……革命戦争の方は、この戦いそのもので決着をつけることを想定している点だ」と述べている*129。サマーズはこの定義を応用しつつ、ベトナム戦争は明らかに「ゲリラ戦」であったにもかかわらず、アメリカは主に「革命戦争」として対処したので失敗したと主張した。つまり「南ベトナムは国内の暴動だけでなく、国外からの侵略に直面したのであり、対反乱作戦は部分的な対処としかならなかった」のである。

しかし、「対反乱」のほとんどの定義、とりわけアメリカ政府が採用した政策の定義では、南ベトナムにおける「国家建設」を行うことも含まれていた。つまり南ベトナム政府への忠誠心を生み出し、促進させ、これを強固にすることによって反共的な感情を予防的に植え付けることである。奇妙なことだが、南ベトナムでこれらの任務の実行を求められたのはアメリカ軍であった（一九九〇年代のボスニア・ヘルチェゴビナやコソボにおけるＮＡＴＯ軍の活動はそれと同様に失敗している）。一九六八年の「野戦教範《フィールド・マニュアル》」には「アメリカ軍の基本的な目的は、秩序や安定的な環境を維持・回復、もしくはそれを創り出すことにある。それによって政府は実質的に法の下で機能を果たすことができるようになるからだ」と記されている＊[130]。サマーズはクラウゼヴィッツの言葉を引用しながら、アメリカ陸軍はこの任務には役不足であったとして「もし国家のリーダーが、軍に対して本質的に合わないような動きや働きを求めていれば……その政治判断は作戦に悪影響しか与えないはずだ」と主張している＊[131]。南ベトナムの駐留米軍の司令官や、その後に陸軍参謀本部総長もつとめたフレッド・ウェイランド（**Fred C. Weyland**）が述べたように、アメリカ軍は「政治・経済、そして社会的な面で、本来の能力を超えた任務を要求されていたと同時に、本来達成可能なはずの軍事的な任務に関する権限は限定されていた」のである＊[132]。サマーズによれば、国家建設という任務を成功させることができたのは、南ベトナムの国民自身だけであった。ところがアメリカは長期的にコミットできるかどうか微妙であるにもかかわらず、この任務を肩代わりしてしまったのだ。彼はクラウゼヴィッツの言葉を引用しながら、「国家は他国の目標を援助することもあるが、それでもそれを自分のことととして真剣に取り組もうとはしないものだ。それなりの規模の戦力が援軍として送られるかもしれないが、状況が悪化した場合には作戦を放棄し、損害を最小限にとどめて撤退しようと試みるものだ＊[133]」と主張している。

　またアメリカは、長期にわたって敵の本当の「重心」である北ベトナムそのものには攻撃を全く行っていない。北ベトナムに対する行動は空爆と海上での作戦に限定されており、一九六六年に当時のマクスウエル・テイラー（**Maxwell Taylor**）元陸軍大将は連邦議会上院の公聴会で、「アメリカの目的は北ベトナムを倒すことではなく、単に「彼らのやり方を変えるように仕向けるだけ」であったと証言している。再びクラウゼヴィッツの言葉を引用すると、主な敵に対する勝利はそもそもその目的から排除されていたということだ*134。サマーズが記したように、アメリカは「この戦争の策源地《さくげんち》である北ベトナムではなく、南ベトナムのゲリラ戦という症状のほうに意識を集中していた」のだ。さらにはラオスやカンボジアをはじめとするベトコンへの補給線・輸送ルートは、長期にわたって「決して攻撃してはいけない聖域」として扱われていた。サマーズは「北ベトナムへの戦略的な攻撃は政治的に実現不可能であった」と認めているが、アメリカは「領土外からの全ての補給線を断ち切るための戦術的な攻撃によって、南ベトナムにおける戦場を孤立化することは可能であった」としている。たしかに「反乱自体は、北ベトナムの真の目的（南ベトナムの征服）を隠した戦術レベルでの〝覆面〟であったため、われわれがそれを何と呼ぼうと、われわれの行っていた対反乱作戦は戦術的な役割しかなかった」というのだ。つまりアメリカは、あまり重要でない「重心」ばかりに焦点を当て、決定的に重要な「重心」の方を「聖域化」してしまったことにより、平和をもたらす戦略――これはクラウゼヴィッツ式の考えでは唯一有効なもの――を採用できなかったのである。皮肉なことに「われわれの（南ベトナムにおける）戦術上の成功は、戦略上の成功をもたらさなかったのであり、北ベトナムの戦術上の失敗は、北ベトナムの戦略上の失敗にはつながらなかった」のである。北ベトナムの戦略のおかげで「アメリカは二次的な勢力（南ベトナムのベトコン）のほうに戦力を集中させ」、結果として自らを消耗させてしまった。またこれは南ベトナム軍の戦力の分散につながり、彼らは北ベトナムの国境線を越えた通常兵器による攻撃に耐え切ることができなくなってしまった*135。

サマーズによると、この戦略面における情勢認識と計画の失敗の原因の一端は、指揮系統が統一されていなかったことにあるという。たしかにベトナム戦争中の歴代政権たちは、自らを「戦時内閣」とはせずに、平時の意思決定プロセスをそのまま維持していた。サマーズは後者のほうが確かに長期間にわたる「冷戦」の状況、つまりクラウゼヴィッツ式にいえば「戦争の準備」の体制には最適であったと見ている。

ところが東南アジアでの実際の「熱戦」には、この体制は不適当であったというのだ。指揮系統の統一は、ワシントンの政治家と軍の双方のレベルにおいて欠けていたが、実際の戦場においても欠けていた。なぜなら作戦を指示する太平洋軍司令部は、実際の戦闘が起こっている場所から約八〇〇〇キロ離れたホノルルにあったからだ。当然のように、サマーズは「作戦を実行する軍のトップの人間を戦時内閣に同席させるべきである」とするクラウゼヴィッツの訓令を引き合いに出す形で、政府と軍は密接に歩調を合わせるべきだったと主張したのである＊136。

❇ベトナム戦争から湾岸戦争

クラウゼヴィッツを再読しようとする機運の盛り上がりは、ベトナムにおける「アメリカ流の戦争方法」に対する批判と密接な関係を持っていた。アメリカ海軍大学教授の故マイケル・ハンデル（Michael Handel）は、以下のように主張している。

米軍大学に属する教授たち、それに一九七〇年代後半から一九八〇年代前半にかけて卒業した学生たちは、戦争と政治は実際には分離できないものであることを徐々に（一部の者は渋々ながら）理解しはじめた。つまり軍事的勝利は最終的な「政治面での勝利」を自動的に生み出すわけではないし、あらゆる戦争、とりわけ長期戦には、国民（この戦争はその名において行われる）からの政治面での支援が必要であり、軍は戦争において勝利するための三つの決定的な要素のうちのたった一つでしかないこと（他の二つは政府と国民）、そしてこの三つの要素の間に調和的な関係がなければ、それがいくら義戦であり、しかもそれに対して投入した努力が大きくとも、戦争には勝てないということがわかったのだ。加えて、様々な政治的な制限による漸進《ぜんしん》的なエスカレーションや、その他の困難により、紛争開始当初から必要とされた力の最大限の集中が妨げられてしまった。また彼らは、政治面での支援（アメリカの政治体制の本質を考慮した場合、長期戦には不可避である）が消極的な場合には、戦争の遂行が危険に直面することを発見した。とりわけ「最後の一歩を考えずに最初の一歩を踏み出してはいけないことが、この苦々《にがにが》しい経験」で……証明されたのだ*137。

ベトナム戦争の教訓を踏まえて、レーガン政権は当時の国防長官キャスパー・ワインバーガー（Caspar Weinberger）の名前をとった「ワインバーガー・ドクトリン」を採用した。ワインバーガーは、アメリカ軍を海外の戦闘で使用する前に確認しなければならない「基準」として、六つの条件を提案している。しかもこれらの内のいくつかは、クラウゼヴィッツの教訓が直接・間接的に反映されたものだ。以下はその例である。

第三に、もしわれわれが国外で戦闘すると決心した場合、明確な政治・軍事目標を掲げなければならない。そしてわが軍がこの明確な目標をどのように達成すべきなのかを明示しなければならない。この目標のためだけに軍を派遣して使うべきだ。クラウゼヴィッツが記したように、「戦争において何を達成し、戦争のうちで何を獲得するつもりなのかがはっきりしていなければならない」のである。

第四に、われわれが戦力を投入する目標と軍隊の関係性（規模、構成、配置）は、必要に応じて継続的に再評価・再調整されなければならない。これらが変わった時、戦闘の条件も変えるべきだ。われわれは以下のような質問を、目の前に掲げる信号灯として常に問わなければならない。つまり、「この戦争はわれわれの国益にかなうのか」というものや、「この国益の達成のためには軍事力を使う必要があるのか」である。もし答えが「イエス」であるなら、われわれは絶対に勝たなければならない。しかし答えが「ノー」であるなら、われわれは戦闘を行うべきではない。

第五として、われわれが海外で戦闘に従事する前に、アメリカ国民の支持と、彼らが選んだ議会の代表者（議員）たちの支持が適度に保証されていなければならない……本国の議会と争いながら国外での戦争に勝利するよう軍に求めることはできないし、ベトナム戦争の時のように、軍隊に実質的に戦争に勝利しないように求めながら、そこにただ居続けてもらうこともできないからだ*138。

マイケル・ハンデルが述べたように、後の政権でも「ワインバーガー・テスト」あるいは「ワインバーガー・ドクトリン」は「アメリカ国内の政治環境に適合した、効果的な戦略を生み出すための優れた枠組みだと見なされていた」のである。一九九〇年から九一年にかけての湾岸戦争において、ブッシュ（父）政権は「政治と軍事に求められるすべての要件を満たすことが可能であることを証明してみせた。そしてそれを行うことによって、イラクに対する軍事的勝利を可能とした」のである。実際にこの戦争では、政治面における継続的な要求への対処と、軍事作戦への政治からの過剰な介入（マイクロマネージメント）不在のバランスが実現していたのは、誰の目にも明らかであった*139。「クウェート侵攻以前に存在した体制を回復するために国連安全保障理事会が下した命令の実行」という観点から見れば、湾岸戦争はクラウゼヴィッツの言う「勝利」（国連の意志をサダム・フセインに押し付け、クウェートをあきらめさせた）に当てはまる。ところがサダム・フセインはその一〇年後にもまだ権力の座にあったし、国連安保理が阻止しようとしていた核開発計画に対する国際原子力機関（ＩＡＥＡ）の査察を止めさせようとしていた。大きな視点で見た場合、多国籍軍側の「勝利」は短命であったと言える。国連安保理決議の二番目の条項をイラクに暴力的な手段によって従わせるために、二〇〇一年においてもアメリカ空軍とイギリス空軍による空爆はまだ行われていたからだ。しかし「ワインバーガー・ドクトリン」は、その後のアメリカの安全保障政策にも影響を及ぼし続けた。とりわけ二〇〇一年と二〇〇二年の冬におけるアフガニスタンのタリバン政権、そしてテロリストの指導者であるビン・ラディンに対する作戦は、その典型的な例である。

＊　＊　＊

結論として言えるのは、「アメリカの戦略家たちが作った限定戦争の理論は、完全にアメリカ中心のものであり、それ以外の国には応用できない」ということだ。しかし、クラウゼヴィッツの思想が反映されている「ワインバーガー・ドクトリン」には、アメリカ以外の国々の安全保障政策にも適用できるようないくつかの原則がある。「核保有国は、戦争では自らの核兵器を使用しない」ということが慣習となったことは確かだ。ただし敵が化学兵器や生物兵器を使用した場合に核保有国はどう対処するのかに関しては、まだ大きな疑問が残っている（一九九五年の核不拡散条約の延長によって強調された非核保有国に対する核兵器の不使用についての努力については別問題である）。また、インドとパキスタンのような非公式の核保有国たちの核使用のタブーに対する対応がどのようなものになっていくのかについては、いまだに不明な部分が多い。冷戦期にこの両国は何度も直接紛争を起こしているし、核保有国として直接軍事衝突を起こしたのはこの二国だけなのだ。両国の一九九八年の公式な核保有宣言が、今後の二一世紀にどのような影響を及ぼしていくのかは注目すべきであろう。

コリン・グレイの「抑止は全ての敵対する核保有国同士に同じように働く」、「核保有国に残された唯一の選択肢が限定戦争である」という仮説は、いかなる場合においても絶対的なものとはいえない。シンバラがわれわれに思い起こさせるように、クラウゼヴィッツは「戦争が手に負えない状態にまでエスカレートする傾向を持っている」ことや、「戦争によって発生する激情に気を付けよ」と警告している。クラウゼヴィッツの「最初の危険な一歩を踏む前に最後の一歩を見つけよ」とする教えに、いかなる国の政府も従うべきであることは、理想ではあるが、それでもヨーロッパやそれ以外の全ての国家の政府たちが常にこれに従ってきたわけではないという点がある。この事実を、われわれは肝《きも》に銘《めい》じておくべきである。

第8章　二一世紀におけるクラウゼヴィッツの有効性

正確に使われているかどうかはさておき、二一世紀の現在においてクラウゼヴィッツの概念と言葉は、世界中の軍事文献に深く浸透《しんとう》している。戦争における賭《か》けの要素の重要性について論述するロシアの将軍やアメリカの政治学者たちの議論、「重心」とそれは一体何であるか、または「強制と政治手段としてのエアパワーの役割*1」などについて読み解く場合に、クラウゼヴィッツの用語やアイディアから派生した言葉が、実に豊富に使用されていることを見てとれる。政治のツールとしての戦争、意志の争いとしての戦争、限定戦争と無制限の戦争、摩擦、エスカレーションの危険性など、このようなクラウゼヴィッツのアイディアの全てが、現在の軍の教範や軍事大国の重要文献において、ごく当然のものとして使われている。「戦略」という言葉が広まるにつれて、クラウゼヴィッツは経営の専門家からも（学術的な形ではないが）注目を浴びるようになっている。これらの専門家は『戦争論』の中から無作為《むさくい》に選んで応用した格言の「出典」としてクラウゼヴィッツを扱いながら、「マーケットを征服する方法」の手引書として使ったりしている*2。

クラウゼヴィッツの主著である『戦争論』は、長年にわたって「時代遅れになった」と言われ続けてきた。本書ではすでに一九一一年の時点でコリン将軍がそのように言明をしていたことに触れたが、プロイセンの同時代の人物であるウォルター・ラインハルト（Walter Reinhardt）将軍も、全体的に見て「クラウゼヴィッツの理論は多くの理由から時代遅れとなったと考える。とりわけ、近代の火力の効果……補給の重要性の増大、そして戦略と戦術の間の境界線が曖昧《あいまい》になったこと」などを挙げている*3。ドイツのクーン（Kuhn）将軍も、帝国議会で第一次世界大戦の遂行について問われた際に『戦争論』は全兵士に重んじられていたが、出版から一〇〇年以上経っており、そこに書かれている全てのことが無条件に応用できるものではない」と証言している*4。すでに見てきたように、一九三五年にルーデンドルフは「クラウゼヴィッツの著作はもはや世界史の一部となっており、そのほとんど時代遅れであるため、その理論は全て放棄しなければならない。これを研究しようすれば混乱さえするだろう」とまで書いている*5。そして一九八七年にはゴルバチョフが、『戦争論』を書庫の片隅へと追いやっている。

ところが本書全体を通して見てきたように、その他の戦略家や学者たちは、『戦争論』を偉大な作品として捉えており、たとえばバーナード・ブローディは『戦争論』のことを「戦争について書かれた唯一の偉大な作品である」と述べているほどだ。結局のところ、『戦争論』はコリンやベルンハルディ、もしくはルーデンドルフやジョミニを含む、同時代の忘れ去られたライバルたちの作品よりも優れたものとしての評価を永《なが》らえている。

＊クラウゼヴィッツの問題点

ただし解釈の問題を別にしても、クラウゼヴィッツの著作には重大な欠陥《けっかん》が無いとは言い切れない。『戦争論』はすべてを網羅《もうら》しているわけではない。たとえばクラウゼヴィッツが無視した問題（海軍戦略など）や、それ以降に重要となった経済戦、心理戦、宣伝戦や大量破壊兵器による戦い、そして宇宙空間の使用や、軍事目的のＩＴ技術の活用などの問題には、当然ながら触れていない。またクラウゼヴィッツは「世界戦略」「世界大国」「超大国」「世界大戦」のような言葉を使っていない。それでも学者や実務家たちは、クラウゼヴィッツの格言の数々がこのような分野の一部あるいは全てに応用可能であると学んできたのだ*6。

すでに述べたが、クラウゼヴィッツが最後に『戦争論』に修正の手を入れたのは一八三〇年であり、この時点で彼が完成したと満足していたのは第一篇だけである。結果として、『戦争論』の大部分では彼自身が「絶対戦争」と呼んだ「観念上の戦争」だけを論じたものとなってしまった。また、クラウゼヴィッツは政治目標と戦争の実行の関係に関する自身の発見が示唆《しさ》するものについて、じっくりと考え抜く時間もなかったのである。

このような問題のうちの一つが「戦争の二つの本質」という単純化された言葉であらわされるクラウゼヴィッツのアイディアであり、そこでは革命を目指すような政治的な狙いを「絶対戦争」、そして限定的な政治目標を「限定戦争」と捉えている。これは、一八二七年六月の友人への手紙や、第八篇の中でうかがい知ることができるものだ。エーベルハルト・ケッセル（Eberhard Kessel）は非常に洞察力に満ちた論文の中で、その後の歴史を踏まえてこの二つの関連性を分析し、クラウゼヴィッツのこの考えは未完成だと結論付けている。一例としては、クラウゼヴィッツの限定戦争の目標であり、これは敵の領土を占領することによって、その領土を自国に組み込んでしまうか、もしくは和平交渉においてそれを他の何かと交換することが狙われていた。ところがこれはクラウゼヴィッツが徹底的に研究した一八世紀の革命時代の戦争よりも前の時代のものであり、しかもこの時代には国家における「領土」という概念が存在しなかったのである。実際のところ、この頃の「領土」は、君主や王家の所有物であった。王家内の親族の誰かによって相続された領地は、結婚の祝い物として贈られたり、戦争（当時は武力による領土の占有は正統化されることが多かった）によって支配されたりして、中央の有力な王家の権限によって地理的に遠い場所に住む者にも簡単に渡されるようなものだったのだ。君主は絶対主義の時代において、自ら所有する領土に対して絶対的な権利を独占できたと同時に、自らに好ましい形で所有物を扱う一方、その中の住民は、領土の支配権や管轄権《かんかつけん》が他へと移ってもそれに抵抗できるような権利を持っていなかった。

クラウゼヴィッツ自身は、変化する時代の狭間《はざま》に生きていた。この時代は君主の臣民《しんみん》たちが一つの国家の市民、つまり確定した「国家の領土」の中に住む「国民の一人」へと次第に変化しつつあった（そしてそのように変化するよう促された）。よって普仏戦争が勃発する頃までには、ドイツ語圏の地域を統合した国家を作ろうとした汎ドイツ主義者たちの戦争の狙いは、ドイツ語が使われているアルザス地方をフランスから分離させることを目指すものとなっていたのである。一八世紀では単なる経済や軍事戦略的な争点でしかなかった問題（アルザス・ロレーヌ地方の割譲への見返りとしてのプロイセンによるドイツ領土割譲を提案したり、フランスによる南ベルギー支配についてのプロイセンの黙認などが考えられる）が、一八七〇年には**国家の威信**に関わる問題となっていたのである。フランスの国土の一地域の領土の正統性が疑われた場合、これは**フランス全体の主権**が攻撃されたのと同じこととなった。同様に、百年後のＮＡＴＯも、ワルシャワ条約機構がＮＡＴＯ加盟国の領土のごく小さな地域（例えば北海へのアクセスを得るためのハンブルグ）を占領しようと試みた場合には、原状回復のために全面戦争への突入も辞さない覚悟を持っていた。たとえ敵によるごく狭い地域の占領であっても、それを許すことはＮＡＴＯ全体にとって受け入れ難《がた》い損失であると見なされていたのであり、これは実質的な敗北ということだけでなく、同盟全体の信頼性《クレディビリティー》という観点からも、敗北を意味したのだ。ここで興味深いのは、ナショナリズムや国民国家という新しい世界像がクラウゼヴィッツやその同時代の仲間たちの頭の中に生まれつつあったにもかかわらず、彼自身はまだ自分の生まれた時代の世界観に大きく影響されていたという点だ。政治的に決定された国境線も、まだ一八世紀型の限定戦争の数々によって頻繁《ひんぱん》に変化していた。しかしケッセルが書いていた一九五七年までには、敵対国同士による国境線変更への試みは、それにともなう暴力と破壊の規模がエスカレートする可能性が非常に高まったため、すでにその価値を失っていた。ソ連解体によって冷戦後には多くの新たな国境線が誕生したが、これは必然的に冷戦以前の時代の状態に「回復」しただけであり、二一世紀初めになってもこの国境を変えようという試みはほぼ皆無であることは付け加えておくべきであろう。

　ケッセルが挙げた第二の点は、クラウゼヴィッツ以降の時代の欧州では限定的な戦争（ナポレオンが行ったような敵国の破壊や敵国民や領土を征服を狙っていないもの）でさえ「絶対戦争」として戦われる傾向が増したということだ。ドイツからの視点ではあるが、ロゲール・チッカリング（Roger Chickering）が挙げた絶対戦争へとエスカレートする「語り口《ナラティブ》」を無視することはできない*7。モルトケやビスマルクに率《ひき》いられていたプロイセンは、デンマークとフランスの限定的な領土の一部を占領するため、無制限な戦略を用いた。そして今日「ドイツ」と呼ばれるようになったこの領土全体を、プロイセン王が皇帝として治め、オーストリアとフランスに対してドイツ帝国の中央政府の下でそれらの土地を今後統治していくことを強制的に認めさせたのだ。もちろんドイツのこれらの狙いは、全て「限定的」なものでしかなかった。なぜならそれは他の欧州諸国の政治秩序を乱すことを目的としてはいなかったからだ。第一次世界大戦におけるドイツの狙いも、それが政治的にどのようなものであったかは明確ではなかった。ところがプロイセン・ドイツのこれらの戦争の戦い方は、クラウゼヴィッツの観念上の戦争、または「絶対戦争」にかなり近づいていた。なぜなら当時は軍事上の考慮の方が支配的であったことや、たとえ戦争の狙いが限定的なものであったとしても、敵から無制限な反応が返ってくるはずだと固く信じられていたからだ。クラウゼヴィッツは『戦争論』の第八篇で、将来の戦争は常に「絶対的」なものに近づいて「国民が参加」するものになるのか、それとも再び「内閣戦争」のようなものになるのかを自問自答している。そして少なくとも第二次世界大戦までの欧州における戦争は国民参加型のまま残っており、もしそれが国家の領土に対する攻撃であると認められれば、国民は自動的に動員されることになっていた。そうなると、国民国家間の戦争が限定的であり続けることを想像することさえ難しくなるのだ。

またケッセルは、戦争の狙いが両者の間でかなり非対称な場合に戦争はどのようなものになるのかという点について、クラウゼヴィッツは深く考えていなかったと指摘している。これはつまり、一方が無制限の戦争目的を持っているのに対して、もう一方が限定的な戦争の狙いしかないような場合である。このような場合、当然ながら後者は自らの持てる力を敵に見合う形で拡大しなければならなくなり、それができなければ、敗北に直面することになる。ケッセルは、『戦争論』の第八篇の中には「自衛的な戦争」についての章が欠けていると指摘している。この戦争における敵は、こちら側の戦力を完全に殲滅させたり政府を転覆させることを狙っているか、もしくはただ単に限定的な目的しか持っていない*8。そしてケッセルの至った結論は、戦争の遂行は、クラウゼヴィッツが想定した範囲をこえる「軍事手段」や、全面戦争の可能性によって決定される、というものだ。ケッセルは「絶対戦争」という概念の発見こそが人々の意識を変えたと考えた。

人類の意識の中に「絶対戦争」という概念が浸透するやいなや、目標の選択とあらゆる軍事活動の実行にエスカーレーションを考慮する必要性が感じられるようになった。また、クラウゼヴィッツが予期しなかった影響は他にもあった。それに付随《ふずい》する形で、外交的な手段によって戦争を終わらせることが段々と難しくなったということだ。これはつまり、今日におけるすべての戦争も段々と絶対戦争に近づいてきたということであり、そこへとエスカレートする危険性は、ついにすべての戦争に含まれることになったということだ＊9。

したがって「戦争の狙いが限定的なものであったとしても、最大限の戦力によってそれを（最短期間で終わらせるために）達成しようとすることは、むしろ望ましく、有益なこととなった」とケッセルは主張したのである＊10。一九九〇年から九一年にかけて行われた湾岸戦争を指揮した将軍たちは、この考えに同調していた。

マーチン・ファン・クレフェルト（本書の第三章では彼の「三位一体論」に対する批判を取上げた）のような一部学者は、クラウゼヴィッツの「国家中心的」なアプローチを非難している。西ドイツの国際関係論の専門家であるヨハン・ガルトゥング（Johan Galtung）は、クラウゼヴィッツの戦争についての考えを「極めてナイーブなもの」として批判しているが、その理由として「紛争を水平・対称的な構造のものとして見ており、そこでは参戦国同士が同じ程度自立したもの」という前提がある点を指摘している。ガルトゥング自身は戦争を「外的なもの」と「内的なもの」の二つに区別する必要があると考えており、「内的なもの」としては、内戦、帝国主義戦争（帝国内での戦争）、解放戦争や反政府戦争、そして国際的な階級闘争が挙げられるとしている（彼はこれら五つの分類をさらに細かく分類している。彼は国際関係論の専門家の典型的な分析方法を用いて知りうる全ての個別の事例を理論的な枠組みの中に当てはめようとしており、それが枠組みに当てはまるまで分類の仕方を細分化している）＊11。

他にもクラウゼヴィッツの限定戦争に関する批判として、戦略の専門家であるジャン・ウィレム・ホーニッヒ（Jan Willem Honig）によるものが挙げられる。ホーニッヒの見解では、「クラウゼヴィッツは限定戦争の理論を決して発展させることはなかった＊12」という。これを言い換えれば、クラウゼヴィッツは戦争における政治目的を限定することは可能だと認識していたということだ。またこれは実質的に、戦争における軍事力を限定することにつながるということを認識していた(例えば、戦争において軍事力の行使が少なくなればなるほど国民の支持を得るための努力も少なくて済むということだ)。ところがクラウゼヴィッツは、限定的な政治目的から生まれる限定的な作戦目標についてはあまり論じていない。例えばクラウゼヴィッツは、限定的な政治目的が戦闘の規模を決定づけるものであり、相手を殲滅する決戦ではなく、小規模な戦闘のみになるとは語っていない。ここでクラウゼヴィッツは、自身を論理的に追い詰めてしまった。なぜなら限定的な政治目的を達成するための手段というのは、片方だけが一方的に限定できるようなものではないからだ。もし一方の政府が大規模な軍隊を召集したとしても、他方の政治目的が限定的な場合もありえる。ところが政治目的の一部が「軍事的勝利」になってしまうと敵軍を倒すことが必要となり、そのためにはやはり大規模な軍隊が必要になってくるからだ。ホーニッヒはこれを説明するために、湾岸戦争をその事例として使っている。この時のアメリカ軍は明らかにイラク軍の完全な打倒を目指していたが、その政治目的は、イラクが占領したクウェートの地域を解放することを含む、いわゆる「秩序《ちつじょ》の回復」(戦争前の状態を回復)という限定的なものであった。したがってアメリカ軍にとっては、国連安保理による多国籍軍の軍事行動の停止によってイラク軍の完全な殲滅を果たせず、さらにはイラクの首都であるバグダッドを占領できなかったことは、非常に不満の残る結果となった。サダム・フセインはその後も権力を握ったままであったし、イラク軍の多くは多国籍軍による攻撃から生き延びていた。「現実主義者のクラウゼヴィッツ」による勝利の定義に当てはめて考えれば、国連はたしかに「敵に意志を強要した」という意味で、その政治目的を達成したと言える。なぜならイラクの「クウェート占領」という意志を挫《くじ》いたからだ。ところが「観念主義者のクラウゼヴィッツ」の勝利の定義は達成されなかった。イラクは「これ以上戦闘が継続できない状態」には追い込まれなかったからだ。

クラウゼヴィッツが「限定戦争」を真正面から取り上げなかったという批判があるが、彼の「小規模戦争」に関する講義や、本書の第六章で議論した「ゲリラ戦」に関する議論を踏まえれば、これはやや的外《まとはず》れであると言える。それでもクラウゼヴィッツが様々な自身の考えをまとめて体系化しなかったのはやはり事実として残る。

ホーニッヒはクレフェルトの考えを引き継ぐ形で、西洋における軍事戦略の理論とその現実にはギャップがあることを指摘している。ホーニッヒによれば、西洋の軍事戦略はエスカレーションや破壊能力に基づいている。これは西洋社会では政治目標があまりにも限定的なものであるため、大規模な戦力の投入を正当化することが難しくなってきたことを示す事例が増えてきたことによって、矛盾が大きくなったというのだ*13。ところが全般的に言えるのは、紛争においてどちらか一方の政治的利害の関わりが低く、一定レベル以上に紛争をエスカレートさせたくないと考えている側に対し、政治的利害の関わりが高い方は低烈度の紛争状態において、相手がギブアップするまで、事態を優位に進めることができる。そしてこれは、大戦争または核戦争へと戦闘規模を拡大できるような軍事手段を持つ大国に対しても可能だ。それを証明したのが、アメリカのベトナムでの経験や、ソ連のアフガニスタンでの経験である。クラウゼヴィッツが皇太子に行った講義の中で、戦争遂行における最も重要な「第三原則」、つまり「世論を味方につける」という原則についての議論を十分に行わなかったという指摘は、たしかに正しいと言えよう。クラウゼヴィッツは重大な難題を解決していない。それは、自国内の世論を味方につけるべきなのか、それとも敵国の世論を味方に付けなければいけないのか、あるいは「国際世論」を味方につけなければならないのかという問題だ。この問いに関しては、クラウゼヴィッツの同僚であるリュール・フォン・リリエンシュターン（Rühle von Lilienstern）の方が、より明確な考えを持っていた*14。

すでに見てきたように、クラウゼヴィッツに対して最も批判的な人物の一人であったリデルハートは、クラウゼヴィッツの戦略の定義（「戦争目的達成のための戦闘の使用」）が非常に狭量的《きょうりょうてき》であり、十分な議論を行っていないと批判している。ちなみにここでの「戦略《ストラテジー》」とは、英語圏では後に「大戦略」(グランド・ストラテジー)と呼ばれるようになったレベルのものを指している。またリデルハートは、クラウゼヴィッツが戦争が終わった後の「平和」についても考慮していなかったと批判している。

戦力は、大戦略の諸要具《しょようぐ》の中の一つにしか過ぎない。大戦略は、経済的圧迫の力や外交的圧力の力や貿易上の圧迫の力や敵の意志を弱化させることという相当大切な道徳上の力などを考慮にいれ、かつそれらを適用しなければならない……さらに、戦略が見通し得る地平線の限界は戦争に限られているが、他方、大戦略の視野は戦争の限界を超えて戦後の平和にまで延びている。大戦略は単に各種の要具を結合するのみでなく、また将来の平和状態に害を及ぼさないよう――すなわちその安全保障及び繁栄のため――それらの要具の使用法を規整《きせい》すべきである*15。

「絶対戦争」を徹底的に避けようとするリデルハートのことを「ナチスに対する宥和《ゆうわ》政策を提案した人物」として責めたてるのは、やや不公平であろう。アザー・ガット(Azar Gat)が分析したように、クラウゼヴィッツは一八二七年に限定戦争についての政治的根拠を見つけたが、

この種の戦争についての教訓や実践的な戦略の研究については、後の世代の「宿題」として残された。なぜなら限定戦争はこの世代にとって、単なる**理論上の**選択肢ではなくなったからである。彼らにとって軍事上の「勝利」というのは、たしかにそれほど断絶したわけではないが、それでも戦争の後の好ましい「平和」や、戦争から得られる「総合利益」(クラウゼヴィッツにとっては無縁の概念だった)との結びつきが段々と強くなってきた。したがって、戦略理論には大きな見直しが必要とされたので

あり、これはすでに第一次世界大戦よりも前から、エドワード朝時代の自由主義者であったジュリアン・コーベットによって初めて理論化が試みられた。そして第一次世界大戦と第二次世界大戦の間の戦間期に、これをリデルハートが受け継いで発展させたのである。

ガットによれば、コーベットとリデルハートは、戦争によってもたらされる損害を抑えるという観点から「現実主義のクラウゼヴィッツ」的な限定戦争の考えを促進《そくしん》させた人物であった＊16。同じく限定戦争の理論化を試みていたのが、アメリカの戦略家であり軍事史の専門家であるエドワード・ルトワック（Edward Luttwak）であり、冷戦後の世界ではナポレオン以前の戦争形式に戻ることが重要だと論じた。そして「観念主義者のクラウゼヴィッツ」が「時代遅れ」と見なしていた戦争に注目するよう訴え、西洋諸国は「ほぼ無血の軍事介入を行うような一八世紀に行われていた犠牲者を避ける方法を上手く真似することができるはずだ」と記している＊17。

オックスフォード大学（現在はセントアンドリューズ大学）の軍事史の教授であるヒュー・ストローン（Hew Strachan）は、このようなことはすでに実際に現実化していると論じている。彼は西洋の戦争方法が、極限状態、ましてや総力戦への拡大を避ける方向に発展していると指摘している。大国（そして後の核保有国）は第一次世界大戦後、とりわけ一九四五年以降は、その高い技術力のおかげで、自分たちよりも技術力に劣る敵に対して非対称的な戦争を戦うことによって大戦争を避けようとしてきたのであり、これによって犠牲者の数を抑えることにも成功したのだ。もちろんそれ以前の社会では、戦争の規模に応じて必要になる高い技術力を投入することは不可能であった。そしてそれを補うために、更に大規模な国民の戦争への参加を余儀なくされた。ところが二〇世紀の終わりに近づくと、米英仏の国民にとって、戦争はまるで遠く離れた場所で行われている観戦型スポーツ（もちろん彼らが敵に与える被害の規模は大きいままであったが）となった＊18。このような事態の移り変わりから、戦争における「非対称性」というものが鋭く注目されるに至って、クラウゼヴィッツの書いていたことと現実の間のギャップが目立ってきたと言えよう。

その他にも、技術の進歩が一九世紀初めのいくつかの基本的な要素を変えてしまったことを示す具体的な事例がいくつかある。クラウゼヴィッツは「戦術的奇襲」（tactical surprise）が敵の精神力を弱める上では優れた手段であり、また「戦略的奇襲」（strategic surprise）が「勝利を達成する上で最も効果的もの」と考えていたが、それを達成するには秘密裏に準備を進めなければならないという点から、その実行は極めて難しいものであると考えていた＊19。核時代における「青天《せいてん》の霹靂《へきれき》」、つまり戦略核兵器による奇襲攻撃は、ＮＡＴＯとワルシャワ条約機構の両者の軍事指導者たちにとっての、明らかな「最悪のシナリオ」であった。クラウゼヴィッツはインテリジェンス（諜報）についてはほとんど関心を示さなかったが、彼を擁護《ようご》するとすれば、その当時に使用可能であった手段には限界があったという点を指摘できるかもしれない＊20。二〇世紀では新たな技術の発展のおかげで、インテリジェンスが次第にその重要度を増してきた＊21。すでに見てきたように、クラウゼヴィッツは技術革新が戦争に与える影響を認めていたのだが、それを自分の理論の中にはほとんど反映しなかったのである＊22。

❇不変の戦争、あるいは永遠なる変化

おそらくクラウゼヴィッツにとって哲学的に最も重大な問題は、「全ての戦争は時代の状況に応じてそれぞれ異なる」と認めながらも、同時に「戦争の究極の本質は何か」を見極めることにあった。言い換えれば、ここにはクラウゼヴィッツの持つ「戦史のデータ」と、そこから引き出そうとした戦争の「一般法

則」の間に、研究方法の上で根本的な問題があったということだ。ただし当然ながら、この問題を抱えていたのはクラウゼヴィッツだけではない。

たとえばガットは、クラウゼヴィッツのアプローチにはシャルンホルストの影響が色濃く残っていると見ている＊23。実際のところ、当時のほとんどのプロイセン／ドイツの戦略家たちは、「戦争の形（**Formen**）は時代によって変わるかもしれないが、戦争の精神（**Geist**）と本質（**Wesen**）は不変である」という意見に同意していたはずだ＊24。われわれはフランスの戦略系の文献においても同じことを確認できる。たとえばアントワーヌ・ジョミニ（**Antoine de Jomin**）は、一八三七年に出版した『戦争概論』の中で、以下のような有名な主張を行っている。

> 戦争には少数ながら法則《ロー》というものが存在する。これらの法則《ロー》は状況に照らし合わせながら修正されることもあるだろうが、基本的にはそれらが軍の司令官たちにとっての一つの羅針盤《らしんばん》としての役割を果たすと言える……生まれながらの天才は、このような法則《ロー》や、それまで研究されてきた最高の原則をどのように使えばいいのかを直感的によく知っているものだ……＊25。
>
> これらの基本法則は常に存在していたものであり、あらゆる戦争はこの法則《ロー》によって構成されている……これらの法則《ロー》は不変であり、使用される兵器の質や時間や場所から独立して存在している。このような法則《ロー》は、程度の差こそあれ、将軍たちによって実に三千年にわたって使われてきたのだ＊26。
>
> 戦略は、実証科学に似た不変の法則《ロー》によって律せられているように見える＊27。

クラウゼヴィッツ自身も、過去の多くの優れた将軍たちの指揮能力について研究している。たとえば軍人としてまだ駆け出しの頃に、クラウゼヴィッツはスウェーデン王グスタフ二世アドルフ（**Gustavus**

Adoiphus）が一六三〇年から三二年にかけて行った軍事作戦を詳しく研究していた。ハンス・ロートフェルス（Hans Rothfels）は、クラウゼヴィッツが意図的にこのような古い時代の作戦を選んで研究したと考えている。なぜならクラウゼヴィッツは「戦争術は最新のものが一番優れており、さらにはそれが唯一の真実の姿を表していて、すべてがそこから派生したものだ」という単純な解釈に反対していたからだ。そしてこのグスタフ二世アドルフについての考察として「過去の数々の大戦争も、（戦争）術《アート》を作り上げてきた長い歴史のプロセスを構成しているものであり」、決して無視できるわけではないと主張している＊28。

　すでに第二章でも見てきたように、当初のクラウゼヴィッツが戦史に関する情報の選択において非常に限定的であったという点は批判されるべきであろう。『戦争論』の初期の原稿を書いた「観念主義者のクラウゼヴィッツ」は、フランス革命とナポレオン戦争のみに注目しており、それ以外の事例を排除《はいじょ》して、これを全ての戦争の「普遍的な基準」にしようとしていた＊29。この普遍的理論の追究は、第八篇の以下のような箇所でも明確にうかがい知ることができる。

> しかし、国家や戦闘力の独自の諸関係に制約された用兵法のうちにも、いくらか一般的なもの、あるいはむしろ徹頭徹尾《てっとうてつび》一般的なものがあるはずであり、理論はとりわけそれをこそ研究の対象とすべきである。
>
> 　戦争がその絶対権を獲得するに至った最近においては、普遍妥当的かつ必然的なものが数多く存在している。しかし、将来の戦争がすべてこうした大規模な性格を有するかどうかは、かつての狭隘《きょうあい》な限界内に再びそれが完全に閉じ込められるかどうかと同様、必然性に乏しいことである＊30。

これについては『戦争論』第八篇第三章Bにおける長い歴史の考察の説明部分も参考になる。たとえばクラウゼヴィッツは以下のような説明を行っている。

これは各時代における用兵上の二、三の原則を簡単に指示するために述べてきたのではなく、各時代独特の戦争、独特の制約条件、独特の偏見《へんけん》を示すために述べてきたものである。したがって、遅かれ早かれ哲学的原則に従ってそれを加工する気になったとしても、各時代にはそれぞれ独自の戦争理論があって一般的哲学的原理などは受けつけはしないだろう＊31。

ところが考えを広げて、一八二七年以降の原稿修正の際にフランス革命とナポレオン戦争以外の戦争を考慮しようした時も、彼が使った戦史は同時代のものばかりであった。これについてクラウゼヴィッツは以下のように論じている。

実例の選択にあたって当然近世の戦史が選ばれなければならないことも明らかであろう。ただし、その戦史も十分に知られ、論じられているものに限る。往時の事情は今日と異なり、その用兵術も今日と異なることから、往時の事件はわれわれにとって教訓をあまり含まず、実用的ではない。

クラウゼヴィッツ自身は、作戦や戦争についての詳しい情報は時の経過とともに失われ、これらを再検討することは難しくなると考えていた。そのため、彼の戦史の「データベース」は三〇年戦争よりも以前のものまで遡《さかのぼ》ることはなかったのである。これはクラウゼヴィッツが「時代を遡れば遡るほど戦史はいよいよ応用不可能となり、同時にいよいよ貧弱になる。古代民族の歴史は最も応用不可能で最も貧弱であることは以上の理由から当然である」と考えたからだ＊32。

ここでわれわれはクラウゼヴィッツの記述の中に、あらゆる戦争の中の特異性を見ようとするモンテスキュー型（後にランケ型）の思想と、戦争におけるいくつかの普遍的真理の追究の間に大きな葛藤《かっとう》があることを、再び見てとることになる。ガットは、クラウゼヴィッツが目指していたことを「単なる歴史研究や荒削《あらけず》りな原則の追究以上に、多様性や時代の変化を越えて戦争の永続的な本質を反映した普遍的な理論を発見しようとすることは、基本的には妥当で有益なことだ」と適切にまとめている＊33。断片的ではあるが、一八〇八年にはクラウゼヴィッツ自身も以下のように記している。

唯一の例が「実例」、「公式（抽象概念）」である。ものごとが抽象化されれば、数学と同じように、その（抽象的な）概念が、本来の目的を完全に達成することになる。ところが古い「公式」に固執するがゆえに「実例」を絶えず無視するようなことになると……結局のところは学校の教科書のような、無味乾燥な真実やありふれたことにしかならない。戦争と戦略において最も重要である特殊性と地域の状況を念頭に置くが、「抽象概念」や科学的な手法を最も避けているという事実を想い浮かべてみると、そのように時間を無為に過ごしている者がいるという事実にまず驚かされる＊34。

「フランス革命とナポレオン戦争を使って戦争の本質を説明できる！」と主張する「観念主義者」から、極めて限定的なものから絶対的なものまで、あらゆる形の戦争を考慮にいれることができる「現実主義者」に変化する中で、クラウゼヴィッツは過去に発見した問題にさらに直面することとなった。一八二七年以降のクラウゼヴィッツは、歴史上の**あらゆる時代**の**あらゆる戦争**に応用できる「戦争の真髄《しんずい》」を解明しようと試みたわけだが、このおかげで自分の理論を平凡でありふれたものにしてしまう危険に直面したからだ。たとえば彼は一八〇八年に以下のように記している。

戦争術のこの理論的な部分について考えれば考えるほど、私は一般定理のようなものをほとんど、もしくは全く導き出すことができないのではと確信せざるを得ない。ところがこの理由は、一般的に考えられているように極めて難しいからではなく、むしろ平凡でつまらないものしか導き出せないという点にある。戦争における行動を決定する要素の中には、抽象的な原理の中に含めようとしても、あまりにも細かく、極めて平凡なものが無数にあるのだ。近年においてこの理論を抽象化したり哲学的に扱おうとしたすべての研究者たちの結果が、この事実を証明している。というのも、それらの研究結果は本当に平凡でつまらないものになったか、その平凡性を一方的な形で語ることによって回避したかのどちらかであるからだ……戦争術の観点が志向できる唯一のことは、戦争の真髄を論理的に考えることくらいである＊35。

そして一八一六年から一八年にかけての記述において、クラウゼヴィッツは「自明のことであり、幾度《いくど》となく言い古され、一般に仮定されているようなありきたりなことを飽くまでも避けようとした。なぜなら私の功名心は二、三年後に忘れ去られてしまうことなく、この問題に関心を寄せる人なら何ぴとも、とにかく一度以上は手にとってみるであろうような書物を書くことにあったからである」と述べている＊36。ところがクラウゼヴィッツも、ありきたりなことを述べてしまう危険を完全に回避することはできなかった。たとえば彼は「第一の規則は、できるだけ多くの軍隊を率いて戦場に向かうこと、であろう。これは極めて陳腐《ちんぷ》なことと思われようが、事実は決してそうではない」と述べているが、これはまさにありふれたものでしかない＊37。

ではクラウゼヴィッツは有益な普遍的な理論を、一体どの程度まで作り出すことができたのであろうか？　実際のところ、彼は時には希望を捨てていたようにも見える。たとえば『戦争論』の第二篇第二章では「積極的理論は不可能である*38」という小見出しを立てているし、第二篇第五章の中では「理論的探求の一切の成果、一切の原則、規則、方法は、それらが積極的な教説になればなるほど普遍性を欠き、絶対的真理たり得なくなるものである*39」と記している。さらに他の箇所でも「戦争の諸現象は多種多様に変化するものであって、一般に法則の名に値《あたい》するような規定など求め得ない」と述べているほどだ*40。

ここでわれわれは再び、クラウゼヴィッツがそもそも『戦争論』を書いた目的がどこにあったのかを思い出すことになる。それは、あらゆる戦争に応用できるようなドクトリンを作り上げることではなく、むしろ戦争をさらに批判的に考察したり「研究」（Kritik）するところにあった*41。たとえばクラウゼヴィッツは第二篇第二章の節の見出しに「理論は観察にとどまるべきであって、指針となるべきではない」と書いている*42。つまりクラウゼヴィッツは、戦争についての処方箋《しょほうせん》的なもの（主に戦争術が中心）と理論的な考察（平凡でありきたりな原則か、例外だらけの不十分な一般原則）の両方をこえようとしていた。クラウゼヴィッツは戦争のエッセンスや、精神、真の本質、そして「戦争という概念（Begriff）」自体を見極めようとしたのである*43。

今日から振り返ってみると、クラウゼヴィッツは戦争を構成する全ての要素を含んだ理論を作り上げようとしたと言えるのかもしれない。そして彼は一八二七年の時点で、暴力、軍事的天才、軍隊の士気・精神力、重心への戦力の集中、そして敵の打倒を狙うことなどが含まれた初期の理論は、「政治的な狙い」という最も決定的な要素が欠けているために不完全であることを悟《さと》ったのだ。そして一八二七年から三〇年にかけて『戦争論』を書き直した際に導入した要素が、まさにこの「政治的な狙い」であった。

「戦争の真の本質は不変であるが、現実の戦争はすべて異なるものであり、戦争はまさにカメレオンである」という分析に垣間《かいま》見えるクラウゼヴィッツの逡巡《しゅんじゅん》は、「戦略と国際関係の基本構造は決して変化しない」と考える国際関係論の「現実主義者」（リアリスト）たちや＊44、「流動的である戦争と戦略は政治的な狙いの作用である」と考え、それは異なる文化や価値、脅威認識、状況の独自性を反映するものだと強調する者たちの、両方を惹《ひ》き付けることになった。たとえば自身を「リアリスト」として公言するコリン・グレイは「政治的な狙いのために軍事力を行使することや、その行使の脅しの必要性は、永続的かつ普遍的なものだ」と主張している（ただし彼を始めとする人々は、ＥＵ諸国が加盟国同士に対して互いにこの原則に従わない理由を説明できないだろう）。その一方で、『戦争論』の第八篇に触発されたバーナード・ブローディは、自身の『戦争と政治』（*War and Politics*）の中の一章を使って、戦争に対する捉え方の変化について書いている。ブローディは古代からのフランス革命に至るまでの価値や信念の継続性を過大評価したが、それ以降に生じた変化については正確に指摘している。例えば二〇世紀初頭まで続いた「名誉」のような概念の重要性とその価値が、二〇世紀中頃までには下がったことなどだ。そして彼はそれと同時に、利益・価値・信念などを不変だと仮定するあらゆる国際関係理論を、不適切なものであると論証したのである＊45。

❇永遠なるクラウゼヴィッツ

冷戦中期において、ソ連がクラウゼヴィッツについて「政治について誤った観念的な考えを持っていた。なぜならクラウゼヴィッツは政治を国家の合理性の表れとして見ていたからだ。また、彼はすべての政治活動を対外政策として捉えていた＊46」と批判している。この批判は的《まと》を射《い》たものであったと言えよう。もちろんクラウゼヴィッツは国家を「ブラックボックス」として考えるような視点を越えて、当時の国家の構成要素（政府、国民、軍隊）を指摘しているのにもかかわらず、『戦争論』の大部分では、政策決定はたった一箇所でしか起こらないというような、単純な仮定をしているのだ。

クラウゼヴィッツに対する強い批判は、リベラル主義者の立場からも寄せられている。たとえばマーチン・ファン・クレフェルトは、一九八〇年代半ばに「西洋の著名な軍事理論家の中で、著書が出版されて以降の全ての種類の政治、社会、経済、技術の変化とは無関係に重要性を保つことができるのは『戦争論』を著したクラウゼヴィッツただ一人だけだ。単なる歴史的な興味を越えてこの作品が永遠に生き残る可能性は高い*47」と記している。ところが一九九一年には「戦争というものがわれわれにつきつけている基本的な問題に焦点を当てることだ。その問題とは、戦争を行っているのは誰なのか、そもそも戦争とはどういうものなのか、なぜ戦うのか、といった事柄である……これらの問題に関する現代の〝戦略〟思想は根本的な欠陥をもっている……さらに加えて言うならば、そのような思考はいわゆる〝クラウゼヴィッツ的〟世界観に根差している。しかし、この世界観そのものが時代遅れであり、現代に不適切なものだ」と記している。その理由として、クラウゼヴィッツが戦争当事者として、伝統的な国家の存在に注目しすぎであったと指摘している*48。

さらにクレフェルトは、クラウゼヴィッツが「戦争は目的達成のための手段でしかなく、戦争自体が目的とはならない」と想定していたことを指摘しているが、実際のところは「人々はしばしば戦うために目標をつくりだす」として批判している*49。たしかにその理由として、軍事指導者に与えられる名声や権力、軍需産業や武器輸出への経済面での利益など、様々な要因を挙げることも可能かもしれない。その一例が、一九九〇年代半ばから後半にかけてのボスニア・ヘルツェゴビナやコソボに派遣された、国連の平和維持軍である。彼らはこの二つの狭い地域を平定するのに非常に苦労したのだが、それは無政府状態が続いたことで、現地の住民間の利害対立がマフィアの抗争さながらに展開されるようになったからだ。

似たような批判として、イギリスの政治学者であるクリス・ブラウン（Chris Brown）のものが挙げられる。ブラウンは「クラウゼヴィッツの戦争に関する説明には、根本的な問題がある。なぜならそれは、特定の文化的価値観が反映されたものである可能性があるからだ」と指摘している。

一九世紀のヨーロッパでの戦争はとても形式ばったものだった。制服を着た軍隊が、明確に境界化された領土を占領し、交戦規定は大抵の場合は（もちろん必ずではないが）遵守され、公式な宣戦布告と公式な講和条約の締結《ていけつ》が行われていたからだ。「主戦」はナポレオン時代やクラウゼヴィッツ、そしてビクトリア朝時代の戦争の、明確な特徴の一つであった……国家は形式的な方法で戦い、形式に則る形での和平を結んだ。デイヴィス＝ハンソンは、これを「西洋流の戦争」（The Western Way of War）と呼び、この起源は古代ギリシャの都市国家の戦争にあると主張している＊50。そこでは市民によって構成された重歩兵が、戦争を行う季節にたった一度だけ行われる決戦を戦っており、「勝者が領土を占領する」という明確な勝敗基準が存在したというのだ。ハンソンが示唆するように、これは現代のヨーロッパにおける戦争とは一体どのようなものかを考える上で、非常に重要である。しかしながら……ほとんどの文明では戦争は型にはまったものではなく、いくつかの戦闘によって決定的になるわけでもなければ、戦闘の終結に決定的に結びつくこともほとんどなく、ましてや講和条約締結の可能性も極めて低かった＊51。

そうなると、クラウゼヴィッツの「主戦」を理想とする考えは、本当に文化的に特異なものだったのだろうか？　たとえば一九九〇年から九一年にかけての湾岸戦争と、一九九〇年代後半のエチオピア・エリトリアとの間において行われた戦車同士の戦いでは、「ヨーロッパ式」の大規模な機甲戦がヨーロッパ以外の地域においても行われる可能性があることを見せている。クラウゼヴィッツは、戦争を行う主体が常に「国家」（分権が確立した「政府」、「軍隊」、戦争に参加する「国民」によって構成される）であると本気で考えていたのであろうか？　おそらくそう考えてはいなかったのかもしれない。なぜならクラウゼヴィッツは、ゲリラ戦や人民蜂起《ほうき》について認識した最初の人物であった可能性があるからだ。

また、クラウゼヴィッツの「摩擦」のような概念は、あらゆる国や地域の思考様式や文化というものを超越して存在するものだ＊52。「戦力の経済性」（economy of forces）というクラウゼヴィッツの考えも、常に再解釈され、応用されるだけの価値がある概念だ。ところがこれは人口の多いアメリカやインド、中国のような国には応用可能だが、慢性的に戦力を拡大しすぎるイギリスにとっては難しいものだ。「軍事的天才」たちはさらに大量の情報処理を要求されるようになったが、やっかいなのは技術革新の時代に行われる戦争では、政治からのマイクロ・マネージメント的な介入が可能になってきたことだ。「重心」の見極めは、クラウゼヴィッツの生きた時代と同様に、現代でも相変わらず難しいままだ。ところが究極的にいえば、クラウゼヴィッツは、いかなる意志の衝突も敵の「精神を打倒するための戦い」であると同時に、とくに毛沢東が強調した「世論を味方につけるための戦い」であるということを、われわれに気づかせたのである。

クラウゼヴィッツの世界観の一部、特に「観念主義者」としての視点や「絶対戦争」のイメージは、二〇世紀が目撃した産業化による大量虐殺と、核兵器という究極の火力の完成によって、彼が予想した以上の形となった。いまだに最大の疑問として残っているのは、戦争が絶対的な暴力に進むのはどのような状況であり、限定戦争は「絶対兵器」を最後の手段として用いることへの互いの躊躇《ちゅうちょ》によって必然的に発生するものなのかどうか、という点である。英国政府の科学アドバイザーの一人であり、ロンドン大学キングス・カレッジの教授であった数学者のヘルマン・ボンディ卿（Sir Herman Bondi）は、「核保有国とは決してやけくそにさせてはならない国家のことである」だと指摘している＊53。もちろんこれはごく当然の意見のように思えるのだが、この意見が世界のすべての意思決定者に共有されているかどうかは怪しいところだ。

一八世紀に行われていたような限定戦争は、一九世紀末のヨーロッパではすでに「ありえないこと」になっていた。ところがコーベットも強調しているように、海外での広範囲に及ぶ植民獲得競争においてはまだこれが頻繁《ひんぱん》に発生していた。二〇世紀の限定戦争は、核保有国間において暴力が核戦争に拡大しないよう制限された、いわば「代理戦争」として行われていた。ところが二一世紀初めのミサイル技術と核技術の拡散のおかげで、「あらゆる大量破壊兵器はその保有者を慎重にさせる」という言葉は、確信から発せられたものというよりも、むしろ信仰的なものとなってしまった。たとえば中東の一部の国々には独自の核開発計画があったり、またはその計画を目指しているものもあるが、それらの国々は、軍事力使用に対して非常に慎重だとは言えない。ギベール、クラウゼヴィッツ、さらにはコーベットが生きていた時代でも、国家は離れた地で限定戦争を行う際に、職業軍人による比較的迅速な戦闘準備態勢を整えることができていた。ところが国民の政治への参加が拡大した現代では、国家はそのような作戦を実行するに際して、国民からの支持を積極的に獲得する必要性に駆《か》られるようになったのである。

すでに本書でも説明してきたように、クラウゼヴィッツの原則というのは、対外政策や戦争における意思決定に関して限定的な応用しかできない。ただしそれでも「軍事手段とは、あくまでより次元の高い政治目的達成のための手段でしかない」ということや、「軍事行動を始めるにあたって暴力がエスカレートする危険性を自覚しておくこと」などを集団の意志決定者たちに教えているという点では、いまだに有用なものだ。もちろんこれが敵を理解する際に幅広く応用できるような分析手段ではなかったとしても、それはそれで素晴らしい実践的なアドバイスであると言える。クラウゼヴィッツ自身は「すべての戦争が固有の文化や時代、そして精神的な作用が反映されたものである」と気づいていたわけだが、これは「相手の文化がただ単純に暴力的かつ好戦的な場合は、その相手の想定される政治の基本計画ばかりを過剰に注視すべきではない」という警告にもなっている。『戦争論』の第八篇にあるこのような見識は、われわれ、もしくは敵のもつ「独自の文化や精神構造」を研究するよう促しており、二一世紀における戦争と社会に関する文化人類学的な研究の指針とすべきほど重要なものだ。フランスのガストン・ボーフル（Gaston Bouthoul：一八九六～一九八〇年）は、ギリシャ語に起源を持つ「戦争学」（Polemology）を創設した人物であるが、彼は「平和を欲すれば戦争を知れ」と言っている。もしクラウゼヴィッツがこの言葉を聞いたら、「自分の安全を守りたければ、相手が戦争に突入する目的と、どのような方法で戦争を始めるのかを知れ」と言い換えたはずだ。「どのように戦争を遂行すべきか」という提言的なこと以上に、クラウゼヴィッツの『戦争論』の究極の目的は「戦争の研究」にあった。彼は理論を形成するにあたって、規範的《きはんてき》な行動を教えるのではなく、研究の基礎となる「判断の手助け」を発展させることを目標としていたのである*54。

ヘンリー・ロイド（Henry Lloyd）、ベレンホルスト、さらにはジョミニのような戦略家たちと異なり、クラウゼヴィッツの狙いは「戦闘の勝利ための法則を作り出すこと」ではなかった。クラウゼヴィッツの主目的は「戦争の本質を理解すること」にあったからだ。これはニュートンが列車の作り方を教えておらず、むしろ物理学の本質の理解を試みていたということと同じだ。ところが後者は、前者を理解することによって劇的な発展を遂げるというのもまた事実なのだ。これは（このたとえをそのまま使えば）われわれが曲がり角に来た時にクラウゼヴィッツは左右どちらに曲がれと教えているわけではないが、それでも彼が進むべき方角を示してくれる輝く星を発見したことによって、軍人または文民の意思決定者が自らの進路を見つけられるようになるのと一緒だ。

本書の第1章では、戦争についての数々の基本原則を紹介したが、それでもクラウゼヴィッツはニュートンとは違って「普遍的に応用できる単純な原則」というものを生み出すことができなかった。したがって戦争の本質を示す原則のリストは未完成のままだが、それでもクラウゼヴィッツはその原則の一部となるような、変数に依るところもあるが、数多くの「作用」を正確に特定している。それらをまとめると、以下のようなものになる。まず第一に、暴力がその中心にあり、そのエスカレーションを抑えることに難しさがあるという点だ。第二が、軍事的な狙いを形成する上での政治目的の重要性である（第一次世界大戦の例でもわかるように、それを無視してしまえば破滅的な結果につながる）。第三が、良好な政軍関係の必要性や、いかなる目的においても国民からの支持が必要であるという点だ。第四が、非常に複雑な状況を直感的に理解できる意思決定者（特に軍の最高司令官）の才能であり、第五は、軍隊と国民の士気や、両者が関係、そして戦争目的に対する国民の支持という相関関係によって決まるということだ。戦争ではこれらである。よって数学的な言葉を使えば、個々の戦争の本質は、エスカレーションへの傾向、政軍間の信頼全ての要因が両者に対して個別に影響し、戦争の性質や制限、そして暴力の度合いを決定するのである。障害に打ち勝つ決意（意志）。第六は、重心への戦力集中の必要性である。そして最後に、摩擦の偏在性《へんざいせい》

クラウゼヴィッツの没後にも数多くの「変数」が発見された。これらのいくつかを挙げると、国家が戦争を行うにあたっての軍需産業の潜在力、国家にとって使用可能となる手段（兵器、天然資源、人材、プロパガンダ組織など）、兵器システムの威力と、この兵器の使用に関する確立化された慣習などがある。したがって、クラウゼヴィッツはそのシステムの中のすべての「変数」を発見したわけではないし、それらを探求しようとしたわけでもない。しかしわれわれにあらゆる戦いの本質や、個別の戦争の特異性を決定づける「作用」と「変数」を見つけるように教えることによって、「クラウゼヴィッツはわれわれが戦争をどのように考えるべきかを示した」のであり、こうすることによって実質的に他の変数を見つけやすくしてくれたのだ。そしてこれこそが、彼の最も偉大な功績であり、自身でもそのように主張している。この

「戦争を**どのように**考えるべきか」を説くという目的に関していえば、クラウゼヴィッツはそれ以前やそれ以降の、どの戦略家よりも優れているのである。

つまり、コーベットから毛沢東、レーニンからブローディ、モルトケからサマーズに至るまでの後世の戦略家たちは、クラウゼヴィッツが考案したアプローチをさらに発展させ、これを元に自らの議論を構成したり、明確にしたりすることができたのである。クラウゼヴィッツの時代以降の社会、技術、政治制度、そして戦争自体の変化にもかかわらず、際立《きわだ》って応用が効くことが証明されたのは、彼が発見した個別の要素ではなく、むしろこのアプローチの方であった。現実の戦争の本質を決定づける個々の変数と、それらの要素の重要性に関するクラウゼヴィッツの考察のいくつかは、極めて貴重なものだ。もちろんその一部は時代遅れとなっているし、個別に詳しく見ていくと、それらは完全に「クラウゼヴィッツが発明したオリジナルなもの」ではないことがわかる。それでも「戦争はこのような変数によって形成される」とする知的面の貢献を踏まえれば、クラウゼヴィッツがわれわれの戦争についての理解に対して与えた功績は無視できないほど大きなものであり、彼以降の戦略家たちが当然のように模倣《もほう》し続けているモデルとなっているのである。

【原書注】

■まえがき

1 Beatrice Heuser: *The Evolution of Strategy: Thinking War from Antiquity to the Present* (Cambridge University Press, 2010).

2 Mary Maxwell: "Fact and Value in International Relations", *International Political Science Review* Vol. 15 No. 4 (1994), pp. 379-387.

3 Gray, Colin S.: "Nuclear Strategy: The Case for a Theory of Victory", *International Security* Vol. 4 No. 1 (Summer 1979), pp. 54-87.

4 以下の報告書を参照のこと。The UN High Level Panel on Threats, Challenges and Change (2004): 'A More Secure World: our shared responsiblity', p.85 as found in http://www.un.org/secureworld/report.pdf. (accessed on 9 VI 2011). 日本人のメンバーは緒方貞子であった。

5 {August} R{ühle} v{on} L{ilienstern}: *Handbuch für den Offizier zur Belehrung im Frieden und zum Gebrauch im Felde* vol. 2, (Berlin: G. Reimer, 1818) p. 12, translation in Beatrice Heuser (ed.): *The Strategy Makers: Thoughts on War and Society from Machiavelli to Clausewitz* (Santa Barbara, CA: Praeger, 2010), p. 180f.

■第1章

1 彼の最も熱心なファンであるコリン・グレイが信じているのとは違って彼はカール・マリア（Carl Maria）とは呼ばれていない。もしそう呼ばれていたならば、彼はババリア人かオーストリアのカソリックであったはずであり、プロイセンのプロテスタントではなかったはずだ。これについては以下を参照のこと。Colin Gray: *Modern Strategy* (Oxford: Oxford University Press, 1999), p. 26. ［コリン・グレイ著、奥山真司訳『現代の戦略』中央公論新社、二〇一五年、五六頁］ グレイが戦略における文化の重要性を指摘している点で、この間違いはきわめて皮肉だ。以下を参照のこと。pp. 129-151. ［同書、二〇七～二三八頁］

2 ‘News about Prussia in its great catastrophe’ (1823/24), 以下からの引用。 Eberhard Kessel (ed.): *Carl von Clausewitz - Strategie aus dem Jahr 1804 mit Zusätzen von 1808 und 1809* (2nd edn., Hamburg: Hanseatische Verlagsanstalt, 1943), p. 9.

3 Clausewitz: ‘Historisch-politische Auszüge und Betrachtungen’ (1803), in Hans Rothfels (ed.): *Carl von Clausewitz: Politik und Krieg. Eine Ideengeschichtliche Studie* (Berlin: Dümmler, 1920), p. 197. ［ハンス・ロートフェルス著、新庄宗雄訳『クラウゼヴィッツ論：政治と戦争―思想史的研究』鹿島出版会、一九八二年］

4 Clausewitz in 1808, in *ibid*, p. 211.

5 Hans Rothfels (ed.): *Carl von Clausewitz: Politische Schriften und Briefe* (Munich: Drei Masken Verlag, 1922), pp.49-51.

6 Carl von Clausewitz: ‘Über einen Krieg mit Frankreich’, in Karl Schwartz: *Leben des Generals Carl von Clausewitz und der Frau Marie von Clausewitz geborene Gräfin von Brühl mit Briefen, Aufsätzen, Tagebüchern und anderen Schriftstücken* (Berlin: Dümmler, 1878), Vol. 2 pp. 418-439.

7 Clausewitz to Gneisenau, 21 Oct. 1830, 以下からの引用。 G.H. Pertz and Hans Delbrück: *Das Leben des Feldmarschalls Grafen Neithardt von Gneisenau* (Berlin: 1864ff.), vol. V, p.609, transl. in Paret: *Clausewitz and the State*, p. 399. ［ピーター・パレット著、白須英子訳『クラウゼヴィッツ：戦争論の誕生』中公文庫、一九九一年、四四九頁］

8 Caroline von Rochow, an acquaintance of the Brühls, quoted and transl. in Peter Paret: *Clausewitz and the State* (Oxford: Clarendon Press, 1976), p. 104. ［パレット著『クラウゼヴィッツ』一六〇頁］

9 Karl Linnebach (ed.): *Karl und Marie von Clausewitz: Ein Lebensbild in Briefen und Tagebuchblättern* (Berlin: Martin Warneck, 1917), pp. 76-149.

10 ‘Bekenntnisdenkschrift’ (1812), in Hans Rothfels (ed.): *Politische Schriften und Briefe*, p. 85

11 Eugène Carrias: *La pensée militaire allemande* (Paris: Presses universitaires de France, 1948), p. 186.

12 Carl von Clausewitz: *Hinterlassene Werke über Krieg und Kriegführung* Parts I-III (Berlin: Ferdinand Dümmler Verlag, 1832-34).

13 'Nachricht vom 10. Juli 1827', *Vom Kriege*, p. 180f. 〔カール・フォン・クラウゼヴィッツ著、清水多吉訳『戦争論』上巻、二〇〇一年、二六頁〕

14 すべて以下からの引用。 Werner Hahlweg: *Carl von Clausewitz: Soldat, Politiker, Denker* (Göttingen: Musterschmidt Verlag, 1957), p. 29f.

15 すべて以下からの引用。 Friedrich Doepner: 'Clausewitz als Soldat', *Europäische Wehrkunde* Vol. 29 No. 7 (July 1980), pp. 351, 354.

16 *Ibid., passim.*

17 Peter Paret: *Clausewitz and the State* (Oxford: Clarendon Press, 1976), p.151. 〔パレット著『クラウゼヴィッツ』一二三頁〕

18 Rothfels (ed.): *Politik und Krieg*, p. 29f. 〔ロートフェルス著『クラウゼヴィッツ論』〕

19 *Vom Kriege*, Preface, p. 175. 〔クラウゼヴィッツ著『戦争論』上巻、一九頁〕

20 Hermann Cohen: *Von Kants Einfluss auf die deutsche Kultur, Marburger Universitätsrede* (Berlin: 1883), p. 31f. 以下からの引用。 Rothfels (ed.): *Politik und Krieg*, pp. 23-25.

21 Walther Malmsten Schering: *Wehrphilosophie* (Leipzig: Johann Ambrosius Barth, 1939), pp. 89-93 (CvC and Kant) and 93-101 (CvC and Hegel)

22 Lenin in *The Collapse of the 2nd Internationale*, 以下からの引用。 Major General Professor Rasin: 'Die Bedeutung von Clausewitz für die Entwicklung der Militärwissenschaft', *Militärwesen* 2nd year No. 3 (May 1958), p. 379.

23 Letter to Fichte (1809), in Werner Hahlweg (ed.): *Carl von Clausewitz: Verstreute kleine Schriften* (Osnabrück: Biblio Verlag, 1979), pp. 159-166.

24 Rothfels (ed.): *Politische Schriften und Briefe*, p. 64.

25 Niccolò Machiavelli: *The Prince* (transl. George Bull, Harmondsworth: Penguin, 1961), pp. 119-124. 〔ニッコロ・マキアヴェリ著、池田廉訳『新訳：君主論』、中央公論新社、二〇〇二年、一二九〜一三三頁〕

26 'Bekenntnisdenkschrift' (1812), in Rothfels (ed.): *Politische Schriften und Briefe*, p. 85.

27 以下からの引用。 K. Schwartz: *Leben des Generals Carl von Clausewitz und der Frau Marie von Clausewitz geb. Gräfin von Brühl* (Berlin: 1878), vol. 2 pp. 290-291 transl. in Peter Paret: *Clausewitz and the State* (Oxford: Clarendon Press, 1976), p. 294. ［パレット著『クラウゼヴィッツ』四一二～四一三頁］

28 Hermann Stodte: *Die Wegbegleiter des National-Sozialismus* (Lübeck: H.G. Rahtgens, 1936), p. 52.

29 Paret: *Clausewitz and the State*, p. 439. ［パレット著『クラウゼヴィッツ』該当頁なし］

30 Carl von Clausewitz: 'Umtriebe' (dated between 1819 and 1823), in Rothfels (ed.): *Politische Schriften und Briefe*, p. 171.

31 Bülow: *Geist des neuern Kriegssystems* transl. as *The Spirit of the Modern System of War* (London: 1806), p. 184, 以下からの引用。 Azar Gat: *The Origins of Military Thought* (Oxford: Clarendon Press, 1989), p. 85.

32 Clausewitz: 'Bemerkungen über die reine und angewandte Strategie des Herrn von Bülow…', in Hahlweg (ed.): *Verstreute Kleinere Schriften*, pp. 65-88.

33 Gat: *The Origins*, pp. 95-105.

34 Scharnhorst: 'Entwicklung der allgemeinen Ursachen des Glücks der Franzosen in dem Revolutionskriege', *Neues Militärisches Journal* Vol. VIII (1797); reprinted in Colmar von der Goltz (ed.): *Militärische Schriften von Scharnhorst* (Berlin: F. Schneider & Co. 1881), pp. 199-203.

35 Scharnhorst: 'Nutzen der militärischen Geschichte, Ursach ihres Mangels' (1806), printed in Ulrich von Gersdorff (ed.): *Scharnhorst - Ausgewählte Schriften* (Osnabrück: 1983), pp. 199-207, Gat: *The Origins*, p.165 f.

36 Gat: *The Origins*, p.185 n.51.

37 「奇襲」は成功のカギとはならないとするクラウゼヴィッツの主張については以下を参照のこと。第三篇第九章。ところが以前の彼はそれを成功のカギとなるとみなしている。以下を参照のこと。Clausewitz, 'Übersicht des Sr. königl. Hoheit…', *Vom Kriege*, p. 1070.

38 *Vom Kriege*, II.2, p. 279. ［クラウゼヴィッツ著『戦争論』上巻、一五七～一五八頁］

39 *Vom Kriege*, II.2, p. 290f. ［クラウゼヴィッツ著『戦争論』該当頁ナシ］

40 Jomini: *Summary of the Art of War* transl. by O.F. Winship and E.E. McLean (New York: Putnam & Co,

1854), p. 14f. ［アントワーヌ・アンリ・ジョミニ著、佐藤徳太郎訳『戦争概論』中央公論新社、二〇〇一年、一七頁］

41 覚書が書かれた日付の順番については以下を参照のこと。Gat: *The Origins*, pp.255-263.

42 'Nachricht', printed in Hahlweg (ed.): *Vom Kriege*, p. 182f.

43 *Vom Kriege*, 'Nachricht' of 1828, p. 180, and II.2, p. 291.

44 以下からの引用。 Ulrich Marwedel: *Carl von Clausewitz: Persönlichkeit und Wirkungsgeschichte seines Werkes bis 1918* (Boppard am Rhein: Harald Boldt Verlag, 1978), pp. 108-112.

45 Jomini: *Summary of the Art of War* transl. Winship/McLean, p. 15. ［ジョミニ著『戦争概論』一七頁］

46 Eberhard Kessel: *Moltke* (Stuttgart: K.F. Koehler, 1957), p. 108.

47 Jähns, 以下からの引用。 Marwedel: *Carl von Clausewitz*, p. 119.

48 Karl Marx, Friedrich Engels: *Briefwechsel* Vol. II 1854-1860 (East Berlin: Dietz Verlag, 1949), p. 336.

49 Marx/Engels: *Werke* (1957-1968), vol. 11, p. 577, and vol. 21, p. 350, 以下からの引用。 Marwedel: *Carl von Clausewitz*, p. 180.

50 Marx, Engels: *Briefwechsel* Vol. II 1854-1860, p. 339.

51 以下からの引用。 Azar Gat: *Military Thought: The Nineteenth Century* (Oxford: Clarendon Press, 1992), p. 230.

52 Friedrich Engels: 'The European War', *New York Daily Tribune* (17 Feb. 1855), 以下からの引用。 Panajotis Kondylis: *Theorie des Krieges: Clausewitz - Marx - Engels - Lenin* (Stuttgart: Klett-Cotta, 1988), p. 150.

53 Friedrich Engels in the *Anti-Dühring*, 以下からの引用。 Panajotis Kondylis: *Theorie des Krieges: Clausewitz - Marx - Engels - Lenin* (Stuttgart: Klett-Cotta, 1988), p. 173.

54 Rocquancourt: *Cours complet* (1840), 以下からの引用。 Marwedel: *Carl von Clausewitz*, p. 232.

55 Gat: *The Origins*, pp. 128-130.

56 De la Barre-Duparcq: *Commentaires*, 以下からの引用。 Marwedel: *Carl von Clausewitz*, p. 235.

57 Henry Contamine: *La Revanche 1871-1914* (Paris: Berger-Levrault, 1957), pp. 25-37.

58 Jules Lewis Lewal: *Stratégie de Combat* Vol. I (Paris: Librairie militaire de L. Baudouin, 1895), pp. 6-8.
59 General Berthaut: *Principes de stratégie* (Paris: Librairie militaire de J. Dumaine, 1881).
60 Douglas Porch: 'Clausewitz and the French, 1871-1914', in Michael Handel (ed.): *C*lausewitz and Modern Strategy (London, Frank Cass, 1986), p.292f.
61 Gat: *The Nineteenth Century*, p.132.
62 Gat: *The Nineteenth Century*, pp.126-28.
63 Clausewitz: *Théorie de la grande guerre* transl. de Vatry (1886), Vol. 1, p. x, 以下からの引用。 Marwedel: *Carl von Clausewitz*, p. 237.
64 以下からの引用。 Marwedel: *Carl von Clausewitz*, p. 243f.
65 Eugène Carrias: *La Pensée militaire française* (Paris: Presses universitaires de France, 1960), p. 253.
66 Hubert Camon: *Clausewitz* (Paris: R. Chapelot, 1911), p.vi.
67 Admiral Raoul Castex: *Strategic Theories* Eugenia Kiesling transl.(Annapolis, Md: Naval Institute Press, 1994), pp. xxxviii and 205.
68 Jay Luvaas: *The Education of an Army: British Military Thought, 1815-1940* (London: Cassell, 1965), p. 48.
69 John Mitchell: *Thoughts on Tactics and Military Organization* (London: Longmans, Orme, Brown, Green and Longman, 1838), p. 7f.
70 Christopher Bassford: *Clausewitz in English: The Reception of Clausewitz in Britain and America, 1815-1945* (Oxford: Oxford University Press, 1994), p. 56.
71 Gat: *The Nineteenth Century*, pp. 5-16.
72 G.F.R. Henderson: *The Science of War* (London: Longmans, Green and Co., 1905), p. 173.
73 Bassford: *Clausewitz in English*, p. 75.
74 J.F.C. Fuller: *The Dragon's Teeth: A Study of War and Peace* (London: Constable, 1932), p. 66f.
75 以下からの引用。 Christopher Bassford: 'John Keegan and the Grand Tradition of Thrashing Clausewitz', *War in History* Vol. 1 No. 3 (1994), p. 331.

76 John Keegan: *A History of Warfare* (New York: Knopf, 1993).［ジョン・キーガン著、遠藤利国訳『戦略の歴史』上下巻、二〇一五年］
77 Bassford: *Clausewitz in English*, p. 74.
78 Russell F. Weigley: *The American Way of War: A History of United States Military Strategy and Policy* (Bloomington: Indiana University Press, 1973), pp.82-84, 95-127.
79 以下からの引用。 Weigley: *The American Way of War*, p. 210f.
80 Bernard Brodie: *Strategy in the Missile Age* (2nd ed. Princeton, New Jersey: Princeton University Press, 1965), pp. 34, 36.
81 Bernard Brodie: 'The Continuing Relevance of *On War*' in Michael Howard & Peter Paret (eds): Carl von Clausewitz*:* *On War* (Princeton, N.J.: Princeton University Press, 1976), p. 53.
82 Bassford: 'John Keegan', p. 320.
83 本書の第六章と第七章を参照のこと。
84 Christian Schmitt: 'Sur le chapitre 18［du livre III］de la Guerre de C. von Clausewitz', in *Stratégique* No. 18 (1983), pp. 7-23.
85 Alexis Philonenko: 'Clausewitz ou l'oeuvre inachevée: l'esprit de la guerre', *Revue de Métaphysique et de Morale* Vol. 95 No. 4 (Oct.-Dec. 1990), pp. 471-512.
86 Hervé Guineret: *Clausewitz et la guerre* (Paris: Presses universitaires de France, 1999).
87 Gat: *The Origins*, p. 169f.
88 Tolstoy: *War and Peace* transl. C. Garnett (London: Heinemann, 1911), p. 977.［レフ・トルストイ著、工藤精一郎訳『戦争と平和』第三巻、新潮社、二〇〇五年、三九四頁］
89 M.I. Dragomirov: *Manuel pour la préparation des troupes au combat* 3 vols. (Paris: Librairie militaire de L. Baudoin, 1886-8); M.I. Dragomirov: *Principes essentiels pour la conduite de la guerre: Clausewitz interprété par le général Dragomiroff* (Paris: L. Baudoin, 1889).
90 Werner Hahlweg: 'Das Clausewitzbild einst und jetzt', in *Vom Kriege*, p. 128.

91 以下からの引用。Aron: *Clausewitz*, p. 401.［レイモン・アロン著、佐藤毅夫ほか訳『戦争を考える：クラウゼヴィッツと現代の戦略』政府広報センター、一九七六年、三二六頁］

92 Gat: *The Nineteenth Century*, p.237.

93 Hahlweg: 'Das Clausewitzbild einst und jetzt', in *Vom Kriege*, p. 128f.

94 Zhang Yuan-Lin: 'Mao Zedong und Carl von Clausewitz: Theorien des Krieges, Beziehung, Darstellung und Vergleich' (MS Ph.D. University of Mannheim, 1995), pp. 22-24.

95 *Ibid.* ［Zhang Yuan-Lin］, pp. 20-22.

96 Helmut Schmidt: *Menschen und Mächte* (Berlin: Goldmann/Siedler, 1987), p. 359.

97 Walther Malmsten Schering: *Wehrphilosophie* (Leipzig: Johann Ambrosius Barth, 1939), p. 22f.

98 P. M. Baldwin: 'Clausewitz in Nazi Germany', *Journal of Contemporary History* Vol. 16 (1981), pp. 10-15.

99 Hermann Stodte: *Die Wegbegleiter des National-Sozialismus* (Lübeck: H.G. Rahtgens, 1936), pp. 50-56. See also works quoted by Panajotis Kondylis: *Theorie des Krieges: Clausewitz - Marx - Engels - Lenin* (Stuttgart: Klett-Cotta, 1988), p. 10.

100 以下からの引用。 Christopher Bassford: 'Introduction' to Hans W. Gatzke transl.: *Principles of war* (USA: Military Service Publishing Company, 1942), also on www.mnsinc.com/cbassfrd/Stackpol.htmStackpole.

101 Baldwin: 'Clausewitz in Nazi Germany', p. 10.

102 General Gunther Blumentritt, 以下からの引用。 Michael I. Handel: *Masters of War: Classical Strategic Thought* (2nd edn, London: Frank Cass, 1996), p. 24.

103 Hans Rothfels: 'Clausewitz', in Edward Mead Earle: *Makers of Modern Strategy: Military Thought from Machiavelli to Hitler* (Princeton, N.J.: Princeton University Press, 1944), p. 93.［ハンス・ロスフェルス著、「クラウゼヴィッツ：ドイツの解説者」エドワード・ミード・アール編著、山田積昭ほか訳『新戦略の創始者たち』原書房、一九七八年、九一頁］

104 以下ではクラウゼヴィッツの哲学・方法論的なアプローチが詳細にわたって論じられている。Uwe Hartmann: *Carl von Clausewitz: Erkenntnis, Bildung, Generalstabsausbildung* (Munich: Olzog, 1998).

105 一例として以下のものを参照のこと。Dietmar Schössler (ed.): *Die Entwicklung des Strategie- und Operationsbegriffs seit Clausewitz* (Munich: University of the Bundeswehr, 1997).
106 John Gooch: 'Clausewitz Disregarded: Italian Military Thought and Doctrine, 1815-1943', in Michael I. Handel (ed.): *Clausewitz and Modern Strategy* (London: Frank Cass, 1986), p.303.
107 Bassford: 'John Keegan', p. 73
108 Yugo Asano: 'Influences of the Thought of Clausewitz on Japan since the Meiji Restoration', in Clausewitz-Gesellschaft (ed.): *Freiheit oder Krieg? Beiträge zur Strategie-Diskussion der Gegenwart im Spiegel der Theorie von Carl von Clausewitz* (Bonn: Dümmler, 1980), pp.379-394.
109 以下からの引用。Hahlweg: 'Das Clausewitzbild einst und jetzt' in *Vom Kriege* (19th edn. Bonn: Dümmler, 1991), p. 60.
110 以下からの引用。Marwedel: *Carl von Clausewitz*, p. 117.
111 Jähnsの以下からの引用。Marwedel: *Carl von Clausewitz*, p. 119.
112 Bismarckの以下からの引用。Jehuda Wallach: *The Dogma of the Battle of Annihilation*, (Westport, Ct.: Greenwood Press), p. 198.
113 以下からの引用。B.H. Liddell Hart: *The Other Side of the Hill* (London: Cassell, 1948), p. 203.
114 Marwedel: *Carl von Clausewitz*, p. 173.
115 Jay Luvaas: 'Clausewitz, Fuller and Liddell Hart', in Michael I. Handel (ed.): *Clausewitz and Modern Strategy* (London: Frank Cass, 1986), p. 199.
116 Basil H. Liddell Hart: *Defence of the West: Some Riddles of War and Peace* (London: Cassell; & Co., 1950), p. 293.
117 Luvaas: 'Clausewitz, Fuller and Liddell Hart', p.211.
118 Basil H. Liddell Hart: *Strategy* (London: Faber & Faber, 1954), p.352. ［B・H・リデルハート著『戦略論：間接的アプローチ』原書房、一九八六年、三七一、三七二頁］
119 Colin S. Gray: *Modern Strategy* (Oxford: Oxford University Press, 1999), pp. 81, 85. ［グレイ著『現代の戦略』一三四～一三九頁］

■第2章

1 Carl von Clausewitz: *Vom Kriege* (19th edn., Bonn: Dümmler, 1991), VIII, 3, pp.966-71. 〔カール・フォン・クラウゼヴィッツ著、清水多吉訳『戦争論』下巻、中央公論新社、二〇〇一年、四九三～四九八頁〕

2 以下からの引用。Eberhard Kessel: *Militärgeschichte und Kriegstheorie in neuerer Zeit: Ausgewählte Aufsätze* (Berlin: Duncker & Humblot, 1987), p.36.

3 Guibert: 'Essay général de tactique', in Comte de Guibert: *Stratégiques* (Paris: L'Heme, 1977), pp.137f.

4 *Vom Kriege*, VIII, 3B, p.963. 〔クラウゼヴィッツ著『戦争論』下巻、五〇〇頁〕

5 Johann Gottlieb Fichte: *Die Grundlagen des Naturrechts nach den Prinzipien der Wissenschaftslehre* (the Basis of Natural Law according to the Principles of Scientific Teaching). 以下からの引用。Ernst Hagemann: *Die deutsche Lehre vom Kriege: Von Berenhorst zu Clausemitz* (Berlin: E. S. Mittler & Sohn, 1940), p. 103.

6 Fichte: *Machiavell* (ed. H. Schulz, Leipzig: 1918), p.20, 以下からの引用。Ernst Hagemann: *Die deutsche Lehre vom Kriege*, p. 107, n.l.

7 Clausewitz: 'Preußen in seiner großen Katastrophe', in Hans Rothfels (ed.): *Carl von Clausewitz: Politische Schriften und Briefe* (Munich: Drei Masken Verlag, 1922), pp.202-16, *passim*.

8 'Übersicht des Sr. königl. Hoheit dem Kronprinzen in den Jahren 1810, 1811 und 1812 vom Verfasser erteilten militärischen Unterrichts', in *Vom Kriege* (19th edn., Bonn: Dümmler, 1991), p.1078. 〔川村康之編著、戦略研究学会編集『戦略論大系②クラウゼヴィッツ』芙蓉書房出版、二〇〇一年、二三二頁〕

9 *Vom Kriege*, I, 2, pp.214f. 〔クラウゼヴィッツ著『戦争論』上巻、六九頁〕

10 *Ibid.*, I, 2, p.223. 〔クラウゼヴィッツ著『戦争論』上巻、八二頁〕

11 *Ibid.*, I, 2, p.229. 〔クラウゼヴィッツ著『戦争論』上巻、九〇～九一頁〕

12 *Ibid.*, IV, 3, pp.422f. 〔クラウゼヴィッツ著『戦争論』上巻、三二九～三三〇頁〕

13 *Ibid.*, IV, 4, pp.427ff. 〔クラウゼヴィッツ著『戦争論』上巻、三三五、三三七頁〕

14 *Ibid.*, IV, 4, p.433.〔クラウゼヴィッツ著『戦争論』上巻、三四二頁〕
15 *Ibid.*, IV, 9-11.〔クラウゼヴィッツ著『戦争論』上巻、三七九頁〕
16 *Ibid.*, IV, 11, pp.467-71.〔クラウゼヴィッツ著『戦争論』上巻、三八一～三八三頁〕
17 *Ibid.*, VI, 28, p.814.〔クラウゼヴィッツ著『戦争論』上巻、三〇一頁〕
18 *Ibid.*, VI, 27, p.808.〔クラウゼヴィッツ著『戦争論』上巻、二九三頁〕
19 *Ibid.*, VII, 3, p.875.〔クラウゼヴィッツ著『戦争論』下巻、三八二頁〕
20 *Ibid.* VII, 6, p.881.〔クラウゼヴィッツ著『戦争論』下巻、三八七頁〕
21 *Ibid.*, VIII, 9, p.1033.〔クラウゼヴィッツ著『戦争論』下巻、五五五頁〕
22 'Übersicht des Sr. königl. Hoheit…' in Halweg (ed.), *Vom Kriege*, p.1070.
23 Aron: *Clausewitz, Philosopher of War*, transl. Booker and Stone (London: Routledge & Kegan Paul, 1976), p.59.〔アロン著『戦争を考える』該当頁なし〕
24 Eberhard Kessel: 'Zur Genesis der modernen Kriegslehre: Die Entstehungsgeschichte von Clausewitz's Buch "Vom Kriege",' *Wehrwissenschaftliche Rundschau*, 3rd year, No. 9 (1953), pp.405-23（ここにはクラウゼヴィッツが友人に向けて一八二七年以降にどのような書き直しを行ったのかを書いたメモも含まれている）; Delbrück: 'Ermattungsstrategie' in *Zeitschrift für Preussische Geschichte und Landeskunde*, Vols. 11 & 12 (1881), pp.555, 568, 572.
25 *Vom Kriege*, VI, 28, p.813.〔クラウゼヴィッツ著『戦争論』下巻、二九九～三〇〇頁〕
26 R[ühle] von L[ilienstern]: *Handbuch für den Offizier zur Belehrung im Frieden und zum Gebrauch im Felde*, Vol.1 (Berlin: G. Reimer, 1817).
27 R. Von L.: *Handbuch für den Offizier*. .., Vol.2, p.8, さらには本書の第三章を参照のこと。
28 以下からの引用。Werner Hahlweg: 'Das Clausewitzbild einst und jetzt', in Hahlweg (ed.): *Vom Kriege*, p.87.
29 ここでの「ある人」とはクラウゼヴィッツ自身のことであると捉えるべきである。
30 Clausewitz: 'Gedanken zur Abwehr' (22 Dec. 1827), in in Werner Hahlweg (ed.): *Carl von Clausewitz:*

Verstreute kleine Schriften (Osnabrück: Biblio Verlag, 1979), pp.497-9; 以下も参照のこと *Vom Kriege,* VIII, 4, p.975. 〔クラウゼヴィッツ著『戦争論』下巻、五〇四頁〕

31 Clausewitz's letter of 21 Nov. 1829 to Gröben, printed in Eberhard Kessel: 'Zur Genesis der modernen Kriegslehre: Die Entstehungsge- schichte von Clausewitz's Buch "Vom Kriege"', *Wehrwissenschaftliche Rundschau,* 3rd year, No. 9 (1953), pp.422f.

32 e.g., *Vom Kriege,* VIII,1(Introduction). 〔クラウゼヴィッツ著『戦争論』下巻、四七〇頁〕

33 *Ibid.,* VII, 3, p.875. 〔クラウゼヴィッツ著『戦争論』下巻、三八二～三八三頁〕；以下も参照のこと VIII, 7, p.999. 〔クラウゼヴィッツ著『戦争論』下巻、五三二頁〕

34 *Ibid.,* VIII, 2, p.953. 〔クラウゼヴィッツ著『戦争論』下巻、四七四頁〕

35 Clausewitz: 'Gedanken zur Abwehr' (22 Dec. 1827), in Werner Hahlweg (ed.)：*Carl von Clausewitz: Verstreute Kleine Schriften* (Osnabrück: Biblio Verlag, 1979), pp.495f.

36 Clausewitz: 'Strategie aus dem Jahr 1804', in Werner Hahlweg (ed.): *Carl von Clausewitz: Verstreute Kleine Schriften* (Osnabrück: Biblio Verlag, 1979), p.20.

37 'Nachricht', in Halweg (ed.), *Vom Kriege,* p. 179. 〔クラウゼヴィッツ著『戦争論』上巻、二四頁〕

38 *Vom Kriege,* VIII, 2, p.955. 〔クラウゼヴィッツ著『戦争論』下巻、四七七頁〕

39 *Ibid,* I, 1, 28, p.212. 〔クラウゼヴィッツ著『戦争論』上巻、六七頁〕

40 *Ibid.,* VIII, 6B, p.990. 〔クラウゼヴィッツ著『戦争論』下巻、五二一～五二二頁〕

41 *Ibid.,* VIII, 6B, pp.990ff. 〔クラウゼヴィッツ著『戦争論』下巻、五二二～五二四頁〕

42 ここでは「政治」(*Die Politik* = policy) とは政策を形成する。政治の意思決定者という意味で解釈することができるだろう。

43 *Ibid.,* VIII, 6B, p.998. 〔クラウゼヴィッツ著『戦争論』下巻、五三二頁〕

44 *Ibid.,* I, 1, 27, p.212. 〔クラウゼヴィッツ著『戦争論』上巻、六六頁〕

45 *Ibid.,* I, 1, 6, p.196. 〔クラウゼヴィッツ著『戦争論』上巻、四二頁〕

46 *Ibid.*, I, 1, 11, pp.200f.〔クラウゼヴィッツ著『戦争論』上巻、四八頁〕
47 *Ibid.*, I, 1, 25, p.211.〔クラウゼヴィッツ著『戦争論』上巻、六四頁〕
48 *Ibid*, I, I, 11, pp.200f.〔クラウゼヴィッツ著『戦争論』上巻、四九頁〕
49 *Ibid.*, I,1,23 and 24, pp.209f.〔クラウゼヴィッツ著『戦争論』上巻、六二、六三〜六四頁〕
50 *Ibid.*, I, 2, pp.216f.〔クラウゼヴィッツ著『戦争論』上巻、七三頁〕
51 *Ibid.*, I, 2, pp.218f.〔クラウゼヴィッツ著『戦争論』上巻、七五頁〕
52 *Ibid.*, I, 2, p.221.〔クラウゼヴィッツ著『戦争論』上巻、七九頁〕
53 ‘Strategie aus dem Jahre 1804’, in Werner Hahlweg (ed.): *Carl von Clausewitz: Verstreute kleine Schriften* (Osnabrück: Biblio Verlag, 1979), p.35, and *Vom Kriege*, I, 2, pp.223-6.〔『戦争論』上巻、八五頁〕
54 *Vom Kriege*, VIII, 3B, p.962.〔クラウゼヴィッツ著『戦争論』下巻、四八七頁〕。したがってクラウゼヴィッツが「人間の営みにおける文化的な要因の重要性」を無視していたとするジョン・キーガンの主張は間違っていることがわかる。これについては以下を参照のこと。John Keegan: *A History of Warfare* (London: Hutchinson, 1993), pp.46f.〔キーガン著『戦略の歴史』上巻、一〇一頁〕
55 *Vom Kriege*, VIII, 3B, pp.973f.〔クラウゼヴィッツ著『戦争論』下巻、五〇一〜五〇二頁〕
56 *Ibid.*, p.953.〔クラウゼヴィッツ著『戦争論』下巻、四七五頁〕
57 *Ibid.*, p.973.〔クラウゼヴィッツ著『戦争論』下巻、五〇一頁〕
58 *Ibid.*, VIII, 2, pp.953ff.〔クラウゼヴィッツ著『戦争論』下巻、四七六〜四七七頁〕
59 *Ibid.*, VIII, 3B, pp.972f.〔クラウゼヴィッツ著『戦争論』下巻、五〇〇頁〕
60 *Ibid.*, VIII, 2, pp.953f.〔クラウゼヴィッツ著『戦争論』下巻、四七七頁〕
61 Eberhard Kessel: ‘Zur Genesis der modernen Kriegslehre: Die Entstehungsgeschichte von Clausewitz's Buch “Vom Kriege”’ *Wehrwissenschaftliche Rundschau*, 3rd year, No. 9 (1953), pp.405-23.
62 *Vom Kriege*, I, 2, p.215.〔クラウゼヴィッツ著『戦争論』上巻、六九頁〕
63 Liddell Hart: *The Ghost of Napoleon* (London: Faber and Faber, n.d., but probably 1934), pp.121, 124-6.〔B・

H・リデルハート著、石塚栄ほか訳『ナポレオンの亡霊』原書房、二〇一〇年、一二四、一二六頁

■第3章

1 Napoleon: *Maximes* (transl. anon" London: Arthur L. Humphreys, 1906), p.159.

2 以下からの引用。 Ernst Hagemann: *Die deutsche Lehre vom Kriege: Von Berenhorst zu Clausewitz* (Berlin: E. S. Mittler & Sohn, 1940), p.45.

3 Eberhard Kessel: *Moltke* (Stuttgart: K. F. Koehler, 1957), p.35.

4 R(ühle) von L(ilienstern): *Handbuch für den Offizier zur Belehrung im Frieden und zum Gebrauch im Felde*, Vol. II (Berlin: G. Reimer, 1818), pp.8, 13.

5 Karl Marx, Friedrich Engels: *Briefwechsel*, Vol. II, 1854-60 (East Berlin: Dietz Verlag, 1949), p.336.

6 W. I. Lenin: Clausewitz's Werk 'Vom Kriege', *Auszügen und Randglossen* (East Berlin: Verlag des Ministeriums für Nationale Verteidigung, 1957), pp.23-33 *passim*.

7 以下からの引用。 Werner Hahlweg: 'Lenin und Clausewitz', in Günter Dill (ed.): *Clausewitz in Perspektive* (Frankfurt/Main: Ullstein, 1980), pp.636f. 太字は引用者による。

8 以下からの引用。 Clemente Ancona: 'Der Einfluß von Clausewitz' *Vom Kriege* auf das marxistische Denken von Marx bis Lenin', in Günter Dill (ed.): *Clausewitz in Perspektive* (Frankfurt/Main: Leicstein, 1980), pp.582f.

9 A. A. Svechin: 'Evolutsiya strategichesckykh teorii', in B. Garev (ed.): *Voina i voennoe iskusstvo v svete istorickeskogo materializma* (Moscow: Gosizdat, 1927).

10 以下からの引用。 Zhang Yuan-Lin: 'Mao Zedong und Carl von Clausewitz: Theorien des Krieges, Beziehung, Darstellung und Vergleich' (MS Ph.D., University of Mannheim, 1995), pp.l35f.

11 *Ibid.*, p.28.

12 Dan Diner: 'Anerkennung und Nichtanerkennung: Über den Begriff des Politischen in der gehegten und antagonistischen Gewaltanwendung bei Clausewitz und Carl Schmitt', in Dill (ed.): *Clausewitz in Perspektive*, pp.447-72.

13 Michel Foucault: *Il faut défendre la société* (Paris: Gallimard-Seuil, 1997), p.44.

14 Emmanuel Terray: *Clausewitz* (Paris: Fayard, 1999), pp.125f.

15 *Vom Kriege*,VIII, 3B, pp.963-5. 〔クラウゼヴィッツ著『戦争論』下巻、四八七〜四九三頁〕

16 *Vom Kriege*, VI, 6, 5, pp.640f. 〔クラウゼヴィッツ著『戦争論』下巻、四九頁〕

17 Ulrich Scheuner: 'Krieg als Mittel der Politik im Lichte des Völkerrechts', in Clausewitz-Gesellschaft (ed.): *Freiheit ohne Krieg? Beitrage zur Strategie-Diskussion der Gegenwart im Spiegel der Theorie von Carl von Clausewitz* (Bonn: Dümmler, 1980), pp.159-81.

18 *Vom Kriege*, II, 3, 3, p.303. 〔クラウゼヴィッツ著『戦争論』下巻、一九二頁〕

19 Peter Paret: 'Die politischen Ansichten von Clausewitz', in Clausewitz-Gesellschaft (ed.): *Freiheit ohne Krieg?*, p.346.

20 これについては以下を参照のこと。Jehuda Wallach: *The Dogma of the Battle of Annihilation* (Westport, Ct: Greenwood Press, 1986), p.51.

21 *Vom Kriege*, VIII, 3B. 〔クラウゼヴィッツ著『戦争論』下巻、四九九頁〕

22 *Ibid.*, IV, 11, p.470, quoted in Chapter 2. 〔クラウゼヴィッツ著『戦争論』下巻、三八三頁〕

23 *Ibid.*, I,1,3, pp.193f. 〔クラウゼヴィッツ著『戦争論』上巻、三八頁〕

24 *Ibid.*, I, 3, p.232. 〔クラウゼヴィッツ著『戦争論』上巻、九四〜九五頁〕

25 *Ibid.*, III, 6, p.370. 〔クラウゼヴィッツ著『戦争論』上巻、二七四〜二七五頁〕

26 *Ibid.*, VI, 6, pp.637f. 〔クラウゼヴィッツ著『戦争論』下巻、四四頁〕

27 後備軍についてのクラウゼヴィッツのエッセイは以下に掲載されている。Karl Schwartz (ed.): *Leben des Generals Carl von Clausewitz und der Frau Marie von Clausewitz geborene Gräfin von Brühl mit Briefen,*

Aufsätzen, Tagebüchern und anderen Schriftstücken (Berlin: Ferdinand Dümmler, 1878), Vol. 2, pp.288ff.

28 以下からの引用。 Hans Rothfels: *Carl von Clausewitz: Politik und Krieg. Eine Ideengeschichtliche Studie* (Berlin: Dümmler, 1920), p.142.. ［ロートフェルス著『クラウゼヴィッツ論』］

29 Napoleon: *Maximes* (transl. anon., London: Arthur L. Humphreys, 1906), p.159.

30 Christopher J. Duffy: 'The Civilian in Eighteenth-Century Combat', in Erwin A. Schmidl (ed.): *Freund oder Feind? Kombattanten, Nichtkombattanten und Zivilisten in Krieg und Bürgerkrieg seit dem 18. Fahrhundert* (Frankfurt/Main: Peter Lang, 1995), pp.11-29.

31 *Vom Kriege,*VIII, 6B, p.997. ［クラウゼヴィッツ著『戦争論』下巻、五三〇頁］

32 *Ibid*, I, 1, 28, p.213. ［クラウゼヴィッツ著『戦争論』上巻、六七頁］

33 Aron: *Clausewitz, Philosopher of War* transl. by Booker and Stone (London: Routledge & Kegan Paul, 1976), pp.85f., 93. ［アロン著『クラウゼヴィッツの戦争論』該当頁なし］

34 Edward J. Villacres and Christopher Bassford: 'Reclaiming the Clausewitzian Trinity', *Parameters* (Autumn 1995), also http://www.clausewitz.com/readings/Bassford/Trinity/TRININTR.htm; Colin S. Gray: *Modem Strategy* (Oxford: Oxford University Press, 1999), p.28. ［グレイ著『現代の戦略』、五八頁］

35 以下からの引用。 Zhang Yuan-Lin: 'Mao Zedong und Carl von Clausewitz: Theorien des Krieges, Beziehung, Darstellung und Vergleich', (MS Ph.D., University of Mannheim, 1995), pp.138f.

36 *Vom Kriege,*VIII, 6B, p.997. ［クラウゼヴィッツ著『戦争論』下巻、五三〇頁］

37 Colonel Harry G. Summers Jr.: *On Strategy: A Critical Analysis of the Vietnam War* (Novato, Ca.; Presidio, 1982).

38 Martin van Creveld: *The Transformation of War* (New York: Free Press, 1991) ［マーチン・ファン・クレフェルト著、石津朋之監訳『戦争の変遷』原書房、二〇一一年］; John Keegan: *A History of Warfare* (New York: Knopf, 1993). ［キーガン著『戦略の歴史』］

39 Van Creveld: *The Transformation of War*, Ch.7. ［クレフェルト著『戦争の変遷』第七章］

40 *Ibid.*, Ch. 5, 6. ［クレフェルト著『戦争の変遷』第五章、第六章］
41 *Ibid.*, Ch. 7, and Epilogue. ［クレフェルト著『戦争の変遷』第七章、結び］
42 *Ibid.*, Epilogue. ［クレフェルト著『戦争の変遷』結び］
43 Villacres and Bassford: 'Reclaiming the Clausewitzian Trinity', http://www.clausewitz.com/readings/Bassford/Trinity/TRININTR.htm
44 *Vom Kriege,* VIII, 6B, pp.994-6. ［クラウゼヴィッツ著『戦争論』下巻、五二七～五二九頁、後半の一部を訳者が修正］
45 Carl von Clausewitz: *Vom Kriege* (2nd edn., Berlin: Dümmler, 1853), Vol. 3, p.126.
46 Clausewitz: 'Gedanken zur Abwehr' (22 Dec. 1827), in Werner Hahlweg (ed.): *Carl von Clausewitz: Verstreute Kleine Schriften* (Osnabrück: Biblio Verlag, 1979), p.499.
47 Clausewitz's memorandum on the 'German Military Constitution' of 1815, quoted in Werner Hahlweg: 'Das Clausewitzbild einst und jetzt', in *Vom Kriege*, p.70.
48 *Vom Kriege*, VIII, 6B, p.993. ［クラウゼヴィッツ著『戦争論』下巻、五二五頁］
49 Hans-Ulrich Wehler: 'Der Verfall der deutschen Kriegstheorie', in Ursula von Gersdorff, (ed.): *Geschichte und Militärgeschichte* (Frankfurt/ Main: Bernard Graefe, 1974), p.289.
50 Raoul Girardet: *La société militaire* (Paris: Librairie Académique Perrin, 1998).
51 以下からの引用。Werner Hahlweg in *Vom Kriege*, p.67.
52 ビスマルクの引用は以下から。Wallach: *The Dogma*, p.198.
53 優れた分析としては以下のものを参照。Stig Fröster: 'The Prussian Triangle of Leadership in the Face of a Peopled War: A Reassessment of the Conflict Between Bismarck and Moltke, 1870-71', in Stig Förster and Jorg Nagler (eds.): *On the Road to Total War* (Cambridge, Cambridge University Press, 1993), pp.115-40.
54 Großer Generalstab (ed.): *Moltkes Militärische Werke*, Vol.I, Pt 1, *Militärische Korrespondenz,*1864 (Berlin: Mittler, 1864), p.16.

55 以下からの引用。 Gordon Craig: *The Politics of the Prussian Army, 1640-1945* (Oxford: Clarendon Press, 1955, reprinted 1964), p.214.

56 Eberhard Kessel: *Moltke* (Stuttgart: K. F. Koehler, 1957), p.508.

57 Max Horst (ed.): *Moltke: Leben und Werk in Selbstzeugnissen - Briefe, Schriften, Reden* (2nd edn., Bremen: Carl Schünemann Verlag, n.d.), p.361.

58 Craig: *The Politics of the Prussian Army,1640-1945*, p.195.

59 *Ibid.*, pp.200f., 204.

60 Bismarck: *Gesammelte Werke*, Vol.XV, p.312, quoted in *ibid.*, p.205.

61 Förster: '*The Prussian Triangle*', pp.124-34.

62 Craig: *The Politics of the Prussian Army, 1640-1945*, pp.215f.

63 Großer Generalstab (ed.): *Moltkes Militärische Werke*, Vol.IV, *Kriegslehren*, Part 1(Berlin: Ernst Mittler und Sohn, 1911), p.13.

64 *Ibid.*, pp,13f.

65 Wallach: 'Misperceptions of Clausewitz's *On War*', p.229.

66 Wallach: *The Dogma*, p.39.

67 Wallach: 'Misperceptions of Clausewitz's *On War*', p.216.

68 Ulrich Marwedel: *Carl von Clausewitz: Persönlichkeit und Wirkungsgeschichte seines Werkes bis 1918* (Boppard am Rhein: Harald Boldt Verlag, 1978), pp.l53f.

69 Craig: *The Politics of the Prussian Army*, p.218.

70 引用と翻訳については以下を参照。 Jehuda Wallach: 'Mispcrccptions of Clausewitz's *On War* by the German Military', in Michael Handel (ed.): *Clausewitz and Modem Strategy* (London, Frank Cass, 1986), p.228.

71 Colmar, Freiherr von der Goltz: *Jena to Eylau* (London: L. Paul, Trench, Trubner, 1913), pp.75-6.

72 Colmar von der Goltz: *The Nation in Arms* (London: Hodder and Stoughton), p.77.

73 Lieut.-Gen. von Cammerer: *The Development of Strategical Science during the 19th Century*, transl. Karl von Donat (London: Hugh Rees, 1905), pp.85f.

74 Christopher Bassford: *Clausewitz in English: The Reception of Clausewitz in Britain and America, 1815-1945* (Oxford: Oxford University Press, 1994), pp.75f.

75 Général Iung: *Stratégie, Tactique et Politique* (Paris: Charpentier, 1890), pp.260, 287-9, 306.

76 Colin: *Les Transformation de la Guerre* (Paris: Economica, repr. 1989), p.241.

77 Friedrich von Bernhardi: *Vom heutigen Kriege* (Berlin: Ernst Siegfried Mittler & Sohn, 1912), Vol.2, pp.205, 207f., 434-40.

78 Generalfeldmarschall von Hindenburg: *Aus meinem Leben* (Leipzig: Hirzel, 1920), p.101.

79 Oberst a.D. Bernard Schwertfeger: 'Die politischen und militärischen Verantworktlichkeiten im Verlauf der Offensive 1918', in *Das Werk des Untersuchungsausschusses der Deutschen Verfassungsgebenden Nationalversammlung und des Deutschen Reichstages 1919-1928*, 4th Series, Vol.2 (1925), p.79, quoted and translated in Wallach: 'Misperceptions of Clausewitz's *On War*', p.231.

80 Wallach: 'Misperceptions of Clausewitz's *On War*', p.230.

81 Theobald von Bethmann Hollweg: *Betrachtungen zum Weltkriege* (Berlin: Hobbing, 1919, 1921), Vol.2, pp.7-9.

82 Friedrich von Bernhardi: *The War of the Future* (London: Hodder & Stoughton, 1920), pp.196-8.

83 Erich Ludendorff: *Kriegführung und Politik* (Berlin: Mittler, 1922), pp.104-5.

84 General Erich Ludendorff: *Der Totale Krieg*, transl. by A. S. Rappoport as *The Nation at War* (London: Hutchinson, 1936), pp. 169-89.〔エーリヒ・ルーデンドルフ著、伊藤智央訳『ルーデンドルフ総力戦』原書房、二〇一五年、一五八〜一七七頁〕

85 Shaposhnikov, quoted in Raymond L. Garthoff: *Soviet Military Doctrine* (Glencoe, Ill.: The Free Press, 1953), p.11.

86 Freyer, Jünger and Forsthoff, quoted in Hans-Ulrich Wehler: 'Der Verfall der deutschen Kriegstheorie', in Ursula von Gersdorff (ed.): *Geschichte und Militärgeschichte* (Frankfurt/Main: Bernard Graefe, 1974), pp.291-6.

87 以下からの引用。Werner Hahlweg: 'Das Clausewitzbild einst und jetzt', in *Vom Kriege*, p.78.

88 Hans-Ulrich Wehler: 'Der Verfall der deutschen Kriegstheorie', in Gersdorff (ed.): *Geschichte und Militärgeschichte*, p.307.

89 以下からの引用。Jehuda Wallach: *Kriegstheorien* (Frankfurt/Main: Bernard und Graefe, 1972), pp.178f.

90 以下からの引用。 *ibid.*, p.179.

91 以下からの引用。 Panajotis Kondylis: *Theorie des Krieges: Clausewitz-Marx-Engels-Lenin* (Stuttgart: Klett-Cotta, 1988), pp.107f.

92 Wilhelm von Blume: *Strategie, ihre Aufgaben und Mittel* (3rd edn. of *Strategie, eine Studie,* Berlin: Ernst Siegfried Mittler und Sohn, 1912), pp.10f.

93 Wilhelm Groener: *Der Feldherr wider Willen* (Berlin: Mittler, 1930), p. 164.

94 Ludwig Beck: *Studien* (Stuttgart: Koehler, 1955), pp.59f., 63.

95 以下からの引用。Klaus-Jürgen Müller: 'Clausewitz, Ludendorff and Beck', in Michael Handel (ed.) : *Clausewitz and Modem Strategy* (London, Frank Cass, 1986), p.244.

96 以下からの引用。 Müller: 'Clausewitz, Ludendorff and Beck', p.254.

97 Müller: 'Clausewitz, Ludendorff and Beck', p.248.

98 Bernard Brodie: *War and Politics* (London: Cassell, 1974, originally 1973), pp.13f.

99 Wallach: *The Dogma,* pp.249-310, *passim.*

100 Brodie: *War and Politics,* pp.38f.

101 *Ibid.*, particularly pp.9f., 188.

102 Zhang Yuan-Lin: 'Mao Zedong und Carl von Clausewitz', p.28.

■第4章

1 Hermann Cohen: Von Kants Einfluss auf die deutsche Kultur, Marburger Universitätsrede (Berlin: 1883)' pp.31f. quoted in Hans Rothfels: *Carl von Clausewitz, Politik und Krieg* (Berlin: Dümmler, 1920), pp.23-5. 〔ロートフェルス著『クラウゼヴィッツ論』〕

2 T. G. Otte: 'Educating Bellona: Carl von Clausewitz and Military Education', in Keith Nelson and Greg Kennedy (eds.): *Military Education: Past, Present, Future* (New York: Praeger, 2002).

3 *Vom Kriege,* I, 3, pp.232ff., 251, 283f. 〔クラウゼヴィッツ著『戦争論』上巻、九二～一二四頁〕

4 Quoted in Ernst Hagemann: *Die deutsche Lehre vom Kriege: Von Berenhorst zu Clausewitz* (Berlin: E. S. Mittler & Sohn, 1940), p.14.

5 Quoted in Hagemann; *Die deutsche Lehre,* p.49.

6 *Der Krieg* (1815), quoted in Hagemann: *Die deutsche Lehre,* p.50; see also p.70.

7 Stephen J. Cimbala: *Clausewitz and Escalation: Classical Perspectives on Nuclear Strategy* (London: Frank Cass, 1991), pp.166-81.

8 Antulio J. Echevarria II: 'On the Brink of the Abyss: The Warrior Identity and German Military Thought before the Great War', *War and Society,* Vol.13, No. 2 (October 1995), pp.29-31.

9 Clausewitz: 'Nachricht', in *Vom Kriege,* p.182.

10 'Über die sr. königl…', *Vom Krieg,* pp.1053f. 〔川村康之編著『戦争論大系②クラウゼヴィッツ』戦略研究学会編集、芙蓉書房出版、二〇〇一年、該当頁なし〕

11 *Vom Kriege,* VI, 27-8, pp.810f, 814. 〔クラウゼヴィッツ著『戦争論』下巻、二九五、二九九頁〕

12 *Ibid.,*VIII, 9, p.1011. 〔クラウゼヴィッツ著『戦争論』下巻、五四四頁〕

13 Quoted in Ulrich Marwedel: *Carl von Clausewitz* (Boppard am Rhein: Harald Boldt Verlag, 1978), p.131.

14 Jay Luvaas: *The Education of an Army: British Military Thought, 1815-1940* (London: Cassell, 1965), pp.324f.

15 Major General Sir F. Maurice: *British Strategy: A Study of the Application of the Principles of War* (London: Constable, 1929), pp.27f.
16 Michael I. Handel: *Masters of War: Classical Strategic Thought* (2nd edn, London: Frank Cass, 1996), p.15.
17 *Vom Kriege,* III,17, p.413. ［クラウゼヴィッツ著『戦争論』上巻、三一九頁］
18 'Übersicht des Sr. königl. Hoheit ..., *Vom Kriege,* p. 1070. ［川村康之編著『戦争論大系②クラウゼヴィッツ』、二三三頁］
19 *Vom Kriege,* VIII, 4, pp.976f.; see also 'Über die sr. königl...' (1810-12), *Vom Kriege,* pp.1049f. ［クラウゼヴィッツ著『戦争論』下巻、五〇四頁］
20 *Vom Kriege,* VIII, 4, pp.976-7. ［クラウゼヴィッツ著『戦争論』下巻、五〇四頁］
21 Napoleon: *Military Maxims,* in T. Phillips (ed.): *Roots of Strategy* (London: John Lane, the Bodley Head' 1943), p.236.
22 Quoted in Hagemann: *Die deutsche Lehre,* p.40.
23 Eberhard Kessel: 'Zur Genesis der Modernen Kriegslehre: Die Entstehungsgeschichte von Clausewitz's Buch "Vom Kriege", *Wehrwissenschaftliche Rundschau,* 3rd year, No. 9 (1953), p.408.
24 Jomini: *Treatise on Grand Military Operations* (New York: D. van Nostrand, 1865), p.149.
25 Hubert Camon: *Clausewitz* (Paris: R. Chapelot, 1911), p.3.
26 *Vom Kriege,* III' 11, p.388. ［クラウゼヴィッツ著『戦争論』上巻、二九四頁］
27 'Übersicht des Sr. königl. Hoheit ...' in *Vom Kriege,* pp.1053f. ［川村康之編著『戦争論大系②クラウゼヴィッツ』、該当頁なし］
28 Marwedel: *Carl von Clausewitz,* pp.174f. Commandant J. Colin: *The Transformation of War,* transl. by L. H. R. Pope-Hennessy (London: Hugh Rees, 1912), pp.347, 350.
29 Großer Generalstab (ed.): *Moltkes Militärische Werke,* Vol. IV, *Kriegslehren,* Part 3 (Berlin: Ernst Mittler und Sohn, 1911), p.6.

30 Capitaine Georges Gilbert: *Essais de critique militaire* (Paris: La nouvelle revue, 1890), pp. 1, 4.

31 Marshal [Ferdinand] Foch: *The Principles of War*, transl. by Hilaire Belloc (London: Chapman & Hall, 1918), p.3.

32 *Ibid.*, p.4.

33 *Ibid.*, pp.22, 25.

34 *Ibid.*, pp.34f.

35 *Ibid.*, pp.42f.

36 *Voennyi entsiklopedicheskii slovar* (Moscow, Voenizat, 1983), pp.397f.

37 Quoted in Liddell Hart: *The Ghost of Napoleon* (London: Faber and Faber, 1934?), pp.128f.〔B・H・リデルハート著『ナポレオンの亡霊』一二九頁〕

38 *Ibid.*, p.129.〔同上、一二九頁〕

39 *Ibid.*, p.139.〔同上、一四〇頁〕

40 The US Marine Corps: *Warfighting* (New York: 1994), p.107, n.28, quoted in Colin S. Gray: *Modern Strategy* (Oxford: Oxford University Press, 1999), p.96.〔グレイ著『現代の戦略』一五二頁〕

41 Eberhard Kessel (ed.): *Carl von Clausewitz: Strategie aus dem Jahr 1804 mit Zusätzen von 1808 und 1809* (2nd edn., Hamburg: Hanseatische Verlagsanstalt, 1943), pp.4If.

42 Azar Gat: *The Origins of Military Thought* (Oxford: Clarendon Press,1989), pp.67-78.

43 Quoted in Peter Paret: *Clausewitz and the State* (Oxford: Clarendon Press, 1976), p.157.〔パレット著『クラウゼヴィッツ』二三四頁〕

44 Raymond Aron: *Clausewitz—Philosopher of War*, transl. by Christine Booker and Norman Stone (London: Routledge & Kegan Paul, 1976), p.120.〔アロン著『戦争を考える』該当頁なし〕

45 *Vom Kriege*, III, 3-5, pp.356-65.〔クラウゼヴィッツ著『戦争論』上巻、二五九〜二六九頁〕

46 'Übersicht des Sr. königl. Hoheit ...', *Vom Kriege*, p. 1070.〔川村康之編著『戦争論大系②クラウゼヴィッツ』、

二三三頁、太字強調は引用者による〕
47 *Ibid.,* IV, 10, pp.460-66. 〔クラウゼヴィッツ著『戦争論』上巻、三七一〜三七八頁〕
48 Clausewitz: 'Nachricht', in *Vom Kriege,* p.183.
49 General Erich Ludendorff: *Der Totale Krieg,* transl. by A, S. Rappoport as *The Nation at War* (London: Hutchinson, 1936), p.20.
50 Commandant J. Colin: *The Transformations of War,* transl. by L. H. R. Pope-Hennessv (London: Hugh Rees' 1912), p.335.
51 Eugène Carrias: *La pensée militaire française* (Paris: Presses Universitaires de France, I960), p.279.
52 Hubert Camon: *Clausewitz* (Paris: R. Chapelot, 1911), pp.1-3, 11.
53 Capitaine Georges Gilbert: *Essais de critique militaire* (Paris: Librairie de la Nouvelle Revue, 1890), pp.3, 20, 22, 278.
54 Georges Gilbert: *La guerre sud-africaine* (Paris: Berger-Levrault, 1902), pp.491f.
55 Quoted in Jack Snyder: *The Ideology of the Offensive: Military Decision Making and the Disasters of 1914* (Ithaca: Cornell University Press, 1984), p.80.
56 General Négrier: 'Quelques enseignements sur la guerre Russo-Japonaise', *Revue des deux monies* (15 June 1906), p.34, quoted and translated m Douglas Porch: 'Clausewitz and the French, 1971-1914', in Michael Handel (ed.): *Clausewitz and Modern Strategy* (London, Frank Cass, 1986), p.299.
57 Porch:'Clausewitz and the French', p.297.
58 *Ibid.,* p.299.
59 Foch: *The Principles of War,* pp.285-7.
60 General Palat: *La philosophie de la guerre d'après Clausewitz* (1st edn. Paris: Henri Charles-Lavazelle, 1921; this edition Paris: Economica, 1998), p.266.
61 Lt General (Ret.) Horst von Metzsch: *Der einzige Schutz gegen die Niederlage: eine Fühlungnahme mit*

Clausewitz (Breslau: Ferdinand Hirt, 1937), pp.17, 62.
62 Marwedel: *Carl von Clausewitz*, p.164.
63 Quoted in Emmanuel Terray: *Clausewitz* (Paris: Fayard, 1999), p.190.
64 *Vom Kriege*, 1,1,2, pp.191f.〔クラウゼヴィッツ著『戦争論』上巻、三四〜三五頁〕
65 *Ibid.*, I,1, p. 193.〔クラウゼヴィッツ著『戦争論』上巻、三九頁〕
66 'Übersicht des Sr. königl. Hoheit ..., *Vom Kriege*, p.1070.〔川村康之編著『戦争論大系②クラウゼヴィッツ』、二三二頁〕
67 *Vom Kriege*, IV, 11, p.469.〔クラウゼヴィッツ著『戦争論』上巻、三八一頁〕
68 Manfred Rauchensteiner: 'Betrachtungen über die Wechselbeziehung von politiscjem Zweck und militärischem Ziel', in Clausewitz-Gesellschaft (ed.): *Freiheit ohne Krieg? Beitrage zur Strategie-Diskussion der Gegenwart im Spiegel der Theorie von Carl von Clausewitz* (Bonn: Dümmler, 1980), pp.63f.
69 Großer Generalstab (ed.): *Moltkes Militärische Werke*, Vol.IV, *Kriegslehren*, Part 3 (Berlin: Ernst Mittler und Sohn, 1911), p.6.
70 Antulio J. Echevarria II: 'On the Brink of the Abyss: The Warrior Identity and German Military Thought before the Great War', in *War and Society*, Vol.13, No. 2 (October 1995), p.29.
71 Foch: *The Principles of War*, pp.282-7.
72 *Ibid.*, pp.287-90.
73 私の著作である以下のものを参照のこと。*The Bomb* (London: Longman, 2000), Ch.2.
74 Quoted in Karl Köhler: 'Jenseits von Clausewitz und Douhet', *Revue Militaire Générale*, No.10 (December 1964), p.656.
75 Général André Beaufre: *Introduction à la stratégie* (Paris: Librairie Armand Colin, 1963), pp.15f.
76 *Vom Kriege*, III,14, pp.401f.〔クラウゼヴィッツ著『戦争論』上巻、三〇九頁〕
77 *Ibid.*, IV, 7, p.443.〔クラウゼヴィッツ著『戦争論』上巻、三五三頁〕

78 Colin: *The Transformations of War*, p.334.

79 Foch: *The Principles of War*, p.51.

80 *Ibid.*, p.97.

81 *Ibid.*, pp.292-8.

82 Jehuda Wallach: *Kriegstheorien: Ihre Entwicklung im 19. und 20. Jahrhundert* (Frankfurt/Main: Bernard & Graefe, 1972), pp.162f.

83 Quoted in Russell F. Weigley: *The American Way of War: A History of United States Military Strategy and Policy* (Bloomington: Indiana University Press, 1977), p.213.

84 *Vom Kriege*, I, 4, p.255; I, 5, p.257. 〔クラウゼヴィッツ著『戦争論』上巻、一二七頁、一二八頁〕

85 *Ibid.*, I, 7, pp.261f. 〔クラウゼヴィッツ著『戦争論』上巻、一三四頁、一三五頁、清水訳の「障害」を「摩擦」に修正〕

86 *Ibid.*, I, 7, p.263. 〔クラウゼヴィッツ著『戦争論』上巻、一三七頁〕

87 *Ibid.*, I, 8, p.265. 〔クラウゼヴィッツ著『戦争論』上巻、一三九頁〕

88 F. C. von Lossau: *Ideale der Kriegführung* (Berlin, 1836-9), Vol. III, p.340, quoted in Hagemann: *Die deutsche Lehre*, p.49.

89 *Vom Kriege*, II, 2, p.289. 〔クラウゼヴィッツ著『戦争論』上巻、一七二頁〕

90 William Safire: 'The Fog of War: Von Clausewitz Strikes Again', *International Herald Tribune* (19 November 2001).

91 *Vom Kriege*, I, 1, 21 and I, 3, pp-208, 234. 〔クラウゼヴィッツ著『戦争論』上巻、六〇頁、九六頁。清水訳では「カルタ遊び」となっている〕

92 Moltkes: *Militärische Werke*, Vol.II, 2, pp.208 and 293, quoted in Eberhard Kessel: *Moltke* (Stuttgart: K.F. Koehler, 1957), p.511.

■第5章

1 Christopher Bassford: 'Landmarks in Defense Literature: *On War* by Carl von Clausewitz', *Defense Analysis,* Vol.12, No. 2 (1996), p.268.

2 Quoted in Ernst Hagemann: *Die deutsche Lehre vom Kriege: Von Berenhorst zu Clausewitz* (Berlin: E. S. Mittler & Sohn, 1940), p.41.

3 *Ibid.*

4 *Ibid.,* p.53.

5 Carl von Clausewitz: 'Strategic aus dem Jahre 1804', in Werner Hahlweg (ed.): *Carl von Clausewitz: Verstreute kleine Schriften* (Osnabrück: Biblio Verlag, 1979), pp.25f.

6 'Über die sr. königl...', *Vom Krieg,* pp.1075-8. 〔川村康之編著『戦争論大系②クラウゼヴィッツ』二三九頁、二四〇頁、二四三頁〕

7 *Vom Kriege,* VI,1, p.613. 〔クラウゼヴィッツ著『戦争論』下巻、一五頁〕

8 *Ibid.,* VI, 1, pp.613f. 〔クラウゼヴィッツ著『戦争論』下巻、一二頁、一三頁〕

9 *Ibid.,* VI, 1, 2, p.615. 〔クラウゼヴィッツ著『戦争論』下巻、一五～一六頁〕

10 *Ibid.,* VII, 2, p.872. 〔クラウゼヴィッツ著『戦争論』下巻、三七九頁〕

11 *Ibid.,* VI, 5, p.633; also VII, 2, p.872. 〔クラウゼヴィッツ著『戦争論』下巻、三八～三九頁〕

12 *Ibid.,* VI 8, pp.646ff. 〔クラウゼヴィッツ著『戦争論』下巻、五六頁〕

13 *Ibid.,* VI, 9, p.665. 〔クラウゼヴィッツ著『戦争論』下巻、八三頁〕

14 *Ibid.,* VI,10, pp.670-81. 〔クラウゼヴィッツ著『戦争論』下巻、九〇～一〇六頁〕

15 Ulrich Marwedel: Carl von Clausewitz: Persönlichkeit und Wirkungsgeschichte seines Werkes bis 1918 (Boppard am Rhein: Harald Boldt Verlag, 1978), pp.167-72.

16 Großer Generalstab (ed.)： *Moltkes Militärische Werke,* Vol. IV、 *Kriegslehren,* Part 3 (Berlin: Ernst Mittler und Sohn, 1911), pp.141f. モルトケは以下の一八六九年から八五年に書いた文献でも非常に似たことを記している。

'Wechselwirkung zwischen Offensive und Defensive', 以下も参照のこと *ibid.*, pp.167-70.

17 *Ibid.*, pp.207f.

18 *Ibid.*, p.163.

19 Azar Gat: *Military Thought: The Nineteenth Century* (Oxford: Clarendon Press, 1992), p.67.

20 Quoted in Jack Snyder: The Ideology of the Offensive: Military Decision Making and the Disasters of 1914 (Ithaca: Cornell University Press, 1984), p.139.

21 *On War*, VI. 2-8, pp.618-70. ［クラウゼヴィッツ著『戦争論』下巻、一八～八二頁］

22 Liet.-Gen. von Caemmerer: *The Development of Strategical Science during the Nineteenth Century* (trs. Karl von Donat; London: Hugh Rees, 1905), p.98.

23 Friedrich von Bernhardi: 'Clausewitz über Angriff und Verteidigung: Versuch einer Widerlegung', *Beiheft zum Militär- Wochenblatt*, No.12 (Berlin: Ernst Siegfried Mittler & Sohn, 1911), pp.399-412, here pp.399, 411.

24 Alten: *Handbuch für Heer und Flotte* (1909-1914), Vol.2, p.209, quoted in Marwedel: *Carl von Clausewitz*, pp,158f.

25 Quoted in Snyder: *The Ideology of the Offensive*, p.20.

26 Jehuda Wallach: *Kriegstheorien: Ihre Entwicklung im 19. und 20. Jahrhundert* (Frankfurt/Main: Bernard & Graefe, 1972), p.175.

27 Wallach: 'Misperceptions of Clausewitz's *On War* by the German Military', in Michael Handel (ed.): *Clausewitz and Modern Strategy* (London, Frank Cass, 1986), pp.224-6.

28 Introduction to Clausewitz: *Théorie de la grande guerre*, transl. de Vatry (1886), Vol. I, p.ix, quoted in Marwedel: *Carl von Clausewitz*, p.237.

29 Eugène Carrias: *La pensée militaire française* (Paris: Presses Universitaires de France, I960), p.255.

30 Quoted in Snyder: *The Ideology of the Offensive*, p.80.

31 Capitaine Georges Gilbert: Essais de critique militaire (Paris: Librairie de la Nouvelle Revue, 1890), pp.vi, 20.

32 *Ibid.*, pp.vi, 12f, 19, 22, 37, 46.
33 Alan Mitchell: *Victors and Vanquished: The German Influence in Army and Church in France after 1870* (Chapel Hill: University of North Carolina Press,1984), pp.276f.
34 Gat: *The Nineteenth Century*, pp.122-5.
35 Derrécagaix: *La guerre moderne* (Paris: Librairie militaire de L. Baudouin,1885),Vol. I, p.372.
36 Joseph Joffre: *Memoires* (Paris: Plon, 1932), pp.32-3,quoted and translated in Douglas Porch: 'Clausewitz and the French, 1971-1914', in Michael Handel (ed.): *Clausewitz and Modern Strategy* (London, Frank Cass,1986), pp.298f.
37 Colonel Maillard: *Éléments de la guerre* (Paris: Librairie militaire de L. Baudouin, 1891), p.435.
38 Raymond Aron: *Clausewitz, Philosopher of War*, transl. Christine Booker and Norman Stone (London: Routledge & Kegan Paul,1976), p.247. 〔アロン著『戦争を考える』四一一頁〕
39 Bernard Brodie: *Strategy in the Missile Age* (2nd ed., Princeton, NJ: Princeton University Press, 1965), pp.52f.
40 Marshal [Ferdinand] Foch: *The Principles of War*, transl. Hilaire Belloc (London: Chapman & Hall, 1918), pp.283f.
41 Foch: *The Principles of War*, pp.28 If.
42 Snyder: *The Ideology of the Offensive* pp.16, 41.
43 *Ibid.*, pp.41-106.
44 Gat: *The Nineteenth Century*, p.131.
45 *Ibid.*, p.136.
46 Jean Jaurès: *L'Armée Nouvelle* (Paris: Publications Jules Rouffet, 1911), p.137.
47 Admiral Raoul Castex: *Strategic Theories*, transl Eugenia Kiesling (Annapolis, Md: Naval Institute Press,1994), pp.312, 344.
48 Russell F. Weigley: *The American Way of War: A History of United States Military Strategy and Policy*

(Bloomington: Indiana University Press, 1977), p.213.
49 Brodie: *Strategy in the Missile Age*, p.178.
50 Major General Professor Rasin: 'Die Bedeutung von Clausewitz fur die Entwicklung der Militärwissenschaft', *Militärwesen*, 2nd Year, No. 3 (May 1958), p.384.
51 Quoted in Raymond L. Garthoff: *Soviet Military Doctrine* (Glencoe, Ill.: Free Press, 1953), p.66.
52 Quoted in *ibid.*, p.66.
53 Quoted in David M. Glantz: *The Military Strategy of the Soviet Union - A History* (London: Frank Cass, 1992), p.280 n.45.
54 Quoted in Garthoff: *Soviet Military Doctrine*, p.67.
55 Quoted in Zhang Yuan-Lin: 'Mao Zedong und Carl von Clausewitz: Theorien des Krieges, Beziehung, Darstellung und Vergleich' (MS Ph.D., University of Mannheim, 1995), pp.167f.
56 Quoted in Azar Gat: *Fascist and Liberal Visions of War: Fuller, Liddell Hart, Douhet and Other Modernists* (Oxford: Clarendon Press, 1998), p.235.
57 Clausewitz: 'Strategic von 1804', in Werner Hahlweg (ed.): *Carl von Clausewitz: Verstreute Kleine Schriften* (Osnabrück: Biblio Verlag, 1979), pp.20f.
58 'Übersicht des Sr. königl. Hoheit …, *Vom Kriege*, p. 1070.〔川村康之編著『戦争論大系②クラウゼヴィッツ』、二三二頁〕
59 *Vom Kriege*, IV, 11, p.467.〔クラウゼヴィッツ著『戦争論』上巻、三八〇頁〕
60 *Ibid.*, VII, 4, p.877.〔クラウゼヴィッツ著『戦争論』下巻、三八四頁〕
61 *Ibid.*, VI, 25, pp.78-1-98.〔クラウゼヴィッツ著『戦争論』下巻、二六四頁〕
62 *Ibid.*, VII, 7, p.883.〔クラウゼヴィッツ著『戦争論』下巻、三九一頁〕
63 *Ibid.*, VI, 26, p.805.〔クラウゼヴィッツ著『戦争論』下巻、二八九頁〕
64 Hagemann: *Die deutsche Lehre*, pp.54f.

65 Quoted in *ibid.*, p.105. 本名はゲオルク・フィリップ・フリードリヒ・フライヘア・フォン・ハルデンベルク（Georg Philipp Friedrich Freiherr von Hardenberg：一七七二年～一八〇一年）である。

66 Friedrich Engels, letter of 30 March 1854, quoted in Panajotis Kondylis: *Theorie des Krieges: Clausewitz-Marx-Engels-Lenin* (Stuttgart: Klett-Cotta, 1988), p.150.

67 Marwedel: *Carl von Clausewitz*, p.131.

68 Großer Generalstab (ed.)： *Moltkes Militärische Werke,* Vol. IV *Kriegslehren*, Part 3 (Berlin: Ernst Mittler und Sohn, 1911), p.5.

69 Rudolf Stadelmann: *Moltke und der Staat* (Krefeld: Scherpe-Veriag, 1950), particularly p.369.

70 Hans-Ulrich Wehler: 'Der Verfall der deutschen Kriegstheorie' in Ursula von Gersdorff, (ed.): *Geschichte und Militärgeschichte* (Frankfurt/ Main: Bernard Graefe, 1974), p.287.

71 Helmuth von Moltke: *Aufzeitchnungen, Briefe, Schriften, Reden* (Ebenhausen bei München; Wilhelm Langewiesche-Brandt, 1942), pp.337f.

72 *Ibid.*, pp.340f.

73 Quoted in Manwedel: *Carl von Clausewitz*, p.144.

74 Colmar von der Goltz: *The Nation in Arms* (London: Hugh Recs, 1906), p.470.

75 Colmar von der Goltz: *Jena to Eylau* (London: Kegan Paul, Trench, Trubner, 1913), p.74.

76 *Ibid.*, pp.70-3.

77 Von der Goltz: *The Nation in Arms*, p.77.

78 Colmar von der Goltz: *Kriegführung: Kurze Lehre ihrer michtigsten Grundsdtzxe und Formen* (Berlin: 1895), quoted in Kondylis: *Theorie des Krieges*, p.119.

79 Jehuda Wallach: *The Dogma of the Battle of Annihilation* (Westport, Ct.: Greenwood Press, 1986), p.41.

80 Jehuda Wallach: 'Misperceptions of Clausewitz's *On War* by the German Military' in Michael Handel (ed.): *Clausewitz and Modern Strategy* (London, Frank Cass, 1986), p.216.

81 *Ibid.*, p.217.

82 Clausewitz: 'Betrachtungen über einen künftigen Kriegsplan gegen Frankreich, 1830', in Werner Hahlweg (ed.): *Carl von Clausewitz: Verstreute Kleine Schriften* (Osnabrück: Biblio Verlag, 1979), pp.533-63.

83 Wallach: *The Dogma*, pp.69, 72.

84 Kondylis: *Theorie des Krieges*, pp.119f.

85 Snyder: *The Ideology of the Offensive*.

86 Manfried Rauchensteiner: 'Betrachtungen über die Wechselbeziehung von politischem Zweck und militärischem Ziel', in Clausewitz-Gesellschaft (ed.): *Freiheit ohne Krieg? Beitrage zur Strategie-Diskussion der Gegenwart im Spiegel der Theorie von Carl von Clausewitz* (Bonn: Dümmler, 1980), pp.65-7.

87 Gerhard Ritter: *The Schlieffen Plan*, transl. Andrew and Eva Wilson (London: Oswald Wolff, 1958), p.91.

88 *Vom Kriege*, I, 2, p.220; see also p.228. 〔クラウゼヴィッツ著『戦争論』上巻、七七頁〕

89 *Ibid.*, VIII, 8, p.1004. 〔クラウゼヴィッツ著『戦争論』下巻、五三七〜五三八頁〕

90 Hans Delbrück: *Friedrich, Napoleon, Moltke: Aeltere und neuere Strategie* (Im Anschluß an die Bemhardische Schrift: 'Delbrück, Friedrich der Großer und Clausewitz', Berlin: Hermann Walther, 1892), pp.5f.: Hans Delbrück: 'Über die Verschiedenheit der Strategie Friedrichs und Napoleons" in Delbrück: *Historische und politische Aufsätze* (2nd edn., Berlin: Georg Stilke, 1908), pp.223-301.

91 Hans Delbrück: 'Falkenhayn und Ludendorff', *Preußische Jahrbücher* Vol. 180, No. 2 (May 1920), pp.48f.

92 Hans Delbrück: *Die Strategie des Perikles* (Berlin: Georg Reimer, 1890), pp.2f.

93 *Ibid.*, p.5.

94 Scherff: *Delbrück und Berhardi* (1892), pp.7, 38, and Friedrich von Bernhardi: *Delbrück, Friedrich der Große und Clausewitz* (1892), quoted in Marwedel: *Carl von Clausewitz*, pp.160, 205.

95 Delbrück: *Die Strategie des Perikles*, pp.16f.

96 Hans Delbrück: 'Falkenhayn und Ludendorff', *Preußische Jahrbücher*, Vol, 180, No. 2 (May 1920), pp.48f.

97 Gert Buchheit: *Vernichtungs- oder Ermattungsstrategie?* (Berlin: Paul Neff Verlag, 1942).

98 *Vom Kriege*, I, 2, p.220; VI, 8 and 9, pp.647-65. ［クラウゼヴィッツ著『戦争論』上巻、九一頁、下巻、五六〜九〇頁］

99 そのほかの著者については以下を参照のこと。W. Erfurth: *Der Vernichtungskrieg: Eine Studie über das Zusammenwirken getrennter Heeresteile* (Berlin: 1939), quoted in Kondylis: *Theorie des Krieges*, p. 132, and see pp.132-6.

100 General Erich Ludendorff: *Der Totale Krieg*, transl. A. S. Rappoport as *The Nation at War* (London: Hutchinson,1936), p.168. ［ルーデンドルフ著『総力戦』一五七頁］

101 Christopher Bassford: *Clausewitz in English* (Oxford: Oxford University Press, 1994), p.66.

102 Spenser Wilkinson, quoted in Luvaas: *The Education of an Army: British Military Thought*, pp.283f.

103 F. N. Maude: 'Introduction' in Carl von Clausewitz: *On War*', transl. by Colonel J. J, Graham (London: Kegan Paul, 1908), p.v.

104 J. F. C. Fuller: 'Introduction' in Joseph I. Greene (ed.): *The Living Thoughts of Clausewitz* (London: Cassel, 1945), pp.1f.

105 Major Stewart L. Murray: *The Reality of War: An Introduction to Clausewitz* (London: Hugh Rees, 1909), and *idem.*: *The Reality of War: A Companion to Clausewitz* (London: Hodder & Stoughton, 1914), pp.213f.

106 Admiral Sir Gerald Dickens: *Bombing and Strategy: The Fallacy of Total War* (London: Sampson Low, Marston & Co., 1947); and the reply by Capt. Robert H. McDonnell: 'Clausewitz and Strategic Bombing', *Air University Quarterly Review*, Vol. VI (Spring 1953), pp.43-54 (in defence of Clausewitz).

107 Capitaine Georges Gilbert: *Essais de critique militaire* (Paris: Librairie de la Nouvelle Revue, 1890), pp.10, 48.

108 Derrécagaix: *La guerre moderne* (Paris: Librairie militaire de L. Baudouin,1885), pp.25-7.

109 Marshal ［Ferdinand］ Foch: *The Principles of War*, transl. Hilaire Belloc (London: Chapman & Hall, 1918),

p.299.

110 *Ibid.*, pp.295, 299.

111 Aron: *Clausewitz, Philosopher of War*, p.248. 〔アロン著『戦争を考える』三四〜三五頁〕

112 Commmandant J. Colin: *The Transformations of War*, transl. by L. H. R. Pope-Hennessy (London: Hugh Rees, 1912), p.335.

113 *Vom Kriege*, I, 2, p.217. 〔クラウゼヴィッツ著『戦争論』上巻、七二頁、七三頁〕

114 Christopher Bassford: 'John Keegan and the Grand Tradition of Thrashing Clausewitz',in *War in History*, Vol. 1, No. 3 (1994); Basil H. Liddell Hart: *Paris or the Future of War* (London: Kegan Paul,Trench, Trubner, 1925), p.17; idem.: *The Remaking of Modem Armies* (London: John Murray, 1927), pp.103f.

115 Basil H. Liddell Hart: *The Ghost of Napoleon* (London: Faber and Faber, probably 1934), chapter-heading p.118, and this quotation p. 120.〔Ｂ・Ｈ・リデルハート著『ナポレオンの亡霊』一二一頁〕

116 *Ibid.*, p.121. 〔リデル・ハート著『ナポレオンの亡霊』一二一〜一二二頁〕

117 *Ibid.*, p.122. 〔リデル・ハート著『ナポレオンの亡霊』一二二頁〕

118 *Ibid.*, p.142. 〔リデル・ハート著『ナポレオンの亡霊』、一四四〜一四五頁〕

119 Quoted in Michael Howard: 'The Influence of Clausewitz', in Michael Howard and Peter Paret (eds.) : Carl von Clausewitz: *On War* (Princeton,NJ: Princeton University Press, 1976), p.42.

120 Field Manual 100-5 of 1 October 1939, quoted in Colonel Harry G. Summers Jr.: *On Strategy: A Critical Analysis of the Vietnam War* (Novato, Ca.: Presidio, 1982), p.63.

121 FM 100-5, 19 February 1962, quoted in Summers: *On Strategy*, p.93.

122 FM 100-5, 6 September 1968, quoted in Summers: *On Strategy*, p.95.

123 Quoted in Raymond L. Garthoff: *Soviet Military Doctrine* (Glencoe, 111.: Free Press, 1953), p.150.

124 Quoted in Manfred Backerra, 'Zur sowjetischen Militärdoktrin' , *Beiträge zur Konfliktforschung*, Vol.13, No.1 (Jan. 1983), p.49.

125 Germany: Bundesarchiv, Militärisches Zwischenarchiv, MZP, VA- Strausberg/32657, pp.54-5, emphasis added.

126 Zhang Yuan-Lin: 'Mao Zedong und Carl von Clausewitz: Theorien des Krieges, Beziehung, Darstellung und Vergleich' (MS Ph.D., University of Mannheim, 1995), pp.28f.

127 Jan Philipp Reemlsma: 'Die Idee des Vernichtungskrieges: Clausewitz-Ludendorff-Hitler', in Hannes Heer & Klaus Naumann (eds): *Vernichtungskrieg: Verbrechen der Wehrmacht 1941-1944* (Hamburg: Hamburger Edition, 1995), pp.377-401.

128 Roger Chickering: 'Total War: The Use and Abuse of a Concept', in Manfred Boemeke, Roger Chickering and Srig Förster (eds): *Anticipating Total War: The German and American Experiences, 1871-1914* (Cambridge: Cambridge University Press, 1999), pp.l5f.

129 Clausewitz: 'Bekenntnisdenkschrift' in Hans Rothfels (ed.): *Carl von Clausewitz: Politische Schriften und Briefe* (Munich: Drei Masken Verlag, 1922), p.750.

130 General Erich Ludendorff: *Der Totale Krieg*, transl. A. S. Rappoport as *The Nation at War* (London: Hutchinson,1936), pp.16, 23. 〔ルーデンドルフ著『総力戦』一四、二〇頁〕

131 *Vom Kriege*, VIII, 2 and 3B, pp.954, 971-3, my italics. 〔クラウゼヴィッツ著『戦争論』下巻、四七五頁、四九九頁、五〇〇頁、五〇一頁〕

132 Hans-Ulrich Wehler: 'Der Verfall der deutschen Kriegstheorie: Vom "absoluten" zum "Totalen" Krieg oder von Clausewitz zu Ludendorff', in Ursula von Gersdorff (ed.): *Geschichte und Militärgeschichte* (Frankfurt/Main: Bernard Graefe, 1974), pp.277f.

133 *Vom Kriege*, I, 1, 11, p.201. 〔クラウゼヴィッツ著『戦争論』上巻、五〇頁〕

134 Hew Strachan: 'On Total War and Modern War', *International History Review*, Vol.22, No. 2 (June 2000), pp.241-343, 353f; Wehler: 'Der Verfall der deutschen Kriegstheorie', p.288.

135 Commmandant J. Colin: *The Transformations of War*, transl. by L. H. R. Pope-Hennessy (London: Hugh Rees,

1912), pp.342f.

136 英訳者のラッポポートはドイツ語のtotaleを全体主義という意味で使っているが、私は間違っていると感じている。

137 General Erich Ludendorff: *Der Totale Krieg*, transl. by Rappoport, pp.11-16, 23, my italics. 〔ルーデンドルフ著『総力戦』一四、二〇頁、太字は引用者による〕

138 *Les Guerres d'Enfer* (Paris: E. Sansot, 1915).

139 *La Guerre Nouvelle* (Paris: Lib. Armand Colin, 1916).

140 Paris: *Nouvelle Librairie Nationale*, 1918.

141 Strachan: 'On Total War and Modern War', pp.341-70.

142 Ludendorff: *The Nation at War*, pp. 11-16, 23. 〔ルーデンドルフ著『総力戦』〕

143 General Ludwig Beck: 'Die Lehre vom Totalen Kriege" in Günter Dill (ed.): *Clausewitz in Perspektive* (Frankfurt/Main: Ullstein, 1980), p.521.

144 *Vom Kriege*, I, 1, 3, p. 193. 〔クラウゼヴィッツ著『戦争論』上巻、三六頁、三八頁〕

145 Beck: 'Die Lehre vom Totalen Kriege"., pp.527-32.

146 Gerhard Ritter, letter to Beck of 4 November 1942, quoted in Müller: 'Clausewitz, Ludendorff and Beck', p.258. 〔太字は引用者による〕

147 Aron: *Clausewitz, Philosopher of War*, p.252. 〔アロン著『戦争を考える』三三頁〕

148 Liddell Hart: *The Ghost of Napoleon*, p. 120. 〔リデルハート著『ナポレオンの亡霊』一二一頁〕

149 *Ibid.*, p.121. 〔リデルハート著『ナポレオンの亡霊』、一二二頁〕

150 *Ibid.*, p.144. 〔リデルハート著『ナポレオンの亡霊』、一四六頁〕

151 John Keegan: *War and Our World* (London: Hutchinson, 1998), pp.41-3; see also John Keegan: *A History of Warfare* (New York: Knopf, 1993) 〔ジョン・キーガン著、井上堯裕訳『戦争と人間の歴史』刀水書房、二〇〇〇年、九九、一〇一頁。他にも以下を参照のこと。キーガン著『戦略の歴史』〕

152 Martin Shaw: *Dialectics of War: An Essay in the Social Theory of Total War and Peace* (London: Pluto Press, 1988), pp.16f, 61; and see Michael Howard: *Clausewitz* (Oxford: Oxford University Press, 1984), p.70.
153 James John Turner: *War Tradition and the Restraint of War: a Moral and Historical Inquiry* (Princeton, NJ: Princeton University Press, 1981), p.267.
154 Brodie: *Strategy in the Missile Age*, pp.37f.
155 *Ibid*., p.315.
156 Jay Luvaas, 'Clausewitz, Fuller, and Liddell Hart,' in Michael Handel (ed.): *Clausewitz and Modern Strategy* (London, Frank Cass, 1986), p.197.

■第6章

1 Julian Corbett: *England in the Seven Years War: A Study in Combined Strategy*, 2 vols. (London: Longmans, Green & Co., 1907), Vol. 1, p.6.
2 Corbett: *Some Principles of Maritime Strategy* (originally 1911, this reimpression London: Conway Maritime Press, 1972), p.134. ［ジュリアン・スタンフォード・コーベット著、エリック・グロウヴ編、矢吹啓訳『コーベット海洋戦略の諸原則』原書房、二〇一六年］
3 以下からの引用。B. McL. Ranft, Foreword to Corbett: *Some Principles*, p.ix.
4 以下からの引用。Donald M. Schurman: *Julian S. Corbett, 1854-1922: Historian of British Maritime Policy from Drake to Jellicoe* (London: Royal Historical Society, 1981), pp.53 f.
5 Corbett: *Some Principles*, p.14.
6 D. M. Schurman: *The Education of a Navy* (London: Cassell, 1965), p.183.
7 Corbett: *England in the Seven Years War*, Vol. I, pp.3f.
8 Corbett: *Some Principles*, pp.6f. ［コーベット著『海洋戦略の諸原則』］
9 *Ibid*., p.13. ［同上］

10 *Ibid.*, p.14. ［同上］
11 *Ibid.*, pp.16, 23. ［同上］
12 *Ibid.*, p.18. ［同上］
13 *Ibid.*, p.25. ［同上］
14 *Ibid.*, pp.29f. ［同上］
15 *Ibid.*, pp.28, 45, 50. ［同上］
16 *Ibid.*, pp.51. 太字は著者による。
17 *Ibid.*, pp.54f. ［同上］
18 *Ibid.*, p.58. ［同上］
19 *Ibid.*, p.63. ［同上］
20 *Ibid.*, pp.70f. ［同上］
21 *Ibid.*, p.73. ［同上］
22 *Ibid.*, p.87. ［同上］
23 *Ibid.*, pp.89f. ［同上］
24 *Ibid.*, p.94. ［同上］
25 *Ibid.*, pp.157-62. ［同上］
26 Jon Tetsuro Sumida, *Inventing Grand Strategy and Teaching Command: The Classic Works of Alfred Thayer Mahan Reconsidered* (Baltimore: Johns Hopkins University Press, 1997), p.113.
27 Joint Publication 1-02, *Department of Defense Dictionary of Military and Associated Terms* (1 Dec. 1989). p.212, quoted by General Larry D. Welch: 'Air Power in Low- and Mid-intensive Conflict', in Richard H. Shultz, Jr. and Robert L. Pfaltzgraff, Jr. (eds.): *The Future of Air Power in the Aftermath of the Gulf War* (Maxwell Air Force Base, Alabama: Air University Press, 1992), p.142.
28 *Vom Kriege*, VI, 26, p.799. ［クラウゼヴィッツ著『戦争論』下巻、二八〇頁］
29 全文とイラストについては Werner Hahlweg (ed): *Carl von Clausewitz: Schriften-Aufsätze-Studien-Brief*

(Gottingen: Vandenhoeck & Ruprecht, 1966), pp.226-588.を参照のこと。

30 Clausewitz: 'Bekenntnisdenkschrift', in Hans Rothfels (ed.): *Carl von Clauusewitz: Pohtische Schriften and Briefe* (Munich: Drei Masken Verlag, 1922), pp.118f.

31 *Vom Kriege*, VI, 26, pp.799-806, particularly p.800. ［クラウゼヴィッツ著『戦争論』下巻、二八〇〜二九一頁、とくに二八一頁］

32 *Ibid.*, VI, 6, pp.636-8. ［クラウゼヴィッツ著『戦争論』下巻、四三頁］

33 *Ibid.*, VI, 26, pp.799f.

34 *Ibid.*, III, 17, p.413. ［クラウゼヴィッツ著『戦争論』上巻、三一九頁］

35 *Ibid.*, VI, 26, p.801. ［クラウゼヴィッツ著『戦争論』下巻、二八二〜二八三頁］

36 *Ibid.*, III, 4, pp.359f.

37 *Ibid.*, VI, 26, p.803. ［クラウゼヴィッツ著『戦争論』下巻、二八五〜二八六頁］

38 *Ibid.*, VI, 26, pp.803f.

39 *Ibid.*, VI, 26, p.805. ［クラウゼヴィッツ著『戦争論』下巻、二八九頁］

40 *Ibid.*, I, 2, p.221 and VI, 30, pp.833-6. ［クラウゼヴィッツ著『戦争論』上巻、七三頁、下巻、三六五〜三七〇頁］

41 両方とも以下からの引用。 Werner Hahlweg: 'Lenin und Clausewitz', in Günter Dill (ed): *Clausewitz in Perspektive* (Frankfurt/Main: Ullstein, 1980), pp.639f.

42 Christopher Bassford: *Clausewitz in English*, p.74.

43 T. E. Lawrence: *The Seven Pillars of Wisdom* (London: Jonathan Cape, 1973), pp.193, 196. ［T・E・ローレンス著『完全版：知恵の七柱2』平凡社、二〇〇八年、七〇、七二頁］

44 これについてはT. E. Lawrence: 'Guerrilla warfare', entry in *the Encyclopedia Britannica* (14th edn, Chicago, Encyclopedia Britannica, 1929), Vol. 10, printed in Gerard Chaliand (ed): *The Art of War in World History* (Berkeley: University of California Press, nd.), pp.880-90.を参照のこと。

45 Gray: *Modern Strategy* (Oxford: Oxford University Press, 1999).

46 W. I. Lenin: 'Uber die Junius-Broschüre', in *Uber Krieg, Armee and il/Iiiitarwissenschaft*, Vol. I (Ost Berlin: Verlag des Ministeriums für Nationale Verteidigung, 1958), p.597.
47 以下からの引用。 Zhang Yuan-Lin: 'Mao Zedong und Carl von Clausewitz: Theorien des Krieges, Beziehung, Darstellung und Vergicich' (MS Ph.D., University of Mannheim, 1995), p.31.
48 *Vom Kriege*, VI, 5, p.634, and Mao in Yuan-Lin: 'Mao und Clausewitz', p.32. ［クラウゼヴィッツ著『戦争論』下巻、三九頁］
49 以下からの引用。 Yuan-Lin: 'Mao und Clausewitz', p.221.
50 *Ibid.*, pp.226f.
51 以下からの引用。 *ibid.*, pp.232f.
52 以下からの引用。 *ibid.*, p.234.
53 Helmut Schmidt: *Menschen and Mächte* (Berlin: Goldmann/Siedler, 1987), p.359.
54 クラウゼヴィッツも『戦争論』の第六篇で同様の主張をしている。この事実をハフナーは自らの議論の中で無視している。
55 Sebastian Haffner: 'Mao und Clausewitz', in Günter Dill (ed.): *Clausewitz in Perspektive* (Frankfurt/Main: Ullstein, 1980), pp.652-63.
56 Ernesto Che Guevara: 'Taktik und Strategie der lateinamerikanischen Revolution (1962)', in Günter Dill (ed.): *Clausewitz in Perspektive* (Frankfurt/Main: Ulistein, 1980), pp.664-77.
57 Tru'ông-Chinh: *The Resistance Will Win* (3rd edn, Hanoi: Foreign Languages Publishing House, 1966), pp.106f.

■第7章

1 一九二三年と一九三三年の間に短編版が出版され、一九三四年と一九三六年に再出版、それに一九四一年にも出版された。 Anon.: 'Uber die Einfürungsartikel zum Buch C.v.Clausewitz"“Vom Kriege"', *Voyennaya Mysl*, transl. in *Militärmesen*, 3rd year, No. 4 (July 1959), p.599.
2 C. N. Donnelly: *Heirs of Clausewitz: Change and Continuity in the Soviet War Machine* (London: Alliance Publishers for the Institute for European Defence and Strategic Studies, 1985).
3 Klemens Kowalke: 'Die Funktionale Bedeutung der Clausewitzschen Methodologie fur die Formierung der

sowjetischen internationalen Politik mit besonderer Berücksichtigung des Einsatzes militärischer Macht' (MS Dr phil. Mannheim, 1989/1990), p.79.

4 スターリンの手紙は次の中で公表されている。 *Bolshevik*, No. 3 (February 1947), pp.4-7. Quoted in Byron Dexter: 'Clausewitz and Soviet Strategy', *Foreign Affairs*, Vol. 29, No. 1 (Oct. 1950), pp.44f.

5 Jean-Christophe Romer: 'Quand l'Armée Rouge critiquait Clausewitz', in *Stratégique*, No. 33 (1st term, 1987), pp.97-111.

6 例えば以下を参照のこと。 Azar Gat, *The Nineteenth Century*, p.238.

7 L. Leschtchinskii: *Bankrotstvo Voennoi Ideologii Germanskich Imperialistov* (Moscow: 1951), cited in Martin Kitchen: 'The Political History of Clausewitz', in *Journal of Strategic Studies*, Vol. 11, No. 1 (March 1988), pp.43f.

8 *Vom Kriege*, VI, 30, p.856. 〔クラウゼヴィッツ著『戦争論』下巻、三六一頁〕

9 *Ibid.*,II, 6, p.336. 〔クラウゼヴィッツ著『戦争論』下巻、二四三頁〕

10 H. Dinerstein: *War and the Soviet Union: Nuclear Weapons and the Revolution in Soviet Military and Political Thinking* (New York: Atlantic Books/Stevens and Sons, 1959), pp.71-5.

11 Kowalke: 'Die Funktionale Bedeutung', p.167.

12 以下からの引用。 Zhang Yuan-Lin: 'Mao Zedong und Carl von Clausewitz: Theorien des Krieges, Beziehung, Darstellung und Vergleich' (MS Ph.D. University of Mannheim, 1995), pp.33f.

13 以下からの引用。 Yuan-Lin: 'Mao Zedong und Carl von Clausewitz', pp.34f.

14 J. A. Rasin: 'Die Bedeutung von Clausewitz für die Entwicklung der Militärwissenschaft', in *Militärwesen, Zeitschrift für Militarpolitik und Militärtheorie*, Vol. 2, No. 3 (May 1958), pp.377-92.

15 N. Talenski in *Strategic und Abrüstungspolitik der Sowjetunion: Ausgewählte Studien and Reden* (Frankfurt/Main: 1964), pp.174-82 and 183-89, quoted in Panajotis Kondvlis: *Theorie des Krieges: Clausewitz -Marx - Engels - Lenin* (Stuttgart: Klett-Cotta, 1988), pp.286f.

16 以下からの引用。 Kowalke: 'Die Funktionale Bedeutung', p.168.

17 V. D. Sokolovskiv: *Soviet Military Strategy*, transl. and ed. by Harriet Fast Scott (3rd edn, 1968, London: Macdonald and Jane's, 1975), pp. 173-7.

18 以下からの引用。Yuan-Lin: 'Mao Zedong und Carl von Clausewitz', pp.223f.

19 N. Talensky: 'The "Absolute Weapon" and the Problem of Security', *International Affairs* (Moscow), No. 4 (April 1962), p.24.

20 以下からの引用。Kowalke: 'Die Funktionale Bedeutung', p.84.

21 Kowalke: 'Die Funktionale Bedeutung', p.83.

22 以下からの引用。Helmut Dahm: 'Die sowjetische Militär-Doktrin', in *Osteuropa*, Vol. 6 (1970), pp.394f.; E. ルイプキンは一九六五年にタレンスキーを批判している。以下を参照のこと。Klemens Kowalke: 'Die Funktionale Bedeutung', p.84.

23 V. Tsvetkov: 'Vydajushchiisja voennyi myslitel' XIX veka' in *Voennoistoricheskii Zhurnal* (1964), No. 1, pp.47-9.

24 Kowalke: 'Die Funktionale Bedeutung', p.85.

25 W. Samkowoj: Krieg und Koexistenz in somjetischer Sicht (Pfullingen:1969), pp.52f., quoted in Kondylis: *Theorie des Krieges*, pp.287f.

26 Sokolovskiy: *Soviet Military Strategy*, pp.174, 177.

27 Kondylis: *Theorie des Krieges*, p.287.

28 以下からの引用。Helmut Dahm: 'Die sowjetische Militär-Doktrin', in *Osteuropa*, Vol. 6 (1970), p.395.

29 例については以下の本を参照。Kowalke: 'Die Funktionale Bedeutung', pp.86f.

30 V. Y. Savkin: *The Basic Principles of Operational Art and Tactics* (Washington, D.C.: 1972), pp.22-4, Quoted in Martin Kitchen: 'The Political History of Clausewitz', in *Journal of Strategic Studies*, Vol. 11, No. 1 (March 1988), p.44.

31 A. Milovidow et al.: *The Philosophical Heritage of V. I. Lenin and Problems of Contemporary War* (Washington: 1974), pp.46f., quoted in Kondylis: *Theorie des Krieges*, pp.288f.

32 *Great Soviet Encyclopedia,* 3rd edn., 1970 (English translation New York: Macmillan, 1974), Vol. 5, p.652.

33 *Great Soviet Encyclopedia*, 3rd edn. 1973 (English translation New York: Macmillan, 1976), Vol. 12 p.114.

34 以下からの引用。Kowalke: 'Die Funktionale Bedeutung', p.88. 他にも以下を参照のこと。Hans-Henning Schröder: 'Gorbachow und die Generäle', *Berichte des Bundesinstituts für ostwissenschaftliche and*

internationale Studien, No. 45(1987).

35 M. A. Gareyev: *M. V. Frunze: voennyj teoretik* (Moscow: Boennoc Izdateya'stvo, 1985), translated as *Frunze, Military Theorist* (London: Pergamon Brasseys, 1988), p.86.

36 *Kommunist*, Nos. 10, 15(1986), 以下からの引用。 Kowalke: 'Die Funktionale Bedeutung', p.89.

37 以下からの引用。 Kowalke: 'Die Funktionale Bedeutung', p.89.

38 Kowalke: 'Die Funktionale Bedeutung', pp.89, 172f.; 以下の本も参照のこと。 Daniil Proektor: 'O politike, Klauzevitse: s pobede v yadernoi voine', *Mezhdunarodnaya zhizn*, No. 4 (1988).

39 Mikhail Gorbachov: *New Thinking for our Country and the World* (London: Collins, 1987), p.141.

40 以下からの引用。 Kowalke: 'Die Funktionale Bedeutung', p.91.

41 Serebrjannikov: 'S uchetom real'nostej jadernogo veka' in *Kommunist Vooruzhennych Sil*, No. 3 (1987), pp.9-16.

42 以下からの引用。 Kowalke: 'Die Funktionale Bedeutung', p.89.

43 Russell F. Weigley: *The American Way of War: A History of United States Military Strategy and Policy* (London: 1973), p.365.

44 Raymond Aron: *Penser Ia guerre, Clausewitz*, Vol. II, L'âge planétaire (Paris: Gallimard, 1976), p.183

45 Peter R. Moody, Jr.: 'Clausewitz and the Fading Dialectic of War', *World Politics*, Vol. 31(1978), pp.417-33.

46 Colin S. Gray and Keith Payne: 'Victory is possible', *Foreign Policy*, Vol.39 (Summer 1980), pp.14-27.

47 Bruce R. Nardulli: 'Clausewitz and the Reorientation of Nuclear Strategy', *Journal of Strategic Studies*, Vol. 5, No. 4 (December 1982), p.506.

48 *Vom Kriege*, I, 1 p.210［クラウゼヴィッツ著『戦争論』上巻、六四頁］; General Ulrich de Maizière: ' Politische Fuhrung und militärische Macht', in Clausewitz-Gesellschaft (ed.): *Freiheit ohne Krieg? Beitrage zur Strategie-Diskussion der Gegenwart im Spiegel der Theorie von Carl von Clausewitz* (Bonn: Dümmler, 1980), pp.97f.

49 Gerd Stamp: *Clausewitz mi Atomzeitalter* (Wiesbaden: Rheinische Verlags-Anstalt, n.d.), pp.13f in editor's introduction.

50 Brodie: *Strategy in the Missile Age*, p.43.

51 *Ibid.*, p.55.
52 Maurice Leman: ‘Clausewitz, prophéte de l’Apocalypse’, *Strategic et Defense*, No. 6 (July 1980), pp.10-12.
53 Bernard Brodie: ‘The Atomic Bomb and American Security’, Memorandum No. 18, Yale Institute of International Studies, 1945. Bernard Brodie (ed.): *The Absolute Weapon* (New York: Harcourt, Brace,1946), p.76.
54 Bernard Brodie: *War and Politics* (London: Cassell, 1974, 初版 1973), p.421.
55 *Ibid.*, p.412.
56 Werner Gembruch: ‘Die Faktoren “Technik” und “technische Entwicklung” in der Kriegslehre von Clausewitz’, in Günter Dill (ed.): *Clausewitz in Perspektive* (Frankfurt/Main: Ullstein, 1980), pp.465-72.
57 ‘Übersicht des Sr. königl. Hoheit . . . ‘, *Vom Kriege*, p.1048.
58 *Vom Kriege*, I, 1, 3, pp.192, 194. 〔クラウゼヴィッツ著『戦争論』上巻、三五〜三六、三八頁〕
59 *Ibid.*, 1, 1, 4, p.194. 〔クラウゼヴィッツ著『戦争論』上巻、三九頁〕
60 *Ibid.*, I, 1, 14, pp.203f. 〔クラウゼヴィッツ著『戦争論』上巻、五三〜五四頁〕
61 *Ibid.*,I, 1, 11, p.200. 〔クラウゼヴィッツ著『戦争論』上巻、四八頁〕
62 *Ibid.*, I, 2, pp.218f. 〔クラウゼヴィッツ著『戦争論』上巻、七五頁〕
63 *Ibid.*,1, 2, pp.224f. 〔クラウゼヴィッツ著『戦争論』上巻、八四頁〕
64 *Ibid.*,VIII 2, p.952. 〔クラウゼヴィッツ著『戦争論』下巻、四七三頁〕
65 *Ibid.*,VIII, 3A, p.959. 〔クラウゼヴィッツ著『戦争論』下巻、四八四頁〕
66 Herman Kahn: *On Escalation: Metaphors and Scenarios* (London: Pall Mall Press, 1965), pp.3, 6f.
67 Stephen J. Cimbala: *Clausewitz and Escalation: Classical Perspectives on Nuclear Strategy* (London: Frank Cass, 1991), p.3. シンバラはクラウゼヴィッツの欠点をついた。クラウゼヴィッツはナポレオンが「エンドゲーム戦略」を持っていなかったという事実に批判的でなかった。もしくは、現在の言葉で言えば「出口戦略」である。*Ibid.*, p.4.
68 *Ibid.*, pp.9-11; and see Stephen Cimbala: *Clausewitz and Chaos: Friction in War and Military Policy* (New York: Praeger, 2000).
69 Cimbala: *Clausewitz and Escalation*, pp.26.-36.

70 *Ibid.*, pp.98-118.
71 *Ibid.*, pp.123-59.
72 *Ibid.*, p.165.
73 *Ibid.*,pp.185-94.
74 *Ibid.*,pp.200-203.
75 Anatol Rapoport, 以下からの引用。 Günter Dill: 'Einleitung', in Günter Dill (ed): *Clausewitz in Perspektive* (Frankfurt/Main: Ullstein, 1980), p.xxx.
76 Colin Gray: 'What had RAND wrought?', *Foreign Policy*, No. 4 (Fall 1971), pp.111ff.
77 Bernard Brodie: *War and Politics* (London: Cassell, 1974, 初版 1973), pp.452f.
78 ハワードとグレイの投書欄における討論。 *International Security* Vol 6 (Summer 1981), pp.185-7. See also David Curtis Skaggs: 'Of Hawks, Doves and Owls: Michael Howard and Strategic Policy', *Armed Forces and Society*, Vol. 11, No. 4 (Summer 1985), pp.609-26.
79 Colin S. Gray: *Modern Strategy* (Oxford: Oxford University Press,1999), pp.ix, xi. 〔グレイ著『現代の戦略』一五頁、一八頁〕
80 *Ibid.*,pp.321-3. 〔グレイ著『現代の戦略』四六五～四六七頁〕
81 *Ibid.*,pp.297, 316, 引用者による強調, p.322. 〔グレイ著『現代の戦略』四三五、四五四頁〕
82 Brodie: *War and Politics*, p.63.
83 William W. Kaufmann: 'Limited Warfare', in id. (ed): *Military Policy and National Security* (Princeton, NJ: Princeton University Press, 1956), pp. 132f.
84 *Ibid.*,p.136; Beatrice Heuser: 'Victory in a Nuclear War? A Comparison of NATO and WTO War Aims and Strategies', *Contemporary European History*, Vol. 7, Part 3 (November 1998), pp.311-28.
85 Kaufmann: 'Limited Warfare', p.136.
86 *Ibid.*,pp.112-16.
87 Robert Endicott Osgood: *Limited War: The Challenge to American Strategy* (Chicago: University of Chicago Press, 1957), pp.20-22, 24.
88 *Ibid.*,pp.22f.

89 *Ibid.*,pp.22, 25f.
90 *Ibid.*,p.24.
91 *Ibid.*,p.26.
92 Robert Endicott Osgood: *Limited War Revisited* (Boulder, Colorado: Westview Press, 1979), p.3.
93 *Ibid.*,p.2.
94 *Ibid.*,p.3.
95 *Ibid.*,p.4f., 7.
96 *Ibid.*,p.10.
97 *Ibid.*,p.11.
98 Morton Halperin: *Limited War in the Nuclear Age* (New York: John Wiley & Sons, 1963), pp.130f.
99 *Ibid.*,p.3.
100 *Ibid.*,p.2.
101 *Ibid.*,pp.1f.
102 Thomas Schelling: *The Strategy of Conflict* (New York: Oxford University Press, 1963), pp.260f. ［トーマス・シェリング著、河野勝訳『紛争の戦略：ゲーム理論のエッセンス』勁草書房、二〇〇八年、二六八～二六九頁］
103 *Ibid.*,p.5. ［シェリング著『紛争の戦略』五頁］
104 Brodie: *Strategy in the Missile Age*, Ch. 9: 'Limited War', pp.305-57, especially p.308.
105 Robert Endicott Osgood: *Limited War Revisited* (Boulder, Colorado: Westview Press, 1979), p.3.
106 Brodie: *War and Politics*, pp.106f.
107 Brodie: *Strategy in the Missile Age*, p.312, note 2.
108 *Ibid.*,p.313f.
109 Raymond Aron: 'Zum Begriff einer politischen Strategic bei Clausewitz', in Clausewitz-Gesellschaft (ed,): *Freiheit ohne Krieg? Beiträge zur Strategie-Diskussion der Gegenwart im Spiegel der Theorie von earl von Clausewitz* (Bonn: Dümmler, 1980), pp.42-51.
110 Colonel Harry G. Summers Jr: *On Strategy: A Critical Analysis of the Vietnam War* (Novato, Ca.: Presidio, 1982), p.6; Bernard Brodie: 'The continuing relevance of On War', in Michael Howard & Peter Paret (eds.

and trs.): *On War* (Princeton: Princeton University Press, 1976), p.51.

111 Summers: *On Strategy*, p.4.

112 *Ibid.*,p.xiv

113 *Ibid.*,p.2

114 *Vom Kriege*, II, 2, p.279. 〔クラウゼヴィッツ著『戦争論』上巻、一五八頁〕

115 Summers: *On Strategy*, pp.44-7.

116 *Ibid.*,p.18.

117 *Ibid.*,pp.50f.

118 Henry Kissinger: *The White House Years* (Boston: Little, Brown & Co., 1979), pp.34f. 〔ヘンリー・キッシンジャー著、桃井真監修『キッシンジャー秘録①：ワシントンの苦悩』小学館、一九七九年、五六頁〕

119 Cf. Edward J. Villacres and Christopher Bassford: 'Reclaiming the Clausewitzian Trinity', *Parameters* (Autumn 1995), also http:// www.clausewitz.com/CWZHOME/Trinity/Trinity.htm.

120 Summers: *On Strategy*, p.6.

121 *Ibid.*,p.13.

122 *Ibid.*,p.19.

123 *Ibid.*,pp.35-7.

124 Lieutenant Colonel Albert Sidney Britt III: 'European Military Theory in the 18th and 19th centuries', *Supplementary Readings for Advanced Course in the History of Military Art* (West Point, New York: US Military Academy, 1971), p.10, quoted in Summers: *On Strategy*, p.3.

125 Ibid.,p.3.

126 Henry Kissinger: *The White House Years*, p.64. 〔キッシンジャー著『キッシンジャー秘録①』、九一～九二頁〕

127 FM 100-5 of September 1954, quoted in Summers: *On Strategy*, p.67.

128 FM 100-5 of February 1962, quoted in Summers: *On Strategy*, p.69.

129 Sir Robert Thompson: *Revolutionary War in World Strategy, 1945-1969* (New York: Crane, Russak, 1970), pp.16f.

130 FM 100-5 of September 1968, quoted in Summers: *On Strategy*, p.78.

131 *Vom Kriege*, VIII, 6, p.995. ［クラウゼヴィッツ著『戦争論』下巻、五二八頁］
132 General Fred C. Weyland, quoted in Summers: *On Strategy*, p.79.
133 *Ibid.*,pp.174, 177.
134 Quoted in *ibid.*, p.103.
135 *Ibid.*,pp.88-91, 129.
136 *Ibid.*,pp.141-150. サマーズの主張を否定する議論としては、米軍は対反乱戦を行ったのではなく、単に通常戦争を戦ったというものがある。詳しくは次の本を参照。Andrew F. Krepinevich: *The Army and Vietnam* (Baltimore: Johns Hopkins University Press, 1986).
137 Michael I. Handel: *Masters of War: Classical Strategic Thought* (2nd edn, London: Frank Cass, 1996), pp.9f.
138 全文は以下を参照。Handel: *Masters of War*, pp. 188f. ここでもサマーズのようなクラウゼヴィッツの「三位一体」、つまり「政府・軍隊・国民」に重点を置いている。これについては本書の第三章を参照のこと。
139 *Ibid.*, pp.11f.

■第８章

1 Richard H. Shultz, Jr.: 'Compellence and the Role of Air Power as a Political Instrument', in Richard H. Shultz, Jr. and Robert L. Pfaltzgraff, Jr. (eds.): *The Future of Air Power in the Aftermath of the Gulf War* (Maxwell Air Force Base, Alabama: Air University Press, 1992), pp.171-91.
2 Alastair Sedgwick: 'How to conquer markets', *Management Today* (January 1977), pp.59-61.
3 Jehuda Wallach: 'Misperceptions of Clausewitz's On War by the German Military', in Michael Handel (ed.): *Clausewitz and Modern Strategy* (London, Frank Cass, 1986), p.217.
4 *Das Werk des Untersuchungsausschusses der Deutschen Verfassungsgebenden Nationalversammlung und des Deutscheti Reichstages 1919-1928*, 4th series, vol. 3, p.224, quoted in Wallach: 'Misperceptions of Clausewitz's On War', p.231.
5 General Erich Ludendorff: *Der Totale Krieg*, transi. by A. S. Rappoport as *The Nation at War* (London: Hutchinson, 1936), p.12. ［ルーデンドルフ著『総力戦』一四頁ほか］
6 e.g., Lieutenant General Raymond B. Furlong: 'The Validity of Clausewitz's Judgments for the Sphere of

Air and Space War', in Clausewitz-Gesellschaft (ed.): *Freiheit ohne Krieg? Beiträge zur Strategic-Diskussion der Gegenwart im Spiegel der Theorie von Carl von Clausewitz* (Bonn: D?mmler, 1980), pp.221-8.

7 *Ibid.*, p.116.

8 Eberhard Kessel: 'Die doppelte Art des Krieges', *Wehrwissenschaftliche Rundschau*, 4th year, No. 7 (1957), p.301.

9 *Ibid.*, p.305.

10 *Ibid.*, p.307.

11 Johan Galtung: 'Das Kriegssystem', in K. J. Gantzel (ed.): *Herrschaft und Befreiung in der Weltgesellschaft* (Frankfurt/Main: 1975), pp.69-77, cited in G?nter Dill: 'Einleitung', in Günter Dill (ed.): *Clausewitz in Perspektive* (Frankfurt/Main: Ullstein, 1980), pp.xiv, xxxvf.

12 Jan Willem Honig: 'Strategy in a Post-Clausewitzian Setting', in Gert de Nooy (ed.): *The Clausewitzian Dictum and the Future of Western Military Strategy* (The Hague: Kluwer Law International, 1997), p.113.

13 *Ibid.*, pp.l09-2l.

14 R. v. L.: *Handbuch für den Offizier zur Belehrung im Frieden und zum Gebrach im Felde*, Vol. II (Berlin: S. Reimer, 1818), p.12.

15 Liddell Hart: *Strategy: The Indirect Approach* (London: Faber and Faber,1954), p.336. ［B・H・.リデルハート著、森沢亀鶴訳『戦略論』原書房、一九八六年、三五三〜三五四頁］

16 Azar Gat: Fascist and Liberal Visions of War: Fuller, Liddell Hart, Douhet and Other Modernists (Oxford: Clarendon Press, 1998), p.307.

17 Edward N. Luttwak: 'Towards Post-Heroic Warfare', *Foreign Affairs*, Vol. 74 (May-June 1995).

18 Hew Strachan: 'On Total War and Modern War', *The International History Review*, Vol. 22, No. 2(June 2000), pp.345-8.

19 *Vom Kriege*, III, 9, pp.379-84; 'Übersicht des Sr. Kgl. Hoheit . . . ', *Vom Kriege*, pp.1057, 1071. ［クラウゼヴィッツ著『戦争論』二八六、二九〇頁］

20 *Vom Kriege*, I, 6, pp.258-60. ［クラウゼヴィッツ著『戦争論』上巻、一三一〜一三三頁］

21 MacGregor Knox: 'Conclusion: Continuity and Revolution in the Making of Strategy', in Williamson Murray, MacGregor Knox and Alvin Bernstein (eds.): *The Making of Strategy: Rulers, States, and War* (Cambridge:

Cambridge University Press, 1994), pp.641f. ［ウイリアムソン・マーレー他編著、石津朋之ほか訳『戦略の形成』下巻、中央公論新社、五一〇頁］

22 同書の第七章を参照

23 Gat: *The Origins*, pp.193f.

24 Gat: T*he Nineteenth Century*, p.67.

25 Jomini: *Treatise on Grand Military Operations*, Vol. 1 (New York: D. Van Nostrand, 1865), p.xviii.

26 Jomini: *Treatise on Grand Military Operations*, Vol. 2 (New York: D. Van Nostrand, 1865), p.445.

27 Jomini: *Summary of the Art of War*, transl. by O. F. Winship and E. E. McLean (New York: Putnam & Co, 1854), p.325. ［ジョミニ著『戦争概論』二二二頁］

28 Clausewitz: Werke, Vol. IX, pp.3-106, particularly p.19, Hans Rothfels: *Carl von Clausewitz: Politik und Krieg* (Berlin: Dümmler, 1920), p.61.

29 Gat: *The Origins*, p.212.

30 *Vom Kriege*, VIII, 3B, p.973. ［クラウゼヴィッツ著『戦争論』下巻、五〇一頁］

31 *Ibid.*, VIII, 313, p.973. ［クラウゼヴィッツ著『戦争論』下巻、五〇〇〜五〇一頁］

32 *Ibid.*,II, 6, pp.340f. ［クラウゼヴィッツ著『戦争論』上巻、二四二、二四三頁］

33 Gat: *The Origins*, p.197.

34 Werner Hahlweg (ed): *Carl von Clausewitz: Verstreute kleine Schriften* (Osnabrück: Biblio Verlag, 1979), pp.60f.

35 Clausewitz: 'Über abstrakte Grundsätze der Strategic' (1808), in Eberhard Kessel (ed): *Carl von Clausewitz: Strategic aus dem Jahre 1804 mit Zusätzen von 1808 und 1809* (Hamburg: Hanseatische Verlagsanstalt, 1937), p.71.

36 Vom Kriege, pp.175f., ［クラウゼヴィッツ著『戦争論』上巻、二一〇頁］

37 *Ibid.*,III, 8, p.376. ［クラウゼヴィッツ著『戦争論』上巻、二八〇頁］

38 *Ibid.*, II, 2, p.289. ［クラウゼヴィッツ著『戦争論』上巻、一七三頁］

39 *Ibid.*,II, 5, p.315. ［クラウゼヴィッツ著『戦争論』上巻、二〇八頁］

40 *Ibid.*,II, 4, p.307. ［クラウゼヴィッツ著『戦争論』上巻、一九六頁］

41 *Ibid.*,II, 5, pp.312-34. ［クラウゼヴィッツ著『戦争論』上巻、二〇四〜二一一頁］

42 *Ibid.*,II, 2, p.290. 〔クラウゼヴィッツ著『戦争論』上巻、一七四頁〕

43 *Ibid*, *Vorrede des Verfassers*, p.185. 〔クラウゼヴィッツ著『戦争論』上巻、三〇頁〕

44 この政治学の専門用語は、クラウゼヴィッツの「現実主義」や、現実は実存するという立場を取る哲学的な概念、または間違いなく現実を重視する「現実主義」とは一切関係ない。これはむしろ政治学者の立場を言い表している言葉だ。彼らは一九世紀後から二〇世紀前半にかけての国家間の激しい競争関係の特徴と精神に執着していると言える。

45 Brodie: *War and Politics*, pp.223-75.

46 以下の本からの引用。Kiemens Kowalke: 'Die Funktionale Bedeutung der Clausewitzschen Methodologie für die Formierung der sowjetischen internationalen Politik mit besonderer Berucksichtigung des Einsatzes militärischer Macht' (MS Dr. phil. Mannheim, 1989/1990), p.85.

47 Martin van Creveld: 'The Eternal Clausewitz', in Michael Handel (ed): *Clausewitz and Modern Strategy* (London, Frank Cass, 1986), p.35.

48 Martin van Creveld: *The Transformation of War* (New York: The Free Press, 1991), p.ix. 〔クレフェルト著『戦争の変遷』一五～一六頁〕

49 *Ibid.*,p.226. 〔クレフェルト著『戦争の変遷』三七〇頁〕

50 V. D. Hanson: *The Western Way of War: Infantry Battle in Classical Greece* (New York: Knopf, 1989).

51 Chris Brown: *Understanding International Relations* (London: Macmillan, 1997), p.116.

52 Stephen J. Cimbala : *Clausewitz and Chaos: Friction in War and Military Policy* (New York: Praeger, December 2000). 本書の出版にあたって、この本についての考察をまとめる時間はなかった。

53 Herman Bondi: 'The case for a nuclear defence policy', *Catalyst*, Vol. 1, No. 2 (Summer 1985).

54 T. G. Otte: 'Educating Bellona: Carl von Clausewitz and Military Education', in Keith Nelson and Greg Kennedy (eds.): *Military Education: Past, Present and Future* (New York: Praeger, 2001).

訳者あとがき

本書はベアトリス・ホイザー（Beatrice Heuser）による *Reading Clausewitz*（2002）の全訳書である。詳しい内容についてはは本書をお読みいただきたいが、その概要や位置づけ、それに若干の要点の補足などについて、少ない紙面の中で簡潔にまとめておきたいと思う。

原著者であるホイザーは、現在英国グラスゴー大学の教授を務める学者である。戦略に関する分野を研究しているために日本ではほとんど馴染《なじ》みのない存在ではあるが、本書をはじめとする著書の数々で世界的にも名を知られた学者となっている。ホイザー女史はタイの首都バンコクに滞在したドイツ人一家に生まれており、ベトナム戦争を身近に感じながら多感な幼少期を過ごしたことが、このような戦略論の世界に進むきっかけとなったという。

学歴として、まずはロンドン大学の政治経済学院（ＬＳＥ）で修士号を修めた後にオックスフォード大学で戦略研究の泰斗であるマイケル・ハワードに師事して博士号を取得している。その後は主にロンドン大学のキングス・カレッジの戦争学科で教鞭をとった後、ドイツ国防大学などで数年教えてから英国に再び戻り、レディング大学の政治・国際関係学科教授を経て、グラスゴー大学の社会・政治学部で教授として教え続けている。

クラウゼヴィッツの『戦争論』といえば、近代以降の戦争や戦略を考える上で決して欠かすことのできない古典としての扱いを受けている著書であり、戦略本の中で孫子の『兵法』を旧約聖書とすると、クラウゼヴィッツのそれは新約聖書という位置づけにもなるが、ホイザー自身が真剣に『戦争論』に向き合ったのは、ロンドン大学キングス・カレッジの戦略論の大家で上司であったローレンス・フリードマンが一年間のサバティカル（休暇）をとった際、その講座を一年だけ担当したことがきっかけだ。この時に、『戦争論』はなぜ難解で誤読されているのか、それをわかりやすくする入門書的なものが書けないかという問題意識が生まれ、そこから執筆されたのが本書である。

日本でのクラウゼヴィッツの『戦争論』といえば、その扱いは、学問的な分野では純粋にドイツ軍事史における位置づけを研究する文脈の中で語られるものであったり、その反対としてビジネスにどう活かすかという極端に応用的なもの、そしてちまたにあふれる入門書的なものという、大きく見れば三つにわかれる。ビジネスの分野での活用をのぞけば、その扱いはどちらかといえば「死んだ書物」というイメージがあることが否めない。

ところがクラウゼヴィッツの『戦争論』は、西洋の戦略論においては現役の戦略書という扱いをされている。これについての様々な理由はあるのだが、おそらく最大の原因は、やはり西洋諸国では紛争が身近であり、戦争（や軍事介入）を行っている国が多いという点にある。つまり『戦争論』は現代でも彼らにとって目の前にある問題を考えさせる題材となっており、いわば「活きた学問」としての研究対象となっているのだ。もちろんその様々な欠点を認められながらも、それらの議論においていまだに大きなインスピレーションを与え続けている。

たとえば本書の中では、とりわけ冷戦時代の核戦略のアイディアにおいて『戦争論』の中にあるアイディアが積極的に参考にされていたことを見て取ることができるが、本書で扱われていない湾岸戦争以降の、たとえば「テロとの戦争」や「サイバー戦争」に関する戦略議論でも、クラウゼヴィッツの議論は現役の理論として活用されたり批判されており、クラウゼヴィッツ自身についての研究書も相変わらず多く出てきている。

そのような状況がある中で、当然ながら本書の原書となる英語版も広く読み継がれている。たとえば世界各国の士官学校では、クラウゼヴィッツを理解するための授業の副読本として読まれ、実際に訳者の一人である奥山も、十数年前に受けたイギリスの戦略研究のコースで、参考書・入門書として読まされたことを覚えている。コースメイトたちの間でも本書は「概念がよくまとまっている」と評判であった。実際に本書の原書は韓国語、ドイツ語、ポーランド語にもすでに訳されており、また中谷はロンドン大学（ＬＳＥ）の戦略研究家としても名高いクリストファー・コーカー（Christopher Coker）教授が、自身のクラウゼヴィッツについての新刊『クラウゼヴィッツ再起動』(Rebooting Clausewitz) を書く際に最も参考になったと教えられたことがあるほど、その業界内では評価が高い。

幸いなことに、日本はそれらの国々と比べてクラウゼヴィッツを手がかりに戦争について深刻に考える必要がなかったということになるのかもしれないが、ロシアによるウクライナ侵攻や東アジアの安全保障環境の悪化を受けて、『戦争論』を正面から正しく学ぶ必要が出てくるかもしれない。その意味で、クラウゼヴィッツの生涯やそのアイディアをまとめて学ぶことができる本書の意義は大きいのでは、というのが訳者であるわれわれの個人的な問題意識としてあったことを記しておきたい。本書は原書が出版されてからやや年月の経過した本ではあるが、その入門書（というよりも研究書）としての価値はいささかも減じていないため、あえて意義あるものとして出版に踏み切ったというのが実情だ。

本書の概要

本書の本文の部分と重なるかもしれないが、ここで全般的な内容紹介を簡単に行っておきたい。

まず第一章だが、ここではクラウゼヴィッツの生涯を振り返りながら、あまり知られないクラウゼヴィッツの素顔などを描写《びょうしゃ》しつつ、本書の最も重要なテーマの一つである、『戦争論』がどのように解釈されてきたのか、その簡潔な歴史が概観されている。

第二章では、本書の白眉《はくび》となる「クラウゼヴィッツは二人いた」という分析が展開される。未完の大著であるクラウゼヴィッツの『戦争論』の中には、一八二七年を境に考えの違う人間が存在しており、それが混在しているおかげで読み手に誤解や勝手な引用をされる余地が生まれてきたことなどが、説得力をもって展開されている。

第三章と第四章では、「三位一体」や「軍事的天才」など、現在でも活用されたり議論されているクラウゼヴィッツの提唱した独特な概念の数々を再検証している。

第五章では、攻撃と防御の関係性という、現在の国際関係論の理論やミサイル防衛など、多岐にわたる議論について示唆を与え続けている概念の対立などについて幅広く議論が展開されている。

第六章では、クラウゼヴィッツを誤読せずに正確にとらえ、なおかつそれを独自の理論に発展させた人物として、ジュリアン・コーベットと毛沢東の二人の応用の仕方を丹念に分析している。クラウゼヴィッツは主に陸戦という文脈から戦争や戦略を考えていたわけだが、コーベットは海洋戦略、毛沢東はゲリラ戦というそれぞれ別の文脈において応用しており、逆にクラウゼヴィッツの考えの鋭さというものが見えてくる点で興味深い。

第七章は、いよいよ冷戦時代の核戦略、そして現在も大きな意味を持つエスカレーションや限定戦争などの考えの発展にクラウゼヴィッツがいかに寄与してきたのかが語られる。先ごろ亡くなったゲーム理論の祖の一人であるトマス・シェリングへの影響や、ベトナム戦争に対するハリー・サマーズの批判における活用など、興味深いエピソードが紹介されている。

そして最後の第八章では、本書の全体を振り返りつつ、クラウゼヴィッツの概念の有用性やその過信の危険性について触れている。原著者の『戦争論』とクラウゼヴィッツを絶対視すべきではないとする冷静な議論がここでも展開され、批判的な論者たちからの言説も踏まえつつ、戦争をいかに考えるかという問題について相変わらずクラウゼヴィッツは理想的なモデルを提供しつづけていることを指摘して締めくくっている。

本書の五つの特徴

翻訳という作業を通じていくばくか読み込んできた訳者であるわれわれにとって、本書の特徴を何点か挙げるとすれば、以下の五つのポイントに集約できると考える。

第一に、他の研究者たちにそれほど深刻に見られていない「観念主義者」と「現実主義者」という二人のクラウゼヴィッツの存在を徹底的に解明しているという点だ。日本で普通に手に入る入門書では、当然ながら『戦争論』は未完の書であることはある程度認識されているのだが、本書の原著者のように、それがどれほど未完であり、一八二七年の「覚醒」からどの部分まで書き換えられているのかを詳しく分析したものは皆無である。この大前提を見誤ってしまうと、クラウゼヴィッツがむやみに敵の打倒だけを目指していた、いわゆる殲滅戦の提唱者、つまり「観念主義者」であるという誤った解釈につながる。この解釈も一面では間違いではないと議論することも可能だが（実際に書き残されているものとしてはそちらの方が多い)、晩年に考えをあらためて書き直し始めた「現実主義者」の方を無視することになってしまうことになる。本書は未完の書である『戦争論』がどの程度「未完」なのかを分析した点で貴重な存在である。

第二に、本書が英語だけでなく、ドイツ語、フランス語などの文献まで使い、幅広くクラウゼヴィッツを分析している点だ。原著者は欧州の安全保障問題の研究からキャリアをスタートさせたという背景を持っており、ドイツ系の家庭に育ちインターナショナルスクールに通い、フランス人の夫がいるという言語的にも豊かな経験をもったマルチリンガルであり、その広範囲な文献渉猟の強みがいかんなく発揮されていることが本書にもあらわれている。その最たるものが、彼女の主著である『戦略論の進化』(*The Evolution of Strategy*)という戦略の概念の歴史を振り返った本なのだが、ここでも古代ギリシャから中世、そして近代に至るまでの実に多様な文献が参照されている。

第三に、現在、戦略で使われる重要な概念(摩擦、重心、エスカレーション)などの発展が、包括的かつ簡潔にまとめられているという点だ。日本でのクラウゼヴィッツ関連の書籍では、どうしてもクラウゼヴィッツの概念の中で一体何が重要であり、何が重要ではないのかがいま一つ見えないものばかりだが、戦略学の入門書としてつくられただけあって、本書では実際に議論に使われている概念が系統立ててまとめて紹介されている。とりわけ貴重なのは、第二次世界大戦以降の現代につながるクラウゼヴィッツの概念の活用のされかたを記した、第七章の記述であろう。日本の安全保障関連の議論でも出てくる概念が、実はクラウゼヴィッツの議論からインスピレーションを受けたものであることを知れるという点で、知的示唆に富むものがある。

第四に、コーベット、毛沢東など、その後の世代の戦略家(特にドイツ語圏以外)がクラウゼヴィッツをどのように観察し、戦争論を実際に応用したかをまとめている点だ。もちろんその解釈については、主に

「観念主義者」のクラウゼヴィッツの考えを曲解していたエピソードのほうが多いのだが、たとえばソ連で実に豊かな議論が展開されていたことや、ドイツや欧州内での強引な解釈とその議論の応用、さらには何人かの戦略家が不正確な訳しかなかったにもかかわらず、意外に本質を突いた議論をそこから展開していた点などは、一人の天才的な思想家の考えが実にさまざまな伝わり方をしていたことを知れるという意味で大いに感心させられる。

第五に、本書が様々なクラウゼヴィッツに関する議論の歴史的発展を網羅《もうら》し、それを詳しく分析している点だ。もちろんイギリスの偉大な戦略理論家であるバジル・リデルハートのクラウゼヴィッツ批判は比較的知られているが、ホイザーはそれ以外の戦略研究の世界では知られたクラウゼヴィッツ批判として、『補給戦』で日本でも有名なマーチン・ファン・クレフェルトが『戦争の変遷』で展開したものを取り上げている。クレフェルトは主にクラウゼヴィッツの国民・政府・軍隊によって構成される、いわゆる「三位一体」の考えを、「近代の戦争観に縛《しば》られたものだ」として、テロのような「新しい戦争」が登場してきた現代にはそぐわないものとして『戦争論』を批判しているのだが、実際のところクラウゼヴィッツ自身は国民・政府・軍隊は時代に縛られるものであると理解しており、その核心にある情熱・理性・チャンスのほうを「三位一体」の本質であると見なしていたことは本書でも触れられており、それに気づいていなかったクレフェルトが表層的な批判しかできていないとするクラウゼヴィッツ主義者たちによるクレフェルト批判の経緯が触れられている。

余談だが、訳者である奥山と中谷は、二〇一四年の夏に現代のクラウゼヴィッツ批判の急先鋒であるクレフェルト氏が来日したおりに、講演会の後のアテンドとして夕食をともにした経験があるのだが、新宿のホテルで食事をとりながら、クレフェルトがなぜか突然「（自身のクラウゼヴィッツ批判を批判した著者である）バスフォードたちの批判は正しい」と素直に認めていたのは、われわれとしても実に印象的な出来事であった。

あえて本書について批判的な点を上げるとすれば、本文の中に直接的な引用句が長く使われており、読みにくいと感じる部分があるということであろうか。入門書という位置づけながら、実際は専門家向けの研究書という要素が大きく、けっして誰もが気軽に読めるような本ではない。また、第三章や第四章など、クラウゼヴィッツの概念の分析について、もう少し深く踏み込んで欲しいと感じられる部分もいくつかあった。それでも本書は、日本において英語圏のクラウゼヴィッツ研究の基礎的な部分を教えてくれるという意味で大変意義のあるものだと考える。本書が日本の戦略研究の発展だけでなく、クラウゼヴィッツ理解のさらなる発展に少しでも寄与できたのであれば、訳者である私たちの翻訳という「苦行」もわずかに報われるかもしれない。

翻訳サイドの事情についていくつか述べておきたい。本書では、奥山が第一章から第六章まで、そして中谷が第七章から第八章の訳を担当し、全体の訳文の統一を奥山が行った。また、本書の第六章の中には、本来ならばコーベットの主著の『海洋戦略の諸原則』の矢吹啓氏による新しい翻訳の中から訳文を引用すべきだった箇所があるが、本書の刊行のタイミングから引用の差し替えが間に合わず、あえて奥山の訳を使ったことをご了承いただきたい。また、原書にあった主要参考文献や索引については、紙面の都合から割愛させていただいた。

謝　辞

最後にお世話になった何人かの方々にお礼を述べておきたい。当然ながら原著者であるホイザー女史には両訳者ともに大変お世話になった。とくに奥山は博士号の後期から取得までの期間に外部審査官の選定などで大変お世話になっており、中谷にとっては博士号課程の主任指導教官であり、大変多くのことを学んだ英国の母と言ってもよい。またわれわれがお世話になった英国レディングのリチャードソン夫婦には非常に快適な下宿先を提供してくれたことで感謝している。本書の刊行にあたって、奥山は和田憲治氏、岸浩太郎、森貴永氏、そして中谷は、人生の分岐点で常に後押ししてくれた両親と学生時代の仲間に感謝を申し上げたい。

結びとして、本書のような無理な企画をお引き受けくださった芙蓉書房出版の平澤公裕社長には、予想以上に長い期間がかかったことを申し訳なく感じるとともに、あらためて感謝する次第である。

令和四年一二月

奥山　真司
中谷　寛士

著　者
ベアトリス・ホイザー　Beatrice Heuser
英国グラスゴー大学社会・政治学部教授。専門は戦略論や欧州の安全保障体制など。
フランスのランス大学で教鞭をとった後に英国ロンドン大学キングス・カレッジの戦争学科で長年教授を務める。ポツダム大学やドイツ国防大学などで教授を歴任した後に英国レディング大学政治・国際関係学科教授。オックスフォード大学で博士号（D.Phil）を修了。1961年タイ生まれのドイツ系イギリス人。多言語を操るマルチリンガル。本書の他に北大西洋条約機構の核戦略や冷戦時代の旧ユーゴスラビアの外交史、戦略論の歴史についての本や論文が多数。本書はすでに韓国、ドイツ、ポーランドで翻訳・出版されている。

訳　者
奥山 真司（おくやま まさし）
1972年生まれ。カナダのブリティッシュ・コロンビア大学卒業後、英国レディング大学大学院で博士号（PhD）を取得。戦略学博士。国際地政学研究所上席研究員。
著書は『地政学：アメリカの世界戦略地図』（五月書房）、訳書に『平和の地政学』（N.スパイクマン著、芙蓉書房出版）、『戦略論の原点』（J.C.ワイリー著、芙蓉書房出版）、『米国世界戦略の核心』（S.ウォルト著、五月書房）、『自滅する中国』（E.ルトワック著、芙蓉書房出版）、『南シナ海：中国海洋覇権の野望』（R.カプラン著、講談社）、『大国政治の悲劇』（J.ミアシャイマー著、五月書房）などがある。

中谷 寛士（なかたに ひろし）
1988年生まれ。英国レディング大学大学院で博士号（PhD）を取得（ベアトリス・ホイザー教授に師事）。政治学博士。現在、航空自衛隊幹部学校航空研究センター研究員。

★本書は、2017年小社刊の同名書を補訂した新装版です★

クラウゼヴィッツの「正しい読み方」【新装補訂版】
――『戦争論』入門――

2023年 1月25日　第1刷発行

著　者
ベアトリス・ホイザー

訳　者
奥山真司《おくやままさし》・中谷寛士《なかたにひろし》

発行所
㈱芙蓉書房出版
（代表　平澤公裕）
〒113-0033東京都文京区本郷3-3-13
TEL 03-3813-4466　FAX 03-3813-4615
http://www.fuyoshobo.co.jp

印刷・製本／モリモト印刷

ISBN978-4-8295-0853-4

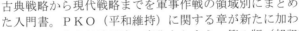

【芙蓉書房出版の本】

インド太平洋戦略の地政学

中国はなぜ覇権をとれないのか

ローリー・メドカーフ著

奥山真司・平山茂敏監訳　本体 2,700円

《自由で開かれたインド太平洋》の未来像とは……

強大な経済力を背景に影響力を拡大する中国にどう向き合うのか。コロナウィルスが世界中に蔓延し始めた2020年初頭に出版された *INDO-PACIFIC EMPIRE: China, America and the Contest for the World Pivotal Region* の全訳版

米国を巡る地政学と戦略

スパイクマンの勢力均衡論

ニコラス・スパイクマン著　小野圭司訳　本体 3,600円

地政学の始祖として有名なスパイクマンの主著 *America's Strategy in World Politics: The United States and the balance of power*（1942年）初めての日本語完訳版！

平和の地政学

アメリカ世界戦略の原点

ニコラス・スパイクマン著　奥山真司訳　本体 1,900円

戦後から現在までのアメリカの国家戦略を決定的にしたスパイクマンの名著 *The Geography of the Peace* の完訳版。原著の彩色地図51枚も完全収録。

海洋戦略入門

平時・戦時・グレーゾーンの戦略

ジェームズ・ホームズ著　平山茂敏訳　本体 2,500円

海洋戦略の双璧マハンとコーベットを中心に、ワイリー、リデルハート、ウェゲナー、ルトワック、ブース、ティルなどの戦略理論にまで言及。*A Brief Guide to Maritime Strategy* の完全日本語訳。

【芙蓉書房出版の本】

陸軍中野学校の光と影

インテリジェンス・スクール全史　本体 2,700円

スティーブン・C・マルカード著　秋場涼太訳

帝国陸軍の情報機関、特務機関「中野学校」の誕生から戦後までを元 CIA 情報分析官がまとめた書 *The Shadow Warriors of Nakano: A History of The Imperial Japanese Army's Elite Intelligence School* の日本語訳版。

OSS(戦略情報局)の全貌

CIAの前身となった諜報機関の光と影

太田　茂著　本体 2,700円

最盛期３万人を擁した米国戦略情報局OSS〔Office of Strategic Services〕の設立から、世界各地での諜報工作や破壊工作の実情、そして戦後解体されてCIA（中央情報局）となるまで、情報機関の視点からの第二次大戦裏面史！

朝鮮戦争休戦交渉の実像と虚像

北朝鮮と韓国に翻弄されたアメリカ

本多巍耀著　本体2,400円

1953年7月の朝鮮戦争休戦協定調印に至るまでの想像を絶する“駆け引き”を再現したドキュメント。休戦交渉に立ち会ったバッチャー国連軍顧問の証言とアメリカの外交文書を克明に分析。北朝鮮軍と韓国政府の４人が巧みな交渉技術を駆使して超大国アメリカを手玉にとっていく姿を再現する。

米国の国内危機管理システム

NIMSの全容と解説　伊藤　潤編著　本体 2,700円

9.11同時多発テロを契機に米国で導入された国家インシデント・マネジメント・システム（NIMS）第３版の全訳と、関連する緊急事態管理制度に関する解説で構成。